JN378852

과학, 그거 어디에 써먹나요?

단숨에 읽고 바로 꺼내 쓰는 과학 상식 35

과학, 그거 어디에 써먹나요?

원호섭 지음 | 이덕환 감수

쉬운 과학을 찾는 사람들에게 바치는 헌사

"쉽게 다시 써라."

"무슨 말인지 하나도 모르겠다."

기자가 되고 과학 분야를 담당한 지 벌써 7년. 과학 기사에 꼬리표처럼 따라다니는 말이다. 힉스입자로 추정되는 새로운 입자가 발견됐다는 소식을 전했을 때도, 배아줄기세포 복제에 성공했다는 논문을 기사로 썼을 때도, 외계 행성의 발견 원리를 설명했을 때도, 언제나 그림자처럼 쫓아다니며 괴롭혔다. 여기에 가장 큰 전제가 '과학은 어렵다'는 것이다.

기사는 중학교 3학년 학생이 이해하는 수준으로 써야 한다고들 이야기한다. 그래서, 중학교 3학년 과학 교과서를 샀다. DNA와 RNA를 비롯해 산화 환원 반응, 일률과 전기에너지 등 기사에 쓸 때마다 어려우니 쉬운 말로 바꾸라는 용어가 모두 교과서에 실려 있었다. 기사를 송고할 때마다 교과서를 첨부할 수 없는 일이기에 혼자 가슴을 치며 억울해했다. '다 우리가 배운 용어란 말입니다…!'

총부채상환비율DTI을 모르면 무식하다는 소리를 듣지만 열역학 2법칙을 모르는 것은 당연하다고 생각한다. 유명 경제학자의 이름과 이론을 모르면 핀잔을 듣지만 노벨 물리학상 수상자의 이름과 성과를 이야기하면 "왜 알아야 하지?"라는 소리가 돌아온다. 고등학교를 졸업하고 나면 과학은 산 넘고 물 건너에 살고 있는 팔촌보다 어려운 존재가 되어 버리는 만큼 어쩌면 당연한 일일지도 모른다. 더군다나 지금까지는 과학을 몰라도 일상을 살아가는 데 큰 문제가 없었다(총부채상환비율을 모르면 대출 받을 때 난감하다).

*

이제는 상황이 변했다. 하루가 멀다 하고 쏟아지는 과학기술의 성과 앞에 우리는 혀를 내두른다. 유전자를 교정해 유전병을 치료하는 세상이 도래했다. 우주여행은 물론이거니와 조만간 화성을 정복하기 위한 우주선도 발사될 분위기다. 영화 〈마이너리티 리포트〉에서 봤던 가상현실과 투명 디스플레이는 어느덧 현실이 됐다. 과학은 점점 영역을 넓혀가고 있다. 의학, 생물학, 공학을 넘어 사회학, 심리학까지 적용되었다. 과학의 힘은 방대해져만 갔다. 과학자들은 "과거 2000년 동안 종교가 갖고 있던 위치를 과학이 대체해가고 있다"고 이야기한다. 물리학, 수학에만 국한됐던 과학의 사용 범위가 넓어지면서 여기저기 과학이라는 단어를 채용한다.

같은 말이라도 국제 저널에 게재됐다거나 유명 과학자의 이름을 언급하면, 그 한마디가 미치는 파급력은 수직 상승한다. '과학적으로 접근하라'는 말은 마치 객관성을 담보하는 방식으로 들린다. 이것이 과열되어 '과학적 대책 마련' '과학적 접근 방법' 등 옳고 그름을 정량화할 수 없는 문제까지 과학을 넣어버린다.

어렵다는 이유로 멀리하던 과학이 어느새 우리 주변을 가득 채우고 있다. 하루에 커피 세 잔 이상을 마시면 몸에 좋다거나, 커피는 무조건 몸에 나쁘다는 등 서로 상반된 논문이 발표되고 기사화된다. 독자들은 어떤 기사를 믿어야 할지 혼란스럽다. 모두 '과학 기사'이니 말이다.

과학 기사의 맹점이 여기에 있다. 많은 연구자들이 각자의 실험과 연구를 거쳐 논문을 쓴다. 피어리뷰를 거쳐 학술지에 게재된 논문은 어찌 됐건 간에 연구로서의 가치를 일정 부분 확보한다. 다른 사람이 한 실험을 그대로 재현했다고 논문을 쓰지 않듯, 학술지에 실리는 연구 논문은 그 자체로 '세계 최초'라 할 수 있다. 그를 바탕으로 쓰인 기사는 한 번도 이야기한 적이 없는 것을 다룬 것이 맞다. 그래서 어쩌라는 말이냐고요?

과학과 친해지는 일이 필요하다. 과학은 만능이 아니다. 과거에 '절대적'이라고 믿었던 내용이 180도 바뀌기도 하고 학계에서 웃음거리가 됐던 이론들이 정설로 자리 잡기도 한다. 과학은 항상 열려 있다. 다만 '합리적'이고 '객관적인' 접근을 요구한다. 아무리 과학이 열려 있다 하더라도 '안아키(약 안 쓰고 아이 키우기)' 같은 비과학적인 주장을 비판적으로 바라봐야 하는 이유다.

과학을 팔촌보다도 어렵고 멀리 있다고 생각하는 분들이 조금이나마 가까워지길 바라는 마음에서 최근 이슈가 되고 있는 분야를 중심으로 역사와 현재, 그리고 미래를 쉬운 언어로 풀어봤다. 최근 한반도를 중심으로 자주 발생하는 지진의 원인과 향후 전망은 어떤지, 유전자 가위 특허를 두고 미국의 유명 대학들이 특허전쟁을 벌이는 이유는 무엇인지, 그토록 염원하는 노벨 과학상 수상자는 왜 한국에서 나오지 않는지 등 쉽게 한마디로 대답하기 어려운 질문에 대한 답을 달았다. 과학과 독자 사이에 쌓여 있었던 두껍고 거대한 벽에 작은 구멍이라도 내길 바라면서.

　이래저래 살다 보니 이공계를 졸업하고 문과생이 판치는 언론계에 몸담았다. 사명감까지는 아니지만 고등학교를 졸업하고 나면 담 쌓게 되는 과학을 쉽고 재미있게 알리고 싶었다. 물론 어려운 과학을 쉽게 쓴다는 말 자체가 어불성설일지 모른다. 그럼에도 대중과 이공계생 간의, 대중과 과학자 간의 간극이 크다는 것을 알기에 그 경계에 있는 사람으로서 해야 할 일이라고 생각했다. 그 이야기를 원고지 3~4장이 아닌 긴 글로 채우고 싶었다. 신문 기사는 재미없고 과학자의 글은 어렵다고 느끼는 분들이 이 책으로 인해 과학에 대한 작은 호기심이라도 갖게 된다면 더할 나위 없이 기쁘겠다.

　부족한 글을 실어준 북클라우드 관계자 분들께 깊은 감사를 전한다. 시간 없다고 징징거리는데도 화 한 번 내지 않고 기다려주었을 뿐 아니라 글의 오류를 과외 선생님처럼 콕콕 바로잡아준 편집자께 감사의 마음을 전하고 싶다.

　덕분에 자식이 작가가 되어 먼 훗날 "이 책을 어머님께 바칩니다"라는 글을 보고 싶어 하셨던 어머니의 작은 소망을 이룰 수 있게 됐다. 쌍둥이 모두 이공계로 진학하는 바람에 답답하셨을 어머님, 이 책을 어머니 아버지께 바칠게요. 연애 상담을 하다 진짜 연애를 하고 이제는 가족이 되어버린 내 반쪽 김은지에게도 다시 한 번 사랑을 전하고 싶다. 여름휴가 가서 노트북 열고 타자치는 모습을 보였으니 화낼 만도 한데 너그러운 마음으로 이해해줬다. 그리고 2018년 6월 엄마 아빠 앞에 모습을 드러낼 '햇살이'에게도 사랑한다고 말하고 싶다. 아빠가 과학책으로 열심히 태교할게.

원호섭 씀

차례

프롤로그 쉬운 과학을 찾는 사람들에게 바치는 헌사 4

PART 1 일상을 지배하는 지금 이 순간의 과학

기초과학 4차 산업혁명 시대 무엇을 준비해야 할까 15
이것으로 일본은 2번의 노벨상을 받았다 16 │ 한국에 가미오칸데를 세울 수 있을까 19 │
기초과학에 투자해야 하는 이유 21
신문에 실리지 않은 취재노트 과학 기자가 있어 보이게 기사 쓰는 법 23

인공지능 알파고가 인간에게 이길 수 없는 것 25
20년을 앞당긴 인공지능의 진화 26 │ 인공지능, 인간의 학습을 배우다 28 │
인간의 뇌 신경망은 아직 건재하다 32

뇌과학 생각만으로 로봇을 조종하다 33
뇌파 읽는 기술, BMI 34 │ 뇌 지도로 기억의 비밀을 푼다 37 │
뇌를 자극시켜 탄생한 슈퍼 솔저 39
신문에 실리지 않은 취재노트 사교육 시장의 뇌 사용법 41

양자역학 아인슈타인도 믿지 못한 양자역학의 가능성 44
과학사의 이름을 바꾼 양자역학 45 │ 그 고양이는 살았을까 죽었을까 46 │
2진법을 뛰어넘은 양자컴퓨터의 탄생 48 │ 가장 빠르고 안전한 양자통신 50
신문에 실리지 않은 취재노트 눈으로 관찰하는 양자역학의 세계 53

힉스입자 이휘소가 세계에 알린 신의 입자 55
이휘소, 그가 여전히 회자되는 이유 56 │ 우주의 탄생 과정을 증명하다 58 │
과학의 발견은 그 자체로 미래의 변화를 암시한다 61
신문에 실리지 않은 취재노트 무엇에 쓰는 물건인고? 63

핵융합 아이언맨의 아크 원자로는 현실화될 수 있을까 65
태양의 힘을 모방하기 위한 노력 66 │ 플라즈마를 다스리는 자, 핵융합을 얻는다 68 │
해결되지 않은 문제, 방사능 72

그래핀 연필심에서 발견한 꿈의 신소재 74
연필과 셀로판테이프로 노벨상을 받다 75 │ 그래핀을 꿈의 신소재라 부르는 이유 77 │
실리콘을 대체할 것은 무엇인가 79 │ 휘어지는 디스플레이의 미래 81
신문에 실리지 않은 취재노트 김필립 교수는 정말 노벨상을 놓쳤을까 83

PART 2 우리는 조금씩 진화하고 있다

진화 사피엔스는 어떻게 단 하나의 종으로 남았을까 87
과거에는 다양한 인류가 있었다 88 | 호모 사피엔스, 유전자를 퍼트리다 91 |
인류의 마지막 진화, 돌연변이 93
<u>신문에 실리지 않은 취재노트</u> 사람을 칼로리로 바꾼다면? 97

후성유전학 나쁜 습관이 나쁜 유전자를 만든다 101
환경과 유전, 끝나지 않는 대립 102 | 나쁜 유전자는 대물림된다 103 |
아빠가 담배 피면 아이는 당뇨병? 106
<u>신문에 실리지 않은 취재노트</u> 우울과 불안도 유전이 될까 109

합성생물학 슈퍼 베이비는 탄생할 수 있을까 111
합성생물학, 신의 영역에 도전하다 112 | DNA의 염기가 6개가 된다면 113 |
과학기술의 폭주를 어떻게 제어할까 116

줄기세포 만병통치약의 꿈을 버려라 119
줄기세포를 만능세포라 부르는 이유 120 | 골수이식도 줄기세포를 이용한다 124 |
바이러스로 꿈의 줄기세포를 얻다 125 | 마법은 존재하지 않는다 127
<u>신문에 실리지 않은 취재노트</u> 줄기세포 화장품에는 줄기세포가 없다 129

세 부모 아기 내 아이가 건강하게 태어날 수만 있다면 131
유전병을 물려주고 싶지 않아요 132 | 답장하지 말고 연구해주세요 135

치매 치매 치료제는 왜 모두 실패했을까 138
치매의 원인을 잘못 짚었다? 139 | 고작 2개의 가설을 찾았을 뿐이다 142
<u>신문에 실리지 않은 취재노트</u> 가장 효과 좋은 치매 예방법 145

장내미생물 지배할 것인가, 지배당할 것인가 147
장내미생물로 살찌는 체질을 알 수 있다 148 |
자연분만 아이가 면역력이 높은 이유 151 | 장내미생물도 유전된다 153

PART 3 과학으로 세상을 보는 눈이 넓어진다

발사체와 미사일 나로호와 광명성호는 무엇이 다를까 157
발사체를 우주로 보내려면 158 | 나로호 발사의 뒷이야기 159 | 발사체와 미사일의 차이 161
신문에 실리지 않은 취재노트 수만의 우주 쓰레기가 지구 주위를 돌고 있다 165

달 NASA, 달의 흙을 파다 168
달에 우주 기지를 세운다고? 169 | 월면토가 특별한 이유 172 | 달의 생성을 증명하다 174 |
달에 기지가 건설된다면 176
신문에 실리지 않은 취재노트 달이 없어진다면? 177

우주여행 과학의 눈으로 〈인터스텔라〉를 보다 179
〈인터스텔라〉와 상대성 이론 180 | 〈그래비티〉와 무중력 184

개기일식 코로나의 비밀을 밝혀라 187
과학자가 개기일식을 기다리는 이유 190 | 코로나가 블랙아웃을 일으킨다? 193
신문에 실리지 않은 취재노트 개기일식과 아인슈타인 195

중력파 우주를 보는 새로운 망원경을 얻다 196
빅뱅 이론의 증거를 찾아내다 197 | 아인슈타인이 낸 숙제는 아직 풀리지 않았다 199 |
블랙홀의 충돌이 만든 중력파 201 | 블랙홀의 비밀에 다가서다 204
신문에 실리지 않은 취재노트 우주가 펑 하고 만들어졌다고요? 206

태양계 명왕성은 왜 태양계에서 쫓겨났을까 209
명왕성이 134430플루토가 된 이유 210 | 새로운 행성을 발견하다? 211

암흑물질 우주의 빈 공간에 무언가가 있다 215
태초에 암흑물질이 있었다 216 | 공룡이 멸종한 원인이 암흑물질? 218 |
아직 그의 이름을 부를 수 없다 221
신문에 실리지 않은 취재노트 우주의 또 다른 미스터리, 암흑에너지 223

PART 4 우리를 위험에 빠뜨리는 것들

지구 종말 재앙에 대처하는 우리의 자세 227
태양에 의한 자기장 폭풍 228 | 우리를 위협하는 소행성은 너무나 많다 231 |
슈퍼 화산의 폭발 235

화산 폭발 북한의 핵실험이 백두산의 잠을 깨울까 239
백두산은 살아 있다 240 | 백두산의 베일이 벗겨지다 243 | 백두산이 폭발한다면 246

지진 한반도의 지진은 파괴력이 더 크다 248
한반도의 지진이 더 위험하다? 249 | 역사상 지진 예측은 딱 한 번뿐 253 |
지진 피해를 줄이기 위해서는 257
신문에 실리지 않은 취재노트 한반도 지진을 둘러싼 논쟁 258

지구온난화 트럼프는 왜 지구온난화를 거짓이라고 할까 260
지구는 정말 뜨거워지고 있을까 261 | 희대의 과학 스캔들, 기후 게이트 263 |
지구온난화에 이변은 없었다 266
신문에 실리지 않은 취재노트 한반도의 여름은 안녕한가요? 268

바이러스 전염병의 공포에서 벗어날 수 있을까 270
바이러스의 진정한 무서움, 돌연변이 272 | 그럼에도 바이러스는 정복될 수 있다 276
신문에 실리지 않은 취재노트 잠재적 위험, 조류독감 278

방사능 우리는 지금도 방사능에 노출되고 있다 280
그래서 방사선을 맞아보았다 281 | 담배가 낮은 방사선보다 더 위험하다? 283 |
위험을 제대로 알고 피하자 286
신문에 실리지 않은 취재노트 당신이 모르는 방사선의 이로움 290

전자파 스마트폰 너머저 292
전자파와 커피, 살충제의 공통점 293 | 미국, 전자파의 유해성을 파헤치다 295 |
전자파 차단, 가능할까 297
신문에 실리지 않은 취재노트 일상에서 접하는 유해 화학물질 299

PART 5 세상이 바뀌면 과학도 변한다

창조과학 종교를 과학이라 부를 수 있을까 303
종교 단체가 과학 교과서를 바꾸다 304 | 그들은 왜 진화론을 부정할까 307 |
창조과학은 과학이 아니다 310

인류세 치킨이 인류를 상징한다면 311
지금은 신생대 4기 홀로세 313 | 우리는 새로운 시대에 살고 있다 315 |
왜 인류세여야 할까 318 | 인류의 탐욕을 상징하는 시대의 이름 319
신문에 실리지 않은 취재노트 인류, 대멸종의 원인이자 피해자 321

특허전쟁 미래 의료 시장의 주인은 누가 될까 323
DNA를 자르는 3세대 유전자 가위 324 | 잘라 붙인 유전자의 무한한 가능성 327 |
1차 특허전의 승자는 누구? 329 | 한국에도 숨은 선수가 있다 332
신문에 실리지 않은 취재노트 4세대 유전자 교정기의 등장 333

NASA 그들은 왜 중대발표를 할까 335
NASA, 전 세계를 낚다 336 | NASA는 왜 무리수를 두었나 339
신문에 실리지 않은 취재노트 메모리폼은 NASA의 발명품 341

학술지 과학자는 NSC를 꿈꾼다 344
누가 그들에게 왕관을 씌웠나 345 | 독점은 독을 만든다 348

노벨상 지옥의 상인이 남긴 유산 350
노벨상에 수학 분야가 없는 이유 351 | 노벨상을 잘못 줬다니! 354 |
환경이 노벨상을 만든다? 357 | 한국인 노벨 과학상 수상자는 언제쯤? 358
신문에 실리지 않은 취재노트 기발한 연구에 이 상을, 이그노벨상 361

실험동물 그들도 이름으로 불릴 권리가 있다 364
실험쥐의 연구 결과가 재현되지 않는 이유 366 | 실험동물에게도 이름이 필요하다 368
신문에 실리지 않은 취재노트 동물실험을 하지 않으면? 371

참고문헌 373
찾아보기 378

PART 1

일상을 지배하는
지금 이 순간의 과학

과학자는 그것이 유용하기 때문에
자연을 연구하지 않습니다.
그는 자연이 아름답기 때문에 즐기고,
그것을 즐기기 때문에 연구합니다.
자연이 아름답지 않다면 알 만한 가치가 없을 것이며,
삶은 살 만한 가치가 없을 것입니다.

– 앙리 푸앵카레

기초과학

4차 산업혁명 시대 무엇을 준비해야 할까

　2016년 1월, 독일 경제학자인 클라우드 슈밥이 스위스에서 개최된 세계경제포럼에서 '4차 산업혁명'을 이야기했다. 이전에도 간혹 쓰였지만 이 단어의 사용이 본격적으로 늘어난 것은 2016년 1월 이후였다. 1차 산업혁명이 증기기관과 함께 나타났다면 2차 산업혁명은 전기가 기폭제 역할을 했다. 3차 산업혁명은 IT로 대변되는 디지털 시대를 의미한다. 그렇다면, 4차 산업혁명은 무엇일까. 슈밥은 4차 산업혁명이 유비쿼터스 시대로 대변되며, IT 기술의 융합이 일어나고 인공지능이 대두될 거라고 이야기했다.

　이후 한국에서는 '4차 산업혁명'이라는 말만 붙이면 뭐든 이슈가 되었다. '4차 산업혁명'이 붙지 않으면 시대에 한참 뒤처진 낙오자라도 된 듯 취급되었다. 현 정부 역시 4차 산업혁명과 관련된 정책을 내놓고 있다. 4차 산업혁명에 포함되는 과학기술은 무엇일까.

자율주행차? 스마트팩토리? 사물인터넷? 아니 그보다 4차 산업혁명의 정의를 명확히 이야기할 수 있을까.

어떤 사람은 4차 산업혁명이 융합이라고 한다. 학과별 벽이 사라져야 한다며(어느 정도는 동의하지만) 시대에 발맞추자는 슬로건 아래 학과 이름이 수시로 바뀌고 통폐합된다. 모 부처의 4차 산업혁명 대응 방안 토론회에 갔다가 "선택과 집중을 통한 연구개발R&D"이라는 문구를 보고 놀란 적이 있다. 4차 산업혁명 시대에 퍼스트무버가 되겠다며 정책을 만들고 있는 분들이 대체 어떤 기준으로 선택하고, 어떻게 집중하겠다는 것인지 이해가 가지 않았기 때문이다.

과학자들은 4차 산업혁명이 곧 불확실성의 시대라고 말한다. 알파고가 그랬고 3D프린터가 그랬다. 예상치 못한 기술이 갑자기 튀어나와 산업 전반에 영향을 미친다. 이렇게 갑자기 튀어 나온 과학의 한 분야가 10년, 20년 뒤가 아니라 당장 5년 뒤에 기존의 산업 패러다임을 순식간에 바꿀 만큼의 파괴력을 보여준다. 그동안 쌓아왔던 기술력이 생각보다 빠르게 상용화와 연결되면서 기존 산업을 크게 뒤흔든다. 한국에서 벌어지는 4차 산업혁명의 유행을 보면서 일본에서 이뤄지고 있는 가미오칸데에 대한 투자를 떠올렸다.

이것으로 일본은
2번의 노벨상을 받았다

한국이 4차 산업혁명 시대에 걸맞은 인공지능, 스마트공장 등에 투자한다고 외쳐댈 때, 일본은 또 다른 가미오칸데 구축을 위한 예비타당성조사에 들어갔다. 우리 돈으로 5000억 원이 필요한 막대한 사업이다. 과학자들은 정부 투자가 긍정적이라고 전했다. 그런데 일본의 가미오칸데 구축에 갑자기 한국이 등장했다. 일본과 마찬가지로 한국에도 가미오칸데를 짓는다는 이야기다(아직 확정된 것은 아니다). 일본 만화에 나오는 우주선 이름 같은 가미오칸데*, 대체 뭘까?

가미오칸데는 땅속 깊은 곳에 만든 커다란 돔 형태의 수조로 1983년 일본이 처음 건설했다. 3000t의 물이 들어 있는 이 수조에는 개당 500만 원에 달하는 빛 센서인 광전자 증폭관이 1000여 개 들어 있다. 중성미자는 어떤 물질과도 반응하지 않고 통과하는데 간혹 물분자 속에 있는 전자와 만나 1~2개의 전자를 튕겨낸다. 광전자 증폭관은 미세하게 튀어나온 이 전자를 검출한다. 즉, 중성미자가 있다면(이론적으로 있어야 한다) 3000t의 수중에서 일부 물 분자와 반응을 할 것이고, 그것을 검출해내는 것이 가미오칸데의 역할이다.

일본 정부는 "실험이 성공해 중성미자의 실체를 밝히면 노벨상을 받을 수 있다"고 국민에게 약속했고 실험은 모두 성공했다. 그리고 이 실험을 이끈 고시바 마사토시 도쿄대 특별영예교수는 2002년 노벨 물리학상을 받았다. 이후 슈퍼 가미오칸데를 이용해 중성미자에도 질량이 있음을 알아낸 가지타 다카아키 일본 도쿄대학교 교수가 2015년 노벨 물리학상 수상자로 선정됐다. 중성미자 연구로 2명의 노벨상 수상자가 탄생한 것이다.

---

* 가미오칸데가 위치한 일본 기후 현의 가미오카(神岡)를 뜻하는 'kamioka'와 양자 붕괴 실험(nucleon decay experiment) 혹은 뉴트리노 검출 실험(neutrino detection experiment)의 약자 'NDE'를 결합해 가미오칸데(kamiokande)라는 신조어를 만들었다.

∧
가미오칸데는 땅속 깊은 곳에 만든 커다란 돔 형태의 수조다.
3000t의 물이 들어 있는 수조에는 개당 500만 원에 달하는 빛 센서인
광전자 증폭관이 1000여 개 들어 있다.

일본은 1983년 첫 가미오칸데를 건설할 때 약 30억 원, 1995년 슈퍼 가미오칸데를 지을 때 1000억 원을 투입했다. 중성미자로 무엇을 할 수 있는지 모르는 상황에서 이 연구를 위해 수천억 원의 돈을 투자하는 일본 정부에 찬사를 보내지 않을 수 없다. 한 우물만 팔 수 있는 연구 환경, 정부의 전폭적인 투자는 일본을 과학 강국으로 이끈 원동력이다. 노벨상 수상 이후 일본은 슈퍼 가미오칸데보다 더 큰 검출기를 구축할 것이라고 발표했다.

바로 이때 한국이 등장한다. 한국이 갖고 있는 지형적인 이점 덕분에 차세대 중성미자 검출기 하이퍼 가미오칸데를 한국에 구축할 수 있는 기회가 생긴 것이다. 한국에 가미오칸데가 구축되면 일본이 수조 원을 들여 만든 가속기에서 나오는 중성미자 빔을 한국에서 검출해 우주와 중성미자에 대한 호기심을 풀어낼 수 있다.

한국에 가미오칸데를 세울 수 있을까

하이퍼 가미오칸데의 설립에 한국이 처음 거론된 것은 17년 전으로 거슬러 올라간다. 2000년 10월, 슈퍼 가미오칸데에서 연구하던 김수봉 서울대학교 물리천문학부 교수는 일본의 중성미자 빔을 이용한 검출 장치를 한국에 건설할 것을 제안했다. 이를 진지하게 검토한 것은 가지타 교수였다. 둘은 2005년부터 3년에 걸쳐 공동 세미나를 개최하며 한국에 차세대 가미오칸데를 구축하는 방안에 대해 논의했지만 구체적인 방안은 도출하지 못했다.

2011년 가지타 교수는 슈퍼 가미오칸데로는 한계가 있어 중성미자 질량 관측 등을 위해 50만 t 규모의 하이퍼 가미오칸데 구축을 제안했다. 2015년 일본 과학계는 25만 t 규모로 2기를 순차적으로 건설하는 것이 낫다고 결론 내렸다. 2016년 6월, 일본 하이퍼 가미오칸데 연구단에 소속된 캐나다와 미국, 한국 등 국제공동연구단은 한국에 두 번째 하이퍼 가미오칸데 검출기를 건설하는 것에 대해 논의했고, 의결을 거쳐 통과되었다. 현재 건설 후보지는 대구 비슬산과 경북 보현산 등이다. 일본 문부성에서 하이퍼 가미오칸데 구축 예산이 통과되면 한국 구축에 대한 논의가 본격적으로 시작된다. 하이퍼 가미오칸데는 3가지 중성미자의 질량 순서와 양성자 붕괴 탐색, 중성미자가 변하는 상수 등을 정밀하게 측정할 수 있다. 성공만 한다면 노벨상감으로 평가받는 연구다.

하이퍼 가미오칸데 연구진은 한국에 두 번째 검출기를 구축해야 하는 이유를 크게 3가지로 꼽는다. 먼저 일본 고에너지양성자가속기에서 나오는 중성미자 관측에 용이하다. 중성미자에 질량이 있음을 안 것은 고에너지양성자가속기에서 쏜 중성미자 빔 때문이었다. 가속기에서 발사된 중성미자 빔은 250km 떨어진 슈퍼 가미오칸데에서 관측됐다. 가속기에서 쏜 중성미자의 수와 슈퍼 가미오칸데에서 측정한 중성미자 수에 차이가 생기면서 이동 과정에서 변환이 일어난다는 것이 밝혀졌다. 질량이 없는 입자는 변환되지 않는다. 가속기에서 발사된 중성미자를 먼 거리에서 관측하면 중성미자가 이동하는 거리가 길기 때문에 변환 과정을 보다 세밀하게 관찰할 수 있다. 일본에서 발사(!)한 중성미자 빔이 우주 공간으로 나가기 전 거치는 곳이 바로 한국이다. 한국 외에서는 검출되지 않는다.

한국 지형이 중성미자 관측에 용이하다는 점도 꼽힌다. 우주에는 중성미자 외에도 수많은 고에너지입자(우주선)가 존재한다. 쉴 새 없이 지구로 떨어지는 고에너지입자 중에서 중성미자만을 검출해내려면 땅속 깊이 들어가야 한다. 다른 고에너지입자들은 암반 등에 튕겨져 나가지만 중성미자는 암반을 뚫고 깊은 땅속을 지나간다. 그래서 단단한 화강암 지형의 한국이 중성미자 관측 최적지로 꼽힌다. 세 번째 이유로 연구진은 한국과 일본에서 동시에 중성미자를 검출함으로써 관측 오차를 줄일 수 있다고 설명한다.

문제는 돈이다. 빠듯한 정부 예산을 감안할 경우 예산 확보가 어려울 수 있다. 하지만 힉스입자를 발견한 유럽의 거대강입자가속기는 10조 원, 미국항공우주국^{NASA}은 화성 탐사에만 1조~2조 원을 투자한다. 계획대로만 진행된다면 하이퍼 가미오칸데는 2025년께 구축돼 최소 30년 동안 활용될 수 있다. 4대강 사업에 수십조 원의 돈을 투자한 사례를 보면 5000억 원 정도의 연구비 투자는 가치 있는 일이지 않을까.

기초과학에 투자해야 하는 이유

로봇도 4차 산업혁명에 포함된다고 한다. 우리나라는 세계에서 두 번째로 휴머노이드 로봇을 만들었다(1등은 일본이다). 하지만 2013년, 미국에서 열린 로봇공학챌린지*에서 우리나라 로봇은 일본과 미국에게 처참하게 뒤졌다. 휴머노이드 로봇을 만든 적이 없

* 원전 사고를 가정해 로봇이 여러 미션을 통과하는 경기.

었음에도 미국은 아틀라스라는 무시무시한 로봇을 선보이며 대회를 휩쓸었다(물론 1위는 일본). 그 뒤 우승자였던 일본이 대회에서 빠지고, 미션에 최적화된 로봇을 만든 우리나라가 2차 대회의 정상을 차지했다. 하지만 여전히 일본과 미국에 뒤처져 있다는 평가를 받는다. 과학자들은 이를 기초과학의 힘이라고 말한다. 미국이 기초에 충실했기에 불과 1년 만에 휴머노이드 로봇을 만들고 우리를 앞질렀다는 것이다.

"한국 사람들은 로봇이 상용화와 연관되어 있다고 생각해서인지 로봇에도 기초연구가 필요하다고 하면 의아하게 쳐다본다."

바쁠수록 돌아가라고 했다. 무엇보다 기초과학과 같은 기본에 충실해야 한다. 과학자가 다양한 연구를 할 수 있는 환경을 만들어놔야 언제, 어떤 기술이 튀어나와도 그에 맞서 대응하고 앞서 나갈 수 있다. 물론 이런 이야기는 꺼내봤자 "응 그래, 다음"이라는 소리 외에 좋은 소리는 듣지 못한다.

4차 산업혁명 시대를 앞두고 한국 정부는 로봇, 바이오 분야 등에 수천억 원의 연구개발비를 투자한다고 한다. 반면 일본은 기초과학 분야인 하이퍼 가미오칸데 구축에 5000억 원을 쏟아부을 방침이다. 4차 산업혁명이라는 '기류는 같은데 이를 바라보는 한국과 일본의 시선은 사뭇 다르다. 4차 산업혁명 시대를 맞이해 자격증을 만드는 일보다 언제 어떻게 활용될지 모르는 과학에 투자하는 것이 불확실한 시대를 준비하는 지름길이 아닐까. 한국이 걱정이다(기자들이 제일 잘하는 말이다. 나라 걱정).

신문에 실리지 않은 취재노트

과학 기자가 있어 보이게 기사 쓰는 법

과학 기자 중 상당수는 저명한 국제 학술지인 〈네이처〉〈사이언스〉〈셀〉에서 제공하는 프레스 사이트에 가입되어 있다. 각 학술지에서는 기자임이 확인되면 논문이 공개되기 3~4일 전에 이를 미리 볼 수 있는 사이트의 아이디와 비밀번호를 준다. 매주 월요일 아침, 프레스 사이트에는 40~50편의 논문이 공개된다. 세 학술지에 게재되는 논문의 숫자만 이 정도다. 〈미국국립과학원회보〉〈플로스원〉〈사이언스 중개의학〉〈사이언스 로보틱스〉〈사이언티픽 리포트〉 등 자매지까지 합하면 매주 100여 편의 논문이 발표된다.

학술지마다 엠바고(보도 유예 시점)를 지정해두는데 한국 시간으로 〈네이처〉는 목요일 오전 2시, 〈사이언스〉와 〈셀〉은 금요일 오전 3시다. 만약 엠바고 시간 전에 논문이 공개되거나 관련 기사가 나가면 엠바고를 파기한 것으로 간주되어, 해당 학술지 발행 기관으로부터 경고를 받거나 심할 경우 아이디가 삭제될 수 있다. 또한 학술지 발행처에서는 "엠바고를 어길 경우 해당 연구자에게 불이익이 돌아갈 수 있다"는 무시무시한 경고를 하고 있다.

과학 기자는 매주 발표되는 수십 편의 논문을 보며 어떤 것이 기삿거리가 될지 고민한다. 대부분 엠바고가 목요일, 금요일 새벽이기 때문에 늦어도 수요일 오전까지는 기삿거리가 될 만한 논문을 파악한 뒤 논문의 내용과 의미 등을 정리해 보고를 올려야 한다. 친절하게 한글로 잘 정리된 보도 자료를 제공하는 것이 아니기 때문에 시간이 빡빡하다. 기자 간 눈치 싸움도 치열하다.

기사가 되겠다 싶은 논문을 발견하면 관련 분야 전문가를 수소문해서 찾은 뒤 함께 논문을 분석한다. 그 과정에서 논문이 너무 전문적이거나, 일반 독자에게 알릴 정도가 아니라는 판단이 내려지면 과감히 '킬'(기사를 버리는 것)시키기도 한다. 이럴 땐 마치 살점을 떼어 내는 것처럼 쓰리고 아프다.

기사의 분량 또한 큰 난관이다. 양자역학과 관련된 기사를 쓸 경우 양자역학이 무엇인지 설명부터 해야 한다. 하지만 기자에게 할당된 기사의 분량은 많아봤자 200자 원고지로 4~5장에 불과하다. 이 정도면 용어 설명만 하다가 끝난다(그러면 이게 기사냐고 한소리 듣는다). 과학 용어는 복잡하고 난해하지만 어려운 용어를 그대로 쓰면 혼난다. 머리를 쥐어짜 쉽게 표현하고 분량을 맞추면 이번엔 과학자가 기자를 비판한다. "내 연구 내용은 그게 아니란 말이오!"

한 번은 국내 과학자의 연구 성과 기사에서 '고분자'라는 용어를 쉽게 바꿔야 했다. 연구한 과학자에게 직접 물었더니 '고무'라고 써도 된다는 답변이 왔다. 기사가 나가자 네티즌과 다른 과학자들에게 댓글로 무식하다는 욕을 먹었다.

최근에는 상당히 다양한 사건과 기사에 알게 모르게 과학 기자가 기여하고 있다. 과학기술이 그만큼 우리 사회의 여러 분야에 영향을 끼치고 있다는 방증이리라. 과학 기자로서 자부심이 생기지만, 일이 점점 많아지는 건 역시 괴롭다.

○ **인공지능**

알파고가
인간에게
이길 수 없는 것

2016년 1월, 학술지 〈네이처〉의 엠바고 사이트를 뒤지던 중 한국인 이름을 발견했다. 〈네이처〉와 〈사이언스〉 등에 한국인 과학자의 이름이 등장하면 관심 있게 보곤 했는데, 이번엔 과학자가 아니었다. 전 세계에서 바둑을 제일 잘 둔다는, 누구나 한 번쯤 들어봤을 그 이름, 이세돌이었다. 이세돌의 이름은 인공지능 알파고를 만든 딥마인드의 논문에 실려 있었다.

"이세돌하고 인공지능하고 바둑을 둔다고?"

이때까지만 해도 깨닫지 못했다. 두 달 뒤 일어날 인공지능과 바둑 천재의 대국이 '알파고 쇼크'라고 불리는 커다란 반향을 불러일으키리라곤 말이다.

"인공지능이 사람을 눌렀다."

"인공지능에게 일자리 빼앗기는 인간."

"인공지능이 사람을 누를 날이 머지않았다."

2016년 3월 9일, "질 자신이 없다"던 이세돌은 알파고에 무릎을 꿇었고 언론은 앞다퉈 선정적인 제목의 기사를 내보냈다. 당장 공상과학SF 영화에서처럼 인공지능으로 무장한 로봇이 세상을 누비고, 인공지능을 보유한 구글(알파고를 만든 딥마인드는 영국 벤처기업으로 2014년 구글이 4억 달러에 인수했다)은 모든 분야에서 앞서나가며 세상을 지배할 것처럼 보였다.

20년을 앞당긴 인공지능의 진화

장기나 체스, 바둑 등의 게임을 컴퓨터와 둬본 적이 있는 사람이라면 알파고의 대략적인 메커니즘을 이미 이해하고 있는 것이나 다름없다. 인공지능은 수많은 경우의 수를 계산한 뒤 자신이 놓을 수를 찾는다. 만약 장기를 둘 때 '마馬'를 움직일 수 있는 방향이 세 군데가 있다면, 컴퓨터는 각각의 수를 한 번씩 둔 뒤 상대가 어떻게 두는지까지 계산한다. 경우의 수는 수백, 수천 가지가 되지만 문제없다. 컴퓨터 성능이 좋아질수록 계산은 순식간에 이뤄진다. 인간이 기껏해야 10수 정도를 내다본다면, 컴퓨터는 그 이상 되는 수까지 내다보며 최적의 수를 찾는다. 이처럼 경우의 수를 따져 경기에 임하는 방식을 몬테카를로 트리서치MCTS라고 부른다.

과거 인간과 대결을 벌였던 인공지능은 모두 이 방식을 활용했다. 1967년 인공지능 체스 프로그램인 맥핵과 미국 매사추세츠공과대학교MIT 출신 아마추어 체스 선수였던 휴버트 드레이퍼스의 체스 대결이 이뤄졌다. 인간과 인공지능의 첫 대결이었다. 드레이퍼스는 자신만만해했다고 전해지지만 맥핵과의 대결에서 지고 말았다. 하지만 드레이퍼스는 아마추어 선수였을 뿐 맥핵은 여러 체스 선수로부터 한 수 뒤진다는 평가를 받으며 인간과의 대결에서 패배했다고 보았다.

1990년과 1992년 미국 앨버타대학교에서 만든 인공지능 치누크가 당시 세계 체스 챔피언이었던 매리언 틴슬리와 대결을 펼쳤지만 모두 패했다. 1994년에는 승리를 거뒀지만 틴슬리가 암 투병 중이었기에 완벽한 승리로 인정받지 못했다.

1996년 IBM의 슈퍼컴퓨터 딥블루가 세계 체스 챔피언인 가리 카스파로프에게 도전장을 던졌지만 역시 지고 말았다. IBM은 1년 뒤 업그레이드 된 디퍼블루를 내놓았다. 디퍼블루는 카스파로프를 이기며 세계에서 체스를 제일 잘 두는 존재가 됐다. 인류와 인공지능이 대결을 펼친 지 30년 만의 일이었다.

2004년 IBM은 디퍼블루에 이은 슈퍼컴퓨터 왓슨 개발을 시작했다. 7년 뒤인 2011년 왓슨은 미국의 퀴즈 쇼 〈제퍼디!〉에 출연해 켄 제닝스와 브래드 러터를 압도하며 승리를 거뒀다. 체스뿐만 아니라 퀴즈에서도 인간에게 승리한 것이다. 이처럼 인공지능이 발전할 수 있는 이유는 연산처리 기능의 빠른 발전과 빅데이터 덕분이다. 1997년 세계 체스 챔피언인 디퍼블루의 계산 능력은, 현재 스마트폰 속으로 들어와 있다.

알파고 역시 기본 베이스는 이처럼 모든 경우의 수를 하나씩 찾는 것이다. 하지만 바둑은 체스와 다르다. 가로세로 각 19줄인 바둑판에 바둑돌을 놓는 자리는 총 361개. 고등학교 때 배운 확률을 떠올려보자. 첫 돌을 내려놓는 가짓수는 361개, 그 다음 돌은 360개, 그 다음 359개, 다음 358개, 다음 357개, 356개, 355개, 354개…. 이들은 따로따로 일어나는 것이 아니라 연달아 발생한다. 즉, 경우의 수를 합하는 것이 아니라 곱해야 한다. 바둑 경기가 시작되고 두 바둑 기사가 2개씩, 총 4개의 바둑돌을 놨을 때 컴퓨터가 계산해야 하는 경우의 수는 167억 271만 9120가지다. 디퍼블루는 이 정도 계산에 약 83초가 걸린다고 한다. 하지만 바둑판에 놓여 있는 바둑돌이 8개가 되면 상황은 완전히 달라진다. 계산기를 두드려보니 2.66×10^{20}이 나온다. 이 역시 디퍼블루로 계산하면 4만 년이 걸린다고 한다. 바둑판을 모두 채울 경우의 수는 10^{150}으로 우주 전체의 원자 수인 10^{80}보다도 많다. 현존하는 최고의 슈퍼컴퓨터를 동원해도 이 정도 경우의 수를 계산하려면 수십 년이 걸린다. 컴퓨터가 바둑에서 인간을 이기려면 20~30년이 걸린다는 말이 나왔던 이유다.

인공지능, 인간의 학습을 배우다

하지만 알파고는 달랐다. 인간의 뇌가 갖고 있는 특성을 도입했다. 바로 배움이다. 앞서 이야기했던 것처럼 바둑에서 모든 경우의 수를 계산하려면 수십 년이 걸린다. 따라서 알파고는 몬테카를로 트리서치로 계산해야 하는 가짓수를 줄이는 기능들을 탑재했다. 알파고를 설명한 기사에 자주 등장하는 정책망이 바로 그것이다. 알파고는 KGS라는 온라인 바둑 사이트에서 2~9단 바둑 고수들이 뒀던 경기들을 공부했다. KGS 서버에 저장되어 있던 16만 기보를 통해 실제 바둑 경기에서 둘 수 있는 경우의 수를 모두 학습했다. 알파고는 가치망이라는 기능도 있었다. 정책망으로 수많은 기보 학습을 통해 다음에 둘 수의 가짓수를 줄인다면, 가치망은 그 수에 대한 승률을 측정한다. 정책망과 가치망의 계산이 끝나면, 디퍼블루가 했던 몬테카를로 트리서치를 하면 된다. 정책망과 가치망을 거친 경우의 수만으로 계산을 하므로 시간은 훨씬 단축됐다.

16만 기보를 공부한 것으로 알파고가 이세돌 9단을 이겼다고 하면 인간이 너무 나약해 보인다. 알파고는 정책망과 가치망을 업그레이드시키는 것으로 끊임없이 진화할 수 있었다. 알파고는 학습된 정책망을 복사해 또 하나의 정책망을 더 만들고 자기들끼리 경기를 했다. 딥마인드에 따르면 알파고는 이세돌과의 대국 전 하루에 혼자서 3만 번씩 바둑을 두며 정책망을 강화시켰다고 한다. 즉, 단순히 모든 경우의 수를 계산하는 것이 아니라 자신이 입력한, 그리고 스스로 학습한 기보를 통해 최적의 수를 찾아낸 것이다.

2016년 1월 〈네이처〉에 실린 딥마인드의 논문에는 알파고의 과거가 정리되어 있다. 2015년 10월, 알파고는 유럽 바둑 챔피언 판후이 2단과의 대결에서 5 대 0으로 승리했다. 판후이 2단과 알파고의 기보를 본 바둑 전문가들은 "과거의 인공지능보다는 잘 두지만 이세돌 9단과 겨룰 실력은 아니다"라고 입을 모았다. 이세돌 9단 역시 마찬가지였다. 기보를 본 뒤 "질 것 같지 않다"고 했다. 하지만 불과 5개월 만에 알파고는 강해졌다. 알파고와 이세돌 9단과의 경기를 지켜보던 바둑 9단 기사의 말이다.

"이세돌은 바둑을 둘 때 10수, 20수 이상을 내다본다. 머릿속에 모든 수가 자연스럽게 그려진다. 그런데 알파고는 그 이상이었다.

∧
알파고는 달랐다. 인간의 뇌가 갖고 있는 특성을 도입했다.
바로 배움이다. 이세돌 9단은 16만 기보를 공부한
알파고에게 어떻게 승리할 수 있었을까. 신의 한 수라고
평가받는 4국의 78수는 알파고가 배우지 못한 것이었다.

우리가 실수라고 생각한 수가 묘수가 되어 나타나기도 했다."

그럼 이세돌 9단이 승리한 4번째 대국에서는 과연 어떤 일이 일어났을까. 78수가 묘수였다고 평가하는데, 알파고 입장에서 이세돌 9단이 놓은 78수는 정책망과 가치망에 기록되지 않은 것이었다. 그 위치에 돌을 놓을 것이라고는 16만 기보에서도, 그리고 5개월 동안 자가 학습을 하면서도 배우지 못한 것이었다. 결국 78수 이후, 알파고는 연이은 실수와 함께 패하고 말았다.

2017년 5월 23일, 알파고는 새로운 버전인 알파고 2.0으로 업그레이드되어 세계 랭킹 1위인 커제 9단과 겨뤘다. 이세돌 9단에게서 승리를 거둔 지 1년 만이었다. 인공지능 전문가는 물론 바둑 전문가조차 한목소리로 알파고의 승리를 점쳤다. "이세돌은 인간 대표의 자격이 없다"고 외쳤던 커제 9단은, 바둑을 두던 중 눈물을 흘리면서 "알파고와 바둑을 두는 것은 고통이다"라고 말하며 패배를 인정했다. 3 대 0, 완패였다. 세계 제패를 이룬 알파고는 바둑에서 은퇴했다.

알파고 2.0은 전보다 더 강해졌다는 평가를 받았다. 더 이상 알파고 2.0은 과거 바둑 기사가 뒀던 기보를 통해 학습하지 않았다. 오로지 스스로 바둑을 두며 인간이 생각할 수 없는 묘수를 찾아냈다. 또한 데이터를 추론하고 분석하는 새로운 알고리즘을 개발해 탑재했다. 게다가 알파고 2.0은 구글이 개발한 인공지능 전용 반도체 칩인 텐서프로세싱유닛^{TPU}을 장착했다. 알파고의 학습 속도와 데이터 처리 능력은 업그레이드 됐다. 2016년 이세돌과 대결한 알파고는 1202개의 CPU와 176개의 GPU를 장착한 서버와 연결됐지만 알파고 2.0은 단 200개의 CPU와 4개의 TPU만 장착했다. 사용하는 에너지 역시 기존의 10분의 1로 줄었다.

인간의 뇌 신경망은 아직 건재하다

알파고는 바둑에서 은퇴했지만 자신의 능력을 인류를 위해 활용할 것으로 보인다. 구글은 막대한 에너지가 사용되는 데이터센터에 알파고를 적용해 전력 사용량을 40% 가까이 줄이는 방안을 찾아냈다고 한다. 영국 국립보건서비스[NHS]와 인공지능 진단 서비스도 시작했다.

그렇다고 해서 알파고의 진화를 무서워할 필요는 없다. 데미스 허사비스 딥마인드 CEO가 이야기했듯이 알파고는 인간을 위한 도구일 뿐, 인간을 뛰어넘는 존재가 아니다.

그래도 정 불안하다면 다음과 같이 생각해보자. 인간 뇌에 있는 시냅스는 약 1000조 개에 달한다. 시냅스 간 연결이 인간이 학습하고 겪은 수많은 경험의 총합체로 발현되는 것이다. 1202개의 CPU와 이를 연결하는 반도체 회로로 무장한 알파고는 일단 숫자만으로도 인간의 뇌를 따라올 수 없다. 인간의 뇌야말로 자신이 경험한 지식들을 담은 신경세포가 시냅스로 연결돼 창조적 능력을 발휘하는 집단지성의 원조인 셈이다.

뇌과학

생각만으로 로봇을 조종하다

"인류는 몇 광년 떨어진 은하도 찾아냈고 원자보다 작은 미립자도 규명해냈다. 하지만 양쪽 귀 사이에 있는 3lb(파운드; 1.4kg)짜리 뇌의 미스터리는 아직 풀지 못했다."

지난 2013년 4월 23일, 버락 오바마 전 미국 대통령이 뇌 연구 프로젝트인 '브레인 이니셔티브'를 발족하며 뇌에 대해 언급한 말이다. 과학자들은 아직 인간이 뇌에 대해 알고 있는 부분은 1%에도 미치지 못한다고 말한다.

이런 상황에서 2017년 3월, 테슬라 창업자인 일론 머스크가 컴퓨터와 인간의 뇌를 연결하는 뉴럴 레이스를 개발한다고 알려지면서 화제가 됐다. 인간의 기억을 저장 장치로 옮긴 뒤 필요할 때 꺼내 쓴다는 발상이다. 뉴럴 레이스가 개발된다면 의료 분야에 획기적인 전환점이 될 것이다.

그런데 1%도 모른다는 뇌를, 어떻게 마음대로 연결하고 저장할 수 있을까. 결론부터 이야기하면 기초기술은 개발됐다. 다만 이를 확장시키기 위해서는 뇌에 대한 이해가 선행되어야 한다.

뇌파를 읽는 기술, BMI

2016년 7월, 미국 애리조나대학교 연구진은 영화 속에서나 볼 법한 기술을 공개했다. 생각만으로 하늘을 나는 드론을 조종하는 기술이다. 128개의 전극이 달린 모자를 머리에 쓰면 뇌에서 발생하는 전기신호를 측정할 수 있다. 가령 조종하는 사람이 '왼쪽으로!'라고 생각할 때 발생하는 전기신호가 존재한다. '오른쪽으로!'라고 생각할 때는 조금 다른 전기신호가 발생한다. 사전에 각 신호의 특징을 파악해 저장해둔다. 드론을 날리고, 머리에서 '왼쪽으로'라는 신호가 발생하면, 전극이 달린 모자는 무선으로 드론에게 명령을 전달하고 드론은 이에 따라 비행 방향을 바꾼다. 연구진은 최대 4대의 드론을 한 번에 조종할 수 있다고 한다. 이 같은 기술을 '브레인머신인터페이스[BMI]'라고 부른다.

BMI 기술의 원리는 간단하다. 뇌에서 발생하는 뇌파를 정밀하게 측정하기만 하면 된다. 가장 좋은 방법은 두개골을 열고, 뇌 속에 전극을 심는 것이다. 끔찍하게 들리지만 뇌에서 발생하는 파장(뇌파)을 검출하는 데 이보다 좋은 방법은 없다. 이를 활용한 기술은 이미 장애인을 대상으로 진행된 바 있다. 미국 매사추세츠의 캐시 허치슨은 1966년 정원을 정리하다가 뇌졸중으로 쓰러져 팔다리를 움직이지 못했다. 전신마비였다. 그녀는 2011년 4월, 로봇 팔을 이용해 빨대로 커피를 마시는 데 성공했다. 로봇 팔이 커피가 든 병을 허치슨 앞으로 갖다 주고, 마실 수 있기까지 걸린 시간은 5년이었다.

이 연구 결과는 학술지 〈네이처〉에 게재되면서 세계적으로 화제가 됐다. 전신마비 환자 대부분은 뇌에 아무 이상이 없다. 뇌에서 발생하는 운동 명령 신호를 근육으로 전달하는 신경이 끊어지거나 근육세포가 파괴됐기 때문에 움직이지 못할 뿐이다. 미국 브라운대학교 연구진은 허치슨의 두개골을 열고 가로세로 4mm, 높이 1mm의 작은 탐침형 전극을 오른쪽 움직임을 담당하는 뇌의 운동피질 부분에 이식했다. 전극에는 바늘이 96개 달려 있어 뇌파를 실시간으로 측정해낸다. 측정한 뇌파는 유선으로 연결된 컴퓨터로 전달된다.

BMI 기술의 진화를 보여주는 이 실험은 미국과 중국에서만 진행할 수 있다. 뇌에 전극이 닿아 발생할 수 있는 부작용과 두개골을 열어야 하는 위험성 때문에 대부분의 과학자는 동물을 대상으로 실험하는 데 그치고 있다. 팔다리를 움직일 수 없는 사람 입장에서는 위험을 무릅쓰고라도 뇌에 전극을 꽂고 싶겠지만 아직 이를 통해 할 수 있는 움직임은 상당히 제한적이다. 로봇 팔을 움직이는 것마저 쉽지 않다.

무서운 톱날로 두개골을 연 뒤 뇌의 운동 영역 부분에 전극을 성공적으로 연결했다고 해서 금방 로봇을 움직일 수 있는 것도 아니다. 뇌에서 발생하는 어떤 신호가 특정 움직임을 나타내야 한다. 가령 '오른손을 들어라'라는 명령을 내리면서도 동시에 '오늘 뭘 먹을까'와 같은 생각을 할 수 있다. 이때 발생하는 뇌파는 여러 신호

출처 : ⟨Nature⟩

∧
브라운대 연구진이 개발한 뇌파로 움직이는 로봇 팔.
BMI 기술의 진화와 전신마비 환자에게 희망을 보여준 연구였다.

가 합쳐져 정확하게 어떤 뇌파가 '오른손을 들어라'라는 명령과 관계된 것인지 알아내기 힘들다. 허치슨 씨가 로봇 팔로 커피가 든 병을 드는 데 5년이나 걸린 이유다.

앞선 애리조나대 연구진의 경우에는 뇌를 열지 않고 두개골 밖에서 뇌파를 측정하는 방식을 활용해 드론을 날렸다. 현재 언론에 소개되는 대부분의 BMI는 모두 이 방식을 사용하는데 두꺼운 두개골이 뇌파가 통과하는 것을 막기 때문에 정밀한 뇌파 측정 장치가 필요하다.

2014년 6월, 브라질 월드컵 개막식에서 하체 마비 환자가 아이언맨과 같은 슈트를 입고 시축을 했다. BMI 분야의 세계적 석학인 미겔 니코렐리스 미국 듀크대학교 교수 연구진이 환자의 뇌에서 나오는 뇌파를 이용해 외골격 로봇을 움직이게 하는 데 성공한 것이다. 당시 언론은 이를 "과학이 만들어낸 기적"이라고 묘사했지만 BMI 분야의 과학자들은 "아직 한계가 너무 많다"고 이야기했다.

뇌 지도로
기억의 비밀을 푼다

머스크가 이야기한 기억의 저장은 어떻게 할 수 있을까. 먼저 기억이 뇌에 저장되는 메커니즘부터 알아야 한다. 기억은 사람이 눈과 귀, 코 등 다양한 감각기관을 통해 알아낸 정보를 뇌에 저장했다가 자유롭게 꺼낼 수 있는 기능을 뜻한다. 인간이 경험한 자극은 수많은 신경세포를 거쳐 뇌로 전달된다. 각각의 신경세포에서는 수천에서 1만여 개의 시냅스가 뻗어 나와 다른 신경세포와 연결된다. 신경세포는 미세한 전기를 흘려보내 기억을 저장하고 행동을 명령한다. 신경세포가 연결된 시냅스에서 호르몬이 분비되며 감정 조절을 비롯한 생리활동이 나타난다.

시냅스가 두껍고 활발히 작용해야 신경세포 간 연결이 원활해지면서 기억을 저장하고 되새길 수 있다. 즉, 인간의 기억은 뇌에 있는 시냅스에 저장되므로 시냅스와 신경세포를 전기 자극으로 손상시키면 기억을 지울 수 있다. 다만 기억은 수천만 개의 시냅스에 나뉘어 저장되기 때문에 특정 기억을 인위적으로 지우는 것은 현재 기술로는 불가능하다.

2015년 3월 프랑스 국립과학연구센터 연구진은 학술지 〈네이처 뉴로사이언스〉에 기억 이식 실험에 성공했다는 연구를 발표했다. 마치 영화 〈토탈 리콜〉이나 〈인셉션〉을 떠올리게 하는 연구였지만 역시 한계는 존재했다.

연구진은 생쥐가 원과 네모, 별 모양의 방을 자유롭게 돌아다니도록 한 뒤 특정 장소에 있을 때 뇌의 어떤 세포가 활성화되는지를 기록했다. 수십, 수백 번 실험한 결과, 네모형 방에 들어갈 때는 A 부위가, 별형 방에 들어갈 때는 B 부위가 활성화된다는 등의 구분이 가능해졌다. 이후 생쥐가 잠을 잘 때 원형 방에 해당하는 세포의 활동이 나타나면 곧바로 뇌의 보상 중추에 전기 자극을 줬다. 행복감을 느끼도록 한 것이다. 그러자 쥐는 아침에 일어나자마자 다른 방은 가지 않고 원형 방에만 머물렀다. 원형 방에 있으면 행복하다는 기억 주입에 성공한 것이다.

기억을 입력하거나 지우는 연구는 아직 이 정도 수준에 불과하다. 머스크가 이야기한 뉴럴 레이스에 과학자들이 환호하면서도 당장은 불가능하다고 이야기하는 이유다. 과학자들은 아직 의식, 감정, 생각이 어떻게 만들어지고 어디에 존재하는지조차 알지 못한다.

과학자들은 뇌를 잘 이해하기 위해서 뇌 지도를 그리고 있다. 단순히 뇌 구조를 상세하게 그리는 데서 그치지 않고 뇌의 각 부위가 어떤 역할을 하는지 정밀하게 밝히는 것이 목표다. 1000억 개의 신경세포로 구성된 뇌의 구석구석을 확인한 뒤 판단하고 행동을 결정할 때 뇌세포가 어떻게 움직이는지, 신경회로는 어떻게 상호작용하는지 등을 알아내겠다는 것이다. 뇌 지도에 대한 연구는 미국과 유럽, 일본 등 세계 각지에서 진행되고 있다.

인간의 뇌 지도가 완성된다면 어떤 일이 생길까. 우선 기억의 비밀을 풀 수 있다. 현재는 인간의 기억이 뇌의 해마와 신경세포와 연관이 있다는 정도만 밝혀졌다. 기억을 어떻게 저장하고 지우는지는 모른다. 뇌 지도가 완성되면 특정한 기억을 지우는 일이 가능해질 수 있다.

뇌 지도가 그려지면 사회 전반에 미치는 파급력은 엄청날 것으로 예상된다. 의료, 제약 분야뿐 아니라 로봇과도 연계가 가능하며 인간의 뇌를 모방한 인공지능 연구에도 적용될 수 있다.

뇌를 자극시켜
탄생한 슈퍼 솔저

지난 2016년 9월 미국 공군연구소가 발표한 '슈퍼 솔저' 연구는 뇌 연구가 가져올 파급력을 작게나마 보여준다. 공군연구소가 학술지 〈첨단 인간 신경과학〉에 발표한 논문에 따르면 단순히 두피에 전류를 흘려주는 것만으로도 군인의 집중력을 높일 수 있다고 한다. 각성제나 커피에 들어 있는 카페인보다 각성 효과가 높다는 사실 또한 입증했다. 뇌는 새로운 경험이나 학습을 받아들이기 위해 끊임없이 신경회로를 재조직한다. 머리를 쓰면 쓸수록 이 같은 현상은 확고해진다. 전기 자극은 뇌의 재조직 능력을 극대화시켜 새로운 정보를 더 잘 받아들이게 해준다. 이미 많은 스포츠 선수가 뇌 자극용 헤드폰을 이용해 훈련하고 있다.

미국은 브레인 이니셔티브를 가동하며 10년간 3조 5000억 원을 투자할 예정이고, 유럽연합[EU]은 독일과 영국 등의 우수 연구 기관을 끌어모아 '인간 뇌 프로젝트'를 시작하며 1조 5000억 원을 쏟아부었다. 모두 미래에 벌어질 뇌 연구 분야를 선점하기 위해서다. 우리나라도 '2차 뇌 연구 촉진 기본 계획'(2013~2017)을 통해 뇌 연구에 시동을 걸고 있지만 선진국과 비교했을 때 규모가 작다.

뇌는 아는 것보다 모르는 것이 많다. 그만큼 아직 밝혀야 할 것 투성이다. 확실한 것은 SF 영화 속에서 뇌를 다루는 장면이 헛된 상상만은 아니라는 점이다. 과학자들은 말한다. 언젠가는 정말 현실이 될 수 있다고 말이다.

신문에 실리지 않은 취재노트

사교육 시장의
뇌 사용법

"미안하다, 아들아. 네가 대학에 떨어진 것은 엄마 때문이다. 자식 머리는 엄마 닮는다더라."

지원했던 대학에 모두 떨어지고 재수를 선택했던 2001년, 어머니는 조용히 이야기했다. 어디서 들었는지, 어머니는 수능 점수가 엉망이었던 이유가 자신의 탓이라며 기자를 위로했다. 기자가 되고 나서 문득 그 말이 다시 떠올랐다. 찾아보니 이 말은 외신 기자의 오버 때문에 발생한 해프닝이었다(한국 기자나 외국 기자나 똑같다. 자극적인 제목을 좋아한다).

1996년 7월 의학학술지 〈랜싯〉에 호주 헌터유전학연구소 연구진의 논문이 발표됐다. 연구진은 지적 장애가 있는 10가족의 가계도 조사 결과를 발표했는데, 지능과 관련된 유전자가 X염색체에 존재할 가능성이 크며 지능지수[IQ]의 차이는 남자 쪽 변이가 크다고 밝혔다. 즉, 지능 유전자는 모계로 유전될 가능성이 크다는 설명이다. 단순히 10가족의 가계도를 조사했을 뿐이고, 이를 뒷받침하는 과학적 근거는 대부분 해석이나 분석인 경우가 많은 논문이었다. 하지만 연구 결과는 자극적으로 포장됐다. 뇌과학자들은 엄마에게서 지능 유전자를 물려받는다 하더라도, 유전이 IQ에 미치는 영향은 절반 정도라고 한다.

행여나 뇌과학을 들먹이며 장사를 하는 사람에게 속지 않도록 뇌에 대한 여러 가지 오해의 진위 여부를 살펴보겠다. 특히 사교육 시장에서의 이야기와 뇌과학자의 이야기는 많이 다르다. 흔히 사교육 시장에서는 "아이의 학습 능력은 학교에 입학하기 전에 결정된다"고 말한다. 어렸을 때 뇌의 많은 부분이 발달하는 만큼 이는 어느 정도 맞는 말이라고 할 수 있다. 뇌 발달 과정을 보면 태어나서 3세까지 뇌의 신경세포를 연결하는 시냅스가 활발하게 형성되고, 6세까지 전두엽이 발달한다. 소위 천재라고 하는 사람들의 뇌를 관찰하면 뇌의 앞부분에 해당하는 전두엽이 발달해 있다. 전두엽이 학습 능력과 연관이 있다 보니 어렸을 적 뇌 발달이 평생을 좌우한다는 속설이 힘을 얻은 것이다.

하지만 뇌과학자들은 "뇌가 발달하는 것과 공부를 잘하는 것은 별개"라고 이야기한다. 아직 과학은 고차원적인 인지 기능 발달에 있어서 최적의 시기가 존재하는지에 대한 정확한 답을 내리지 못했다. 어린 시기에 일차원적인 뇌 기능이 정상적으로 발달하지 못하면 고차원적인 학습을 받아들이기 어렵다. 하지만 기본 능력만 정상적으로 발달돼 있다면 인지 능력은 평생에 걸쳐 학습이 가능하다. 똑똑한 사람은 3세 이전에 이미 결정된다는 속설도 근거가 약해지고 있다.

또 다른 뇌에 대한 속설은 좌뇌형, 우뇌형 인간으로 나뉜다는 것이다. 좌뇌형은 수리와 논리력이 우수해 이과가 적합하고, 우뇌형은 창의적이어서 문과를 선택하면 유리하다고 주장한다. 실제로 여러 학원과 강사들은 "좌뇌, 우뇌로 구분해 학생들을 가르치면 효과적"이라며 학부모를 유인한다. 절대 속아서는 안 된다. 2013년 미국 유타대학교 연구진은 미국에 사는 7~29세, 1011명의 뇌를 조사한 결과, 뇌가 특정 기능에 의존하는 어떠한 편중성도 발견할 수 없었다고 밝혔다. 연구 결과는 국제 학술지 〈플로스원〉에 게재됐는데 논문을 살펴보면 실험에 참가한 모든 사람은 실험 과정 내내 좌뇌와 우뇌를 거의 동등하게 사용한 것으로 나타났다.

마지막 오해는 "인간은 뇌의 10%만 사용한다"는 말이다. 2014년 개봉한 영화 〈루시〉에서는 인간이 뇌의 100%를 활용할 경우 말도 안 되는 초능력을 사용한다는 내용이 등장하는데 역시나 비과학적인 이야기다. 자기공명영상장치MRI로 뇌를 관찰하면 인간은 뇌세포의 대부분을 사용한다는 것을 알 수 있다. 이 같은 유언비어는 19세기 말, 심리학자인 윌리엄 제임스가 천재와 보통 사람의 뇌 용량이 다르다고 주장한 내용을 미국 작가 로웰 토머스가 책으로 옮기는 과정에서 발생했다는 설이 유력하다. 지적 능력의 차이는 뇌를 10%만 사용하는 데에 있는 것이 아니라, "머리를 얼마나 잘 쓰는지"와 관련이 있다. 행여나 "자고 있는 뇌세포를 깨워드립니다"와 같은 문구에 속는 일이 없기를 바란다.

뇌과학에서 이야기하는 학습 능력을 올리는 방법은, 사실 특별할 것이 없다. 뇌 발달에 가장 좋은 것은, 어렸을 때 충분히 자고 충분히 놀고 충분한 자극을 주는 것이다. 여기서 말하는 충분한 자극이란 머리에 이상한 기기를 씌우고 버튼을 누르는 것이 아니다. 아이가 경험해보지 못한 새로운 세상을 보여주는 것이다. 이를 통해 우리는 다시 한 번 깨닫는다. 가장 기본적인 것이 진리다.

양자역학

아인슈타인도 믿지 못한 양자역학의 가능성

'슈뢰딩거의 고양이'와 관련된 기사를 썼던 한 언론사의 선배 기자 이야기다. 양자역학과 관련된 기사를 쓰던 그는 부장에게 간단히 기사 내용을 설명하던 중이었다. "슈뢰딩거의 고양이라고, 양자역학을 설명하는 건데요." 가만히 듣고 있던 부장 왈, "그래? 그럼 일단 슈뢰딩거 고양이 사진부터 보내봐. 어떻게 생긴 놈인지 좀 보자."

평생 한 분야만 공부하는 과학자조차 알수록 어렵다는 양자역학. 양자역학을 배우겠다는 의지 없이 "알기 쉽게 설명해주세요"라고 말하는 사람은 날강도가 분명하다. 그럼에도 양자역학의 중요성은 날로 커지고 있다. 기본적인 내용만 알아도 양자역학과 관련된 기사를 읽는 데 큰 도움이 될 수 있다. 그래서 준비했다. 양자역학, 이 정도만 알면 어디 가서 '아는 척'할 수 있다.

과학사의 이름을 바꾼 양자역학

양자역학의 사전적 의미는 양자를 다루는 학문이다. 양자란 어떤 물리량이 연속된 값을 취하지 않고 비연속값을 취할 때 그 단위량을 나타내는 용어다. 시작부터 어렵다. 그냥 하나만 이해하면 된다. 양자역학은 원자, 분자 등 우리 눈에 보이지 않는 아주 작은 물질의 운동을 설명할 때 사용하는 방정식이다.

중학교 1학년이 되면 배우는 아주 유명한 식이 하나 있다. 물리를 가르치던 많은 교사들이 "이것이 진리다"라고 했던 식, 바로 'F=ma'다. 뉴턴 방정식으로 잘 알려진 이 식은 힘과 질량, 가속도의 관계를 나타낸다. 뉴턴이 사과나무 아래에 앉아 있다가 대단한 생각을 한 셈인데, 이 식에서 파생된 운동 방정식으로 지구뿐 아니라 우주에 있는 모든 행성의 운동까지 설명할 수 있다. 고등학교, 중학교 과학 선생님이 F=ma가 진리라고 한 이유가 다 있는 셈이다.

인류는 이 식만으로 세상을 다 이해했다고 여겼다. 눈앞에 보이는 물체부터, 우주에 있는 행성의 운동까지 다 알고 있다고 믿었으니 말이다. 19세기 말, 인류의 자만은 극에 달했다. 프랑스의 물리학자 피에르 라플라스는 "물리학을 통해 우리는 세상의 모든 것을 알아낼 수 있다"고 이야기했고 미국 특허청장이던 찰스 듀얼은 "발명될 수 있는 모든 것이 발명됐다"고 말했을 정도였다. 이를 뒤집은 것이 바로 양자역학이다.

1900년 가을, 독일의 물리학자였던 막스 플랑크가 "빛 에너지는 덩어리로 되어 있다"며 처음으로 양자를 언급했다. 이후 많은 과학자의 이론과 실험 결과 눈으로 볼 수 없는 원자와 분자는 뉴턴이 찾아낸 운동 방정식을 따르지 않음을 확인했다. 속도를 알아도 위치를 알 수 없었고, 위치를 알아도 속도를 알 수 없었다. 아무리 들여다봐도 불확실성의 연속이었다. 갑자기 순간이동이 일어나기도 했다. 명확한 것은 아무것도 없었다. 내로라하는 과학자들이 미시 세계를 들여다보기 시작했고 결국 양자역학이라는 새로운 학문이 태동하기에 이르렀다. 뉴턴의 방정식은 양자역학의 등장과 함께 '고전역학'이라는 소리를 들어야만 했다.

그 고양이는
살았을까 죽었을까

양자역학 발전에 결정적인 역할을 한 인물 중 한 명이 바로 닐스 보어다. 1913년 4월, 28세의 덴마크 태생 젊은 과학자가 새로운 모형을 제시했다. 이를 본 많은 과학자는 충격을 받았다. 기존 이론으로는 설명할 수 없는 이론이었다. 어떤 과학자는 이를 보고 대담하고 환상적이라고 표현했고, 또 다른 이는 고개를 가로저으며 말도 안 된다고 무시했다. 동그란 핵과 그 주변을 일정한 궤도로 돌고 있는 전자. 지금은 중고등학교 교과서에서 볼 수 있을 뿐 아니라 원자를 설명하는 가장 기본적인 모형이 된 보어의 원자모형은 이처럼 기대와 우려가 뒤섞인 평가를 받으며 태어났다.

닐스 보어는 자신의 원자모형을 담은 〈원자 및 분자들의 구성에 관해서〉라는 논문을 1913년 4월 발표하고, 저명한 과학 학술지였던 〈필로소피컬 매거진〉에 논문 3편을 연이어 게재했다. 보어의 원자모형은 과학계에 많은 논쟁을 불러일으켰지만 결국 실험에 의해

옳다는 사실이 입증되면서 1922년 노벨 물리학상을 받았다.

　보어의 원자모형은 양자 가설을 처음으로 물질에 적용한 사례로 이후 그는 '양자역학의 아버지'라는 별명을 얻었다. 양자역학의 개념이 정립되기 이전에 양자 현상을 도입한 이론이 먼저 발표된 셈이다. 이 모형이 갖고 있던 통찰력과 파장은 과학계에 큰 획을 남겼다. 보어의 원자모형 이후 성립된 양자역학 덕분에 비금속을 귀금속으로 바꾸겠다던 황당한 연금술은 화학으로 발전하기도 했다.

　여기서 에르빈 슈뢰딩거 이야기를 하지 않을 수 없다. 양자역학을 모르는 사람도 한 번쯤 들어봤을 사고 실험이 있다. 바로 슈뢰딩거의 고양이다. 고양이 한 마리가 밀폐된 상자 안에 들어 있다. 상자 속에는 1시간에 50% 확률로 붕괴되는 방사성원소와 청산가리가 담긴 병이 있다. 방사성원소가 붕괴되면 청산가리 병이 깨지고 고양이는 결국 죽는다. 붕괴되지 않으면 병은 그대로 있고 고양이도 산다. 방사선 붕괴는 확률만 알 수 있을 뿐, 언제 붕괴되는지 알 수

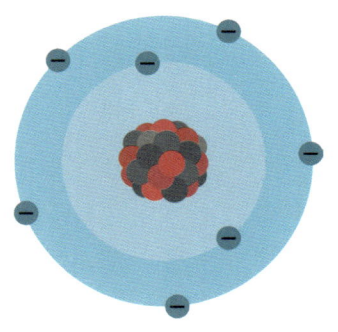

＜
보어의 원자모형은
양자 가설을 처음으로 물질에
적용한 사례로 평가받는다.

없다. 1시간 뒤 고양이는 살았을까, 죽었을까.

고전역학에 따르면 고양이는 살았거나 죽었거나 하나의 상황으로 결정되어 있다. 양자역학의 관점은 다르다. 상자를 열기 전 고양이는 50% 확률로 죽어 있으며, 50% 확률로 살아 있다. 즉, 죽지 않은 것도 아니고, 살지 않은 것도 아닌 죽음과 삶이 공존하는 형태다. 관찰자가 상자를 여는 순간 이 공존 상태가 깨지고 하나로 결정된다. '중첩'의 개념이 여기서 등장한다. 슈뢰딩거가 이 실험을 제안한 것은 사실 "세상은 확률로 존재한다"고 봤던 양자역학의 해석(코펜하겐 해석)을 반박하기 위해서였다(양자역학적 해석을 반박하기 위해 만든 실험이 양자역학을 가장 잘 설명하는 실험이 되었다).

닐스 보어를 중심으로 정립된 코펜하겐 해석은 확률론적 세계와 불확정성의 원리를 기본으로 한다. 이 이론에 따르면 빛은 파장이며 입자로 이루어져 있다. 원자를 구성하는 전자는 확률에 근거해 핵 주변의 어딘가에 위치해 있다. 그것을 관찰하는 순간 위치가 정해질 뿐이다. 이 이론에 많은 유명 과학자가 의문을 품었다. 아인슈타인도 그중 한 명이었다. "신은 주사위를 던지지 않는다"라는 아인슈타인의 말은 확률론적 세계관의 양자역학을 비판하는 말이었다. 하지만 양자역학의 세계관은 참이었다.

2진법을 뛰어넘은 양자컴퓨터의 탄생

현재의 디지털컴퓨터는 0과 1이라는 2개의 숫자를 사용해 계산한다. 이를 비트라고 한다. 0과 1의 무수한 반복과 나열의 진행이 바로 컴퓨터의 연산과 같다. 하지만 양자컴퓨터는 다르다. 0과 1뿐 아니라 그 중간, 애매모호한 상태의 중첩을 이용한다. 이 단위를 큐비트라고 부른다. 큐비트가 늘어날수록 양자컴퓨터의 연산 속도는 빨라진다. 큐비트 2개는 4개, 큐비트 4개는 16개(2^4)의 상태를 나타낼 수 있기 때문이다. 0과 1, 단 두 개로만 표현했던 기존 컴퓨터와 비교하면 연산 속도가 얼마나 빨라질지 짐작도 하기 힘들다.

천재 물리학자인 미국의 리처드 파인먼이 1982년 제안한 양자컴퓨터는 국방부나 국가안보국 등에서나 관심을 갖던 분야에 불과했다. 하지만 과학기술 발달로 개발 가능성이 커지자 마이크로소프트, IBM, NASA, 구글 등 여러 기업과 연구소들이 R&D에 뛰어들고 있다. 기존 컴퓨터 시장의 패러다임을 한 번에 바꿀 수 있는 강력한 게임 체인저가 될 수 있기 때문이다. 2017년 현재 세계 최고 수준의 양자컴퓨터는 오스트리아 인스브루크대학교가 보유하고 있다. 무려 20큐비트짜리 양자컴퓨터다.

양자컴퓨터의 연산 속도는 어마무시하다. 기존 컴퓨터가 사용하는 암호는 소인수분해를 이용하는 RSA 공개키 암호 방식을 활용한다. 소수는 1과 자기 자신만을 약수로 갖는 수를 의미하는데, 이 수들로 숫자를 분해하는 방식이다. 8은 2^3, 10은 2×5, 12는 $2^2 \times 3$이 된다. 이 정도는 암산으로도 충분히 가능하지만 300자리 정수를 소인수분해하려면 슈퍼컴퓨터로도 1년 이상의 시간이 걸린다. 하지만 양자컴퓨터를 적용하면 이론적으로 불과 몇 분 만에 계산이 가능하다.

가장 빠르고 안전한 양자통신

아인슈타인은 양자역학이 갖고 있는 양자얽힘 현상도 받아들이지 못했다. 양자얽힘이란 두 개의 입자가 갖고 있는 상관성을 의미한다. 얽혀 있는 한 쌍의 전자는 하나가 위로 회전(스핀)하면 다른 하나는 아래로 회전한다. 전자는 위아래 중첩 상태에 있으므로 한쪽 전자의 위치가 정해지는 순간 다른 쪽 전자의 위치도 확정된다. 이러한 양자얽힘 상태에서는 양자 정보가 빛의 속도로 전달될 수 있다. 양자얽힘을 이용한 기술이 바로 최근 이슈가 되고 있는 양자통신이다. 양자통신은 빛 알갱이인 광자를 양자얽힘 현상을 활용해 전달하는 기술이다. 중국은 세계 최초로 양자통신 위성 묵자를 이용해 1203km 떨어진 두 지상 관측소 간에 양자 정보를 이동시키는 데 성공했다. 논문은 2017년 7월 16일 학술지 〈사이언스〉에 발표했다. 양자역학에 따르면 얽힘 상태에 있는 두 입자는 아무리 멀리 떨어져 있다 하더라도 그 관계가 깨지지 않는다.

양자통신은 보안 상으로도 지구상에서 가장 안전한 정보 전달 수단이 될 수 있다. 광자는 건드리면 터지는 비눗방울처럼 누군가 엿보려는 순간 그 특성이 바뀐다(슈뢰딩거의 고양이 실험을 생각하면 된다). 만약 통신 중간에 도청 시도가 있으면 암호키 자체가 손상되어버린다.

양자얽힘을 이용한다면 영화 속에서나 보던 순간이동이나 시공간을 빛의 속도로 이동하는 것이 가능하지 않을까. 양자역학의 이론상으로는 가능하다. 순간이동을 위해서는 사람이 빛의 속도에 가깝게 움직여야만 한다. 하지만 문제가 있다. 아인슈타인의 특

수상대성 이론에 따르면 물체를 가속시키면 점점 무거워진다. 만약 50kg의 몸무게를 갖고 있는 사람이 빛에 가까운 속도로 이동하려면 히로시마에 떨어진 원자폭탄 수십 개에 해당하는 힘이 필요하다. 목적지에 도달했을 때 멈추는 것도 불가능하다. 이를 해결하는 방법이 영화 〈스타트랙〉에 등장한다. 사람의 몸을 질량이 0인 빛에너지로 바꿔 이동시킨 뒤 목적지에서 다시 사람의 형상으로 돌려놓는 것이다. 여기에도 걸림돌이 있다. 사람의 몸은 원자 10^{28}, 즉 1 뒤에 0이 28개 붙어 있는 어마어마한 수의 원자로 이루어져 있다. 사람의 원자를 빛으로 바꿔 전송한다 해도 수억 년이 걸린다.

사람의 순간이동은 어렵지만 원자나 광자 같은 양자의 순간이동은 현실에서 가능하다. 중국이 위성 묵자를 이용해 진행한 실험 역시 양자의 순간이동과 같다. 만약 나와 똑같은 몸을 먼 거리에 두고, 이곳에 있는 나를 양자이동시킨다면 순간이동이 불가능한 것도 아니다.

양자역학은 반도체를 비롯해 다양한 전자 기기에 활용되고 있다. 더 작고 기능이 많은 전자 기기를 만들기 위해서는 원자 단위의 반도체를 만들어야 한다. 이 분야는 고전역학이 아닌 양자역학을 알아야만 다룰 수 있다. 최근에는 양자역학과 고전역학의 중첩 지역인 중시계 분야 학문도 연구가 진행되고 있다.

양자역학은 불확실성에 대해 이야기한다. 고전역학에 심취해 있던 인간에게 양자역학의 등장은 과학의 패러다임을 바꾸는 전환점이 됐다. 이제 인류는 양자역학 없이 살 수 없는 존재가 되었다. 어려워 보이지만 우리 주변에 늘 존재하는 것이 바로 양자역학이다.

불확실한 양자역학이 우리에게 주는 교훈이 하나 있다. 슈뢰딩거의 고양이가 갖고 있는 매력이다. 열지 않는 한 모든 상태는 단지 확률만 존재한다는 것. 우리 인생도 마찬가지다. 하지 않으면 그저 가능성만 있는 어정쩡한 상태와 다를 바 없다. 죽이 되든 밥이 되든 일단 열어보라고 요구하는 양자역학. 양자역학을 이해하지 못하니, 이런 개똥철학으로나마 작은 위로를 받는다.

신문에 실리지 않은 취재노트

눈으로 관찰하는 양자역학의 세계

'중시계' 분야를 처음 들었을 때 당황했던 기억이 난다. 양자역학도 어려워 죽겠는데, 고전역학과 양자역학 사이에 존재하는 새로운 분야라니. 앞서 이야기했듯 눈으로 볼 수 있는 물체의 운동은 속도와 시간, 거리 등으로 표현할 수 있다. 이것이 고전역학이다. 물질이 점점 작아져 눈으로 볼 수 없는 원자 수준에 도달하면 고전역학으로는 설명할 수 없는 현상이 나타난다. 양자역학이 적용되는 분야다. 중시계는 서로 평행선을 달릴 것 같은 고전역학과 양자역학이 겹쳐지는 구간이다. 입자를 작게 잘라나가다 보면 고전역학이 적용되던 입자에 갑자기 양자역학적인 특성이 나타난다. 반대로 작은 입자를 점점 크게 만들다 보면 양자역학이 적용돼 불확실하던 입자가 고전역학으로 갈아타는 부분이 발생한다. 정확한 범위는 없다. 양자 세계보다 1000배 정도 큰 구간이라고 예측된다.

중시계 연구는 과학자의 순수한 호기심에서 시작됐다. 1980년대 초반, 반도체를 연구하던 미국 벨연구소의 과학자들은 온도를 4.2K(절대온도)까지 낮추자 전자의 충돌이 줄어드는 현상을 발견했다. 당구공처럼 움직이던 전자들이 충돌을 멈추면서 양자역학에서 나타나는 파동성을 띠기 시작한 것이다. 고전역학이 나타나야 하는 입자의 크기에서 양자역학적인 움직임이 나타나니 과학자들은 이 현상에 매료되지 않을 수 없었다.

중시계 물리학이 중요한 이유는 현재 기술로 다룰 수 있는 영역에서 양자역학이 나타나기 때문이다. 이후로 중시계의 중요성이 점점 밝혀지면서 기초과학에서 응용과학으로 영역을 넓혀가고 있다. 초소형 반도체나 양자컴퓨터의 개발 등 현재는 볼 수 없는 새로운 분야의 기술 혁신이 가능하다.

전자제품에서 없어서 안 되는 핵심 제품인 반도체를 예로 들면, 크기는 작아지지만 용량은 커지고 있다. 반도체를 계속 작게 만들다 보면 결국 양자역학이 적용되는 구간인 중시계에 들어서는 것이다. 그러면 전자 1개가 이동하면서 반도체의 스위치를 켜고 끄는 기술로 발전시킬 수 있다. 원하는 모양의 전자소자에 향상된 기능까지 얻어낼 수 있는 것이다.

우리나라에서 중시계를 연구하는 과학자들은 손에 꼽을 정도로 적다. 아직까지는 과학자의 호기심 영역(기초과학)에서 벗어나지 못했기 때문이리라. 그들을 만나면서 한 가지 공통점을 발견했다.

"현미경으로 관찰하고 있으면요, 예상하지 못했던 현상이 나타나요. 얼마나 신기한 줄 아세요?"

마치 네 살짜리 조카에게 유행하는 로봇 장난감 '또봇'을 사줬을 때의 반응과 비슷했다. 새로운 현상을 연구한다는 생각에 신이 난 표정이었다. 이러한 사람들의 연구가 뒷받침되어야 나라의 과학기술이 발전할 수 있다.

○ **힉스입자**

이휘소가 세계에 알린 신의 입자

"지난 6개월 동안 전 세계에서 저보다 공부를 많이 한 사람은 없을 것입니다."

이휘소의 평전을 읽었을 때 가장 감동받은 부분은 바로 이 문구였다. 이휘소는 미국에서 공부하던 시절, 한국에 있던 어머니와 수많은 편지를 주고받았다. 편지에는 어머니에 대한 애틋한 사랑과 미국 학계에서 인정받는 데 대한 뿌듯함이 드러나 있었다. 나에게 위의 문장보다 충격적인 글은 없었다. 도대체 얼마나 많은 공부를 했길래, 얼마나 많은 논문을 읽고 연구를 했길래 이런 말을 할 수 있었을까. 만약 나 같은 사람이 이런 말을 한다면 그저 비웃음을 당했겠지만 이휘소는 노벨상을 받은 석학들까지 "존경한다"는 말을 남길 정도의 과학자였으니 허튼소리로 느껴지지 않았다. 정말로 지구상에서 공부를 제일 많이 했을 것 같다.

이휘소 이야기를 꺼낸 이유는 힉스입자에 대해 이야기하기 위해서다. 《무궁화 꽃이 피었습니다》라는 책과 영화로 이휘소를 '조국을 위해 핵을 만든 사람'이라고 생각하는 사람이 많지만, 과학계에서는 "이휘소는 핵무기와 전혀 상관이 없다"고 이야기한다. 이휘소의 평전을 쓴 제자 강주상 또한 이휘소는 핵무기 연구에 동참한 적이 없을 뿐 아니라 연구 분야 역시 다르다고 이야기했다. 그는 힉스입자처럼 아무리 설명해도 전문가가 아니면 이해할 수 없는 분야에서 최고봉의 자리에 올랐던 사람이었다. 천재 중에 천재였던 것이다.

2012년 신의 입자로 불리는 힉스입자가 발견됐고 2013년 노벨물리학상을 거머쥐었다. 그때부터 이휘소는 다시 언론에 오르내리기 시작했다. 노벨상을 받은 힉스입자를 설명할 때면 꼭 등장하는 이휘소. 그는 힉스입자의 발견에 어떤 기여를 했을까.

이휘소, 그가 여전히 회자되는 이유

이휘소는 1967년, 미국에서 열린 학회에서 피터 힉스 에든버러 대학교 물리학과 교수와 처음 만난 것으로 전해진다. 힉스 교수는 힉스입자를 이론적으로 밝혀내 2013년 노벨 물리학상을 수상한 당사자다. 힉스 교수는 1964년에 "빅뱅(우주 대폭발) 이후 만들어진 모든 입자에 질량을 부여하는 무거운 입자가 존재했다"는 이론을 발표했지만 주목받지 못했다. 이 만남에서 어떤 이야기가 오고 갔는지 자세히 알려지지 않았지만, 힉스 교수는 당시만 해도 학계에서는 잘 알려지지 않은 인물이었다.

반면 이휘소는 젊은 나이에, 기본입자와 그들 사이의 힘의 상호작용을 설명한 표준모형의 초기 모델인 게이지 이론을 완성했다. 그리고 참쿼크의 존재를 예측해 연구 능력을 인정받고 있었다. 이휘소가 남긴 140여 편의 논문은 모두 1만 회 이상 인용됐을 정도로 큰 영향력을 끼쳤다.

이휘소는 미국 국립가속기연구소에서 연구부장으로 일하던 1972년, 국제고에너지물리학 컨퍼런스에서 발표한 논문을 통해 "입자에 질량을 갖게 한 근본적인 입자가 있으며, 그 질량은 양성자의 110배에 이른다"라는 논문을 발표했다. 힉스 교수가 발표한 논문을 뒷받침하는 내용이었다. 이휘소는 힉스 교수의 이름을 따서 이 입자를 힉스입자라고 불렀다. 이후 모든 물리학자는 물론 학계에서 힉스입자라는 표현이 사용되기 시작했다. 5~6명의 이론물리학자들이 비슷한 이론을 내놓았지만 이휘소의 발표야말로 힉스입자를 알리는 데 크게 기여한 셈이다.

힉스 교수는 노벨상을 수상한 2013년 12월, 노벨상위원회 시상식에서 강연하며 "벤저민 리(이휘소)의 논문을 토대로 힉스입자를 예측했다"고 이야기했다. 힉스입자에 대한 아이디어 역시 이휘소에게서 영감을 받았다는 설명이다. 그런 이유로 힉스입자를 취재하고 기사를 쓸 때면 항상 그가 생각났다. 물론 이휘소가 노벨상을 받은 것은 아니지만 노벨상을 받은 사람들이 꾸준히 언급하는 사람이 한국인이라는 사실, 그리고 그 사람이 물리학 박사였다는 사실이 뿌듯함으로 다가오곤 했다.

우주의 탄생 과정을 증명하다

2012년 7월 4일, 유럽입자물리연구소^{CERN}가 힉스입자를 발견했다고 발표했다. 새로운 입자가 발견된 것은 1995년 탑쿼크 이후 처음이었다. 힉스입자란 빅뱅 이후 나타난 소립자에 질량을 부여한 입자를 뜻한다. 한 외신이 '신의 입자$^{The\ God\ particle}$'라는 표현을 쓰고 난 뒤 약속이나 한 듯 전 세계 모든 언론이 신의 입자라고 부르기 시작했다. 신이 생명체에 생명을 부여하듯 힉스입자가 소립자에 질량을 부여했다는 의미다.

표준모형에 따르면 우주에는 12개의 기본입자와 이들 사이에 힘을 전달하는 4개의 매개입자가 있다. 지구에 있는 모든 물질을 쪼개고 쪼개면 원자만 남는다. 원자가 가장 작은 입자는 아니다. 이를 쪼개면 핵과 전자가 나오고, 핵은 다시 양성자와 중성자로 이루어져 있다. 중성자와 양성자는 쿼크라고 불리는 더 작은 입자로 쪼개진다. 표준모형은 이런 작은 입자와 함께 자연에 존재하는 네 가지 힘인 중력과 전자기력, 강력, 약력에 해당하는 입자들도 다룬다. 그리고 이 모든 것들이 상호작용하면서 지구가 만들어졌고, 인류가 탄생하는 계기가 됐다고 한다.

137억 년 전 빅뱅이 일어났을 때 탄생한 기본입자에는 질량이 없었다. 이 입자에 질량을 부여한 것이 바로 힉스입자다. 힉스입자는 전기장, 자기장과 같은 일종의 힉스장을 만들었고, 입자들이 이 힉스장 위를 구르면서 질량이 생겨났다. 그리고 질량을 만드는 힉스입자의 발견으로 인해 표준모형은 완벽해졌다.

CERN은 힉스입자를 찾기 위해 거대강입자가속기^{LHC}를 만들었다. 스위스와 프랑스 국경 지대 지하 100m에는 지름 8km, 둘레 27km 규모의 거대한 원형 터널이 설치돼 있다. 이 터널의 한 지점에서 반대 방향으로 양성자를 쏜 뒤 수주일 동안 빛에 가까운 속도로 가속시킨다. 1만 바퀴 이상 돌면서 가속된 양성자가 충돌하면 태초에 일어났던 빅뱅을 재현할 수 있다. 불과 1000만 분의 1초라는 짧은 시간이지만 우주가 처음 생겨났을 때를 재현하는 것이다.

힉스입자를 발견하기까지 건설비와 연구비로 9조 2000억 원이 투자됐다. 잠깐 삼천포로 빠지면, EU는 이미 LHC보다 7배 강력한 에너지로 양성자를 충돌시키는 미래원형가속기[FCC] 개발을 위한 타당성 조사를 시작했다. 둘레가 80~100km인 FCC는 LHC와 같은 용지에 건설될 것으로 보이며 2019년께 예상 비용과 설계구상안이 나올 예정이다. 기초과학 분야에 천문학적 투자를 하고 있는 중국도 둘레 52km 규모의 입자가속기 건설을 추진 중이다. 다른 나라가 비용을 분담해 참여한다면 80km 둘레로 확장해나갈 것이라고 밝혔다. 예상 비용만 대략 3조 원에 달한다. 일본은 직선 구간 터널에서 입자를 충돌시키는 선형가속기 건설을 추진하고 있다. 국제선형가속기[ILC]라는 이름의 이 가속기는 길이가 약 31km로 아베 신조 정권이 강한 의지를 보이고 있는 것으로 알려졌다.

아무튼 힉스입자의 발견은 확실시됐고 2013년 예상대로 노벨 물리학상의 주인공이 됐다. 힉스입자의 발견으로 표준모형은 완성됐고 인간이 만든 물리학은 아름다워지는 듯했다. 하지만 잠시였다.

∧
CERN에 설치된 세계에서 가장 큰 강입자가속기 LHC(위)와
LHC에서 나온 힉스입자를 데이터로 기록하는 검출기 아틀라스의 모습(아래).

과학의 발견은
그 자체로 미래의 변화를 암시한다

 2015년 12월, CERN은 검출기의 데이터로 만든 그래프에서 돌출된 피크가 기록됐다고 발표했다. 이는 새로운 입자가 출현했다는 의미와 같다. 공교롭게도 LHC에 있는 두 개의 검출기인 아틀라스ATLAS와 CMS에서 같은 신호가 검출됐다. 우연이라고 하기엔 무시하기 힘든 현상이었다. 과학자들은 다양한 이론을 내놓기 시작했다. 과학 논문 공개 사이트인 〈아카이브〉(arXiv.org)에는 불과 5개월 만에 새 입자를 설명하는 논문 320여 편이 게재됐다.

 힉스입자는 양성자를 8TeV(테라전자볼트)의 에너지로 가속시켰을 때 검출됐다. LHC는 과거보다 에너지를 증가시켜 13TeV의 에너지로 충돌시켰다. 에너지를 높인다는 의미는 빅뱅이 일어난 시점과 점점 가까워짐을 뜻한다. 과학자들은 "마치 물속을 헤엄쳐 나갈 때 작은 물고기가 지나갈 때보다는 사람이, 사람보다는 배가 많은 물방울을 만들어내는 것과 같다"고 설명한다.

 힉스입자가 125GeV(기가전자볼트)의 에너지를 가진 반면 새롭게 발견됐다는 입자는 750GeV 영역에 존재했다. 힉스입자보다 6배나 무거운 입자로 표준모형으로는 설명할 수 없었다. 이론이 먼저 정립되고 실험을 통해 찾아냈던 힉스입자와 반대로, 실험을 통해 발견된 입자를 이론으로 설명하려는 시도가 이어졌다. 만약 어떤 이론이 맞는다고 판명난다면 학자로서 로또를 맞은 셈이나 다름없는 상황이었다.

 이 같은 상황은 과거에도 있었다. 1897년 원자를 구성하는 전자가 발견됐다. 1910년에는 핵을 찾아냈으며 1932년 중성자까지 발견했다. 원자를 이루고 있는 입자들이 밝혀지면서 물리학계는 행복한 나날을 보내고 있었다. 4년 뒤인 1936년 갑자기 뮤온이라는 새로운 입자가 검출됐다. 물리학계는 혼란에 빠졌다. 노벨상을 수상한 미국의 물리학자 이지도어 라비는 "누가 주문했어?"라는 말을 남겼다. 주문하지 않았던 음식이 나왔을 때의 당황스러움을 표현한 것이다. 어쨌든 수많은 과학자가 새로운 입자를 설명하기 위해 달려들었지만 안타깝게도 이 데이터는 2016년 말 '우연히 나타난 실험값'으로 결론지어졌다.

 이처럼 아름답게 완성된 줄 알았지만 실험을 하면 할수록 아직 인류가 설명할 수 없는 현상이 발견되는 경우가 종종 있다. 그리고 지금도 풀어야 할 미스터리한 일들은 많이 남아 있다. 양성자가 충돌할 때 발생하는 입자인 케이온이 변하는 값이 이론값과 실제값이 다른 상황이라든지, B-메존이라 불리는 물질이 뮤온을 적게 만드는 상황 등 설명하기조차 난해한 일들이다. 즉, 입자 세계는 여전히 인류가 모르는 것투성이다. 우주는 계속해서 물리학자들의 응답을 기다리고 있다.

신문에 실리지 않은 취재노트

무엇에 쓰는 물건인고?

"대체 힉스입자로 뭘 할 수 있어요?"

물리학자들은 이런 질문에 상당히 당황해한다. 무엇을 할 수 있는지 모르기 때문이다. 힉스입자를 찾았다고 해서 우리 삶이 당장 바뀌는 것도 아니다. 과학자들은 힉스입자의 존재 여부가 너무 궁금했고, 인류가 만든 표준모형이 자연계에서 나타나는지 확인하고 싶었을 뿐이다. 힉스입자의 발견으로 우주를 이해하는 인간의 시각은 확장됐고, 이제 또 다른 입자를 찾기 위해 수조 원의 돈을 쏟아부을 예정이다.

1831년 마이클 패러데이는 한 학회에 참석해 "패러데이의 법칙(전자기유도법칙)을 발견했다"고 이야기했다. 한 참석자가 물었다. "어디에 쓸 수 있나요?" 패러데이는 답했다. "저도 알 수 없습니다." 하지만 100년 뒤인 1900년대 초반, 패러데이의 법칙은 지구의 모든 사람이 전기를 사용할 수 있는 토대가 됐다. 1953년 DNA 이중구조의 발견이 1973년 DNA 유전자 재조합으로 이어졌고 이는 최근 각광받고 있는 유전자 가위 개발에까지 영향을 미쳤다.

한국은 빠른 성장을 거치면서 과학과 기술이 혼용돼왔다. 반도체, 중공업 등에 대한 투자가 '한강의 기적'을 이뤄냈듯이, 많은 사람이 '과학기술은 경제 성장의 도구가 되어야 한다'는 인식을 갖고 있다. 특히 과학에 투자를 해야 할 정부 부처 관계자나 기업인은 더욱 그러하다. 헌법 9장 제127조 1항에는 "국가는 과학기술의 혁신과 정보 및 인력의 개발을 통하여 국민경제의 발전에 노력해야 한다"는 내용이 담겨 있기도 하다.

기초과학 투자에 대한 인식 역시 마찬가지다. 10년에서 20년, 혹은 100년 뒤에 우리의 삶을 바꿀 수 있다는 이야기를 꼭 해야만 한다. 그러면 어떻고 아니면 어떨까. 힉스입자가 밥을 먹여주지는 않지만 "인간은 왜 존재하는가"에 대한 질문에 다가설 수 있게 해준다. 암흑물질을 갖고 놀 수는 없지만 찾기만 한다면 우주를 조금 더 이해할 수 있게 된다.

과학은 세상을 바라보는 호기심을 푸는 과정이다. 호기심을 풀어나갈수록 인류의 지식은 쌓이고 세상을 바라보는 시각은 변한다. 잊지 말아야 할 것이 있다. 갈릴레오는 돈 되지 않는 우주를 바라보다 지동설을 찾아냈고, 이는 인류가 전 근대적인 사회에서 벗어날 수 있는 계기가 됐다. 기초과학은 이런 힘을 갖고 있다.

○ **핵융합**

아이언맨의
아크 원자로는
현실화될 수 있을까

"2030년께 상용화될 것이라 기대하고 있습니다."

기자가 되고 처음 핵융합 연구자를 만났던 때가 2011년이었다. 2017년 현재, 핵융합 상용화 시기는 2035~2040년으로 탄력 있게 변했다. 이제는 연구자 스스로도 목표치를 정확하게 이야기하기를 꺼리는 것 같다. 핵융합을 연구하는 과학자가 연구를 못한다거나, 핵융합은 사기라는 말이 아니다. 핵융합은 미래 에너지원으로 유능한 과학자들이 매달리고 있는 분야다. 과거와 비교했을 때 상용화 가능성은 조금씩 높아지고 있다. 다만 해결해야 할 과제가 산적해 과학자가 골머리를 앓고 있을 뿐이다. 태양을 모방하겠다는 인류의 원대한 꿈은 과연 언제쯤 실현될 수 있을까.

핵융합을 우리와 친근한 소재로 소개하자면 영화 〈아이언맨〉을 꼽을 수 있다. 〈아이언맨〉에서 토니 스타크는 자신의 가슴에 부착

할 수 있는 작은 발전기를 만든다. 그 발전기는 스타크의 몸에 있는 폭탄 파편들이 심장으로 파고드는 것을 막아주는 역할을 할 뿐 아니라 아이언맨 슈트의 첫 번째 버전인 마크1의 에너지원으로도 사용됐다. 단단하고 무거운 철판으로 만든 마크1은 화염방사기가 장착되어 있고 간단한 로켓 발사도 가능하다. 마치 발사체처럼 순간적인 에너지를 사용해 하늘 높이 솟아오르기도 한다. 이 모든 에너지의 동력이 손바닥 크기의 발전기, 아크 원자로에서 만들어진다. 현실에서 이처럼 강철로 만든 무거운 슈트를 움직이게 하려면 장롱 크기의 커다란 발전기를 옆에 세워두고 전선을 연결해도 가능할까 말까다. 영화 속에 등장하는 아크 원자로가 바로 핵융합 발전을 이용한 것이다. 핵융합 발전을 위해 스타크는 팔라듐이라는 원소를 사용하는데 〈아이언맨 2〉에서는 팔라듐 중독 증상 때문에 위기에 처하기도 한다. 영화 〈어벤저스〉에서는 뉴욕 한복판에 있는 스타크 빌딩이 동력원으로 핵융합을 사용하고 있다는 내용이 순식간에 지나가기도 한다. 현실에서 핵융합이 상용화되면 이 같은 일이 정말 가능할지도 모른다.

태양의 힘을 모방하기 위한 노력

1년 365일 우리에게 빛을 주는 태양을 한번 쳐다보자. 거대한 태양에서 발생하는 에너지는 초당 약 3.84×10^{26} J(줄)이다. 상상이 잘 되지 않는 숫자인데 지구에서 가장 강력한 수소폭탄 2000억 개를 1초에 모두 터트리는 양과 같다. 만약 태양에서 1초 동안 나오는 에너지를 모두 전기에너지로 바꿀 수 있다면 인류는 100만 년 이상 원자력발전소는커녕 태양광, 풍력, 수력 발전에 힘을 쏟지 않아도 된다.

 태양의 중심에서는 가벼운 수소원자가 충돌하고 합쳐져 무거운 헬륨원자로 바뀌는 데 이를 핵융합 반응이라고 한다. 원자핵이 융합하는 과정에서 줄어든 질량은 에너지로 바뀐다. 핵융합 반응을 보다 자세히 관찰하면, 수소원자는 양성자 한 개와 전자 한 개로 구성되어 있다. 고온의 환경에 놓이면 수소원자는 원자핵에서 전자(음이온)가 분리되며 이온화되어 양이온이 된다. 이제 두 양이온이 충돌만 하면 되는데 여기서 의문이 생긴다. 양이온과 양이온은 같은 플러스 전하를 띄는 만큼 서로 밀어내는 척력이 작용한다. 이론상 충돌할 수 없다. 이를 돕는 것이 태양이 갖고 있는 고온, 고압의 환경이다. 뜨거운 공기가 활발히 움직이듯이, 고온의 환경은 양이온이 빠르게 움직일 수 있는 에너지를 제공한다. 더군다나 1500만 도 이상의 고온에서 움직이는 두 개의 양이온은 척력 따위 무시하면서 충돌한다. 그리고 비로소 두 개의 핵이 하나로 합쳐지는 핵융합이 일어난다. 충돌로 생성된 원자핵의 질량은 두 원자핵을 합한 질량보다 작다. 그리고 질량 차이만큼의 에너지가 발생한다. 여기서 발생하는 에너지가 얼마나 크겠냐고 생각하겠지만, 아인슈타인의 특수상대성 이론, 질량 에너지 등가 원리 공식인 $E=mc^2$을 생각하면 그 크기는 어마어마하다. 여기서 m은 질량, c는 빛의 속도다. 빛의 속도가 초속 30만 km이니 아주 작은 질량이라도 엄청난 에너지를 만들어낼 수 있다. 이 식에 수소 1kg을 넣으면 핵융합으로 생성되는 에너지는 약 6×10^{14}J이다. 어마어마한 양이다.

아인슈타인의 질량 에너지 등가 원리는 훗날 과학자들이 핵분열에 활용하면서 원자력 폭탄의 개발로 이어진다. 1939년 핵분열이 아닌 핵융합을 연구하던 과학자가 있었는데 그가 바로 물리학자인 한스 베테다. 그는 태양과 같은 항성 내부에서 발생하는 에너지가 핵융합 반응의 결과물이라는 사실을 밝혀냈고 이를 공로로 인정받아 1967년 노벨 물리학상을 수상했다.

플라즈마를 다스리는 자, 핵융합을 얻는다

태양에서 발생하는 핵융합 반응을 지구상에서 재현하는 데 성공한다면 핵융합 발전이 가능해진다. 앞에서 설명했던 이론대로 환경만 만들어주면 된다. 1500만 도? 높아 보이지만 충분히 가능하다. 하지만 1500만 도의 환경에 수소이온을 풀어 넣어봤자 핵융합은 발생하지 않는다. 압력이 없기 때문이다. 태양 중심부의 압력은 약 2500억 기압이다. 아무리 압력을 높여도 지구에서는 그 정도 고압을 만드는 것이 불가능하다. 그렇다면? 온도를 높이면 된다. 1500만 도를 넘어 2000만 도, 3000만 도……. 과학자들은 드디어 찾아냈다. 1억 도면 된다. 1억 도 이상의 온도에 수소이온을 넣으면 두 양이온이 척력을 이겨내고 핵융합 반응을 하도록 유도할 수 있다. 여기서 과학자들은 플라즈마를 떠올렸다.

물질의 상태는 크게 고체, 액체, 기체 3가지로 나뉜다. 하지만 물질에는 제4의 상태가 존재한다. 바로 플라즈마다. SF 영화에서 자주 등장하는 플라즈마 광선검의 그 플라즈마다. 고체에 열을 가하면 액체가 된다. 액체에 열을 가하면 기체가 되는데, 기체에 또다시 고온 고압을 가하면 플라즈마가 생성된다. 앞서 이야기했듯이 원소가 이온화되어 있는 상태를 의미한다. 즉, 1억 도의 환경에 수소를 넣어주면 자기들이 알아서 이온화가 되고 핵융합 반응을 일으킨다. 유레카! 방법은 다 나왔다. 1억 도 이상의 온도가 유지되는 환경 속에 수소 기체를 넣어주기만 하면 된다(사실 1억도 이상의 온도에서는 핵융합 반응의 일부만 일어나지만 그래도 발생하는 에너지는 엄청나다).

그런데 또 문제가 생겼다. 1억 도를 견딜 수 있는 재료가 지구에는 없다. 아무리 단단하고 고온에 잘 견디는 물질이 있다 하더라도 플라즈마에 스치기만 해도 녹아버린다. 과학자들의 생각은 참 논리적이다.

"그럼 재료에 닿지 않게 하면 되잖아!"

그렇다. 그들은 플라즈마를 공중 부양시켜야 함을 깨달았다. 그래서 나온 방식이 바로 토카막이다. 토카막^{Tokamak}은 'toroidal'naya kamera s magnitnymi katushkami$^{toroidal\ chamber\ with\ magnetic\ coils}$'의 첫 자를 따서 만든 합성어로, '도넛 모양의 자기장이 있는 상자'를 의미하는 러시아어다. 옛 소련의 탐과 사하로프가 1950년대 발명하고 아르치모비치가 1968년 발표한 이후로, 핵융합로는 모두 토카막 방식을 활용하고 있다.

이 역시 원리는 간단하다(물론 구현하는 것은 쉽지 않지만). 도넛 모양의 커다란 장치를 만들고 내부를 판다. 그리고 내부를 진공 상태로 만든다. 도넛 모양의 벽면에는 자기장이 흐른다. 플라즈마는 전기적 성질을 띠고 있기 때문에 벽면을 따라 생긴 자기장(전기장)에 반발력을 받아 공중에 떠 있는 형태가 된다(〈아이언맨〉에서 스타크 빌딩에 있는 커다란 아크 원자로 내부가 토카막 장치와 똑같이 생겼다). 커다란 자석 위에 같은 극을 갖고 있는 작은 자석을 두면 공중에 뜨듯 토카막 역시 자기장을 이용해 플라즈마를 공중에 띄우는 형태가 된다.

정리하면, 커다란 토카막 장치의 내부를 진공 상태로 만들고 여기에 핵융합의 연료가 되는 수소를 넣는다. 토카막 내부 벽면의 자기장을 발생시키면 전기장이 생성되고 기체 중에 있던 전자들이 회전하며 부딪쳐 플라즈마가 된다. 공중 부양된 플라즈마에 1억 도 이상의 온도를 가해주면 플라즈마에서 핵융합 반응이 발생한다. 여기서 발생한 열이 냉각수를 가열하고 이 냉각수가 수증기를 발생시켜 발전기를 돌리면 그토록 원하던 전기에너지가 만들어진다.

이 원리는 1950년대에 알려졌지만 반세기가 지난 지금까지 핵융합 발전은 상용화되지 못했다. 플라즈마의 불안정성 때문이다. 핵융합에 대한 기사를 보면 "핵융합 상용화 위한 플라즈마 55초 운전 성공" "마의 70초 벽 뚫었다" 등의 제목이 붙어 있다. 플라즈마가 워낙 고온이고 제어하기가 쉽지 않아서 이를 오랫동안 유지하는 것이 어렵기 때문이다. 플라즈마를 제대로 제어하지 못해 토카막 내부 벽에 조금이라도 닿으면 재료는 순식간에 녹아내린다.

핵융합을 연구하는 과학자들은 플라즈마 통제에 열을 올리고 있다. 원자력발전소가 핵분열을 쉬지 않고 일으키듯이, 핵융합발전소도 핵융합 반응을 끊임없이 유도해야 한다. 2017년 7월 현재, 불안정한 플라즈마를 안정적으로 유지할 수 있는 시간은 101초에 불과하다. 101초의 기록을 갖고 있는 나라는 중국이며, 우리나라는 72초로 2위를 기록하고 있다(2016년 말까지 우리나라가 세계 1위였지

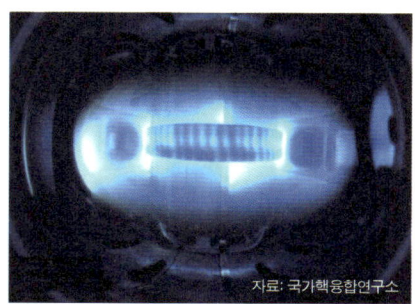

자료: 국가핵융합연구소

∧
미국 MIT의 알캐터Alcator C 모드 토카막의 내부와
한국의 국가핵융합연구소에서 2008년 6월 처음 발생시킨 플라즈마의 모습.

만 금방 중국에게 역전됐다. 중국의 힘이 무섭긴 무섭다). 한마디로,

"플라즈마를 다스리는 자, 핵융합을 얻는다."

해결되지 않은 문제, 방사능

핵융합이 상용화만 된다면 더할 나위 없이 좋다. 하지만 반세기가 지나도록 100초 부근에 머무르는 것에서 볼 수 있듯이 해결해야 할 과제는 산적해 있다. 아직 이야기하지 않은 문제가 하나 더 있다. 바로, 방사성 물질의 사용이다. 비록 원자력발전소에서 발생하는 방사능보다 약하긴 하지만 핵융합 발전 역시 100% 안전하지만은 않다.

과학자들은 핵융합이 절대 만능은 아니라고 이야기한다. 온도를 10억 도로 높인다면 공기 중에 떠다니는 수소를 채취해서 무한정 연료로 사용할 수 있지만 현재 인류가 만들 수 있는 온도는 1억 도 부근이다. 이 정도의 낮은 온도(?)에서 핵융합 반응을 유도하기 위해서는 삼중수소(중성자가 2개인)가 필요한데 이것은 인공적으로 만들어야 한다. 삼중수소 1g의 가격은 3000만 원을 호가한다. 만약 헬륨-3을 구할 수 있으면 가격을 낮출 수 있다. 헬륨-3은 양성자 둘과 중성자 하나를 갖고 있어 헬륨-3에 중성자를 충돌시키면 삼중수소가 만들어진다. 그런데 하필 헬륨-3이 지구에 없다. 가까워 보이지만 가기 어려운, 달에는 많다. 미국이나 러시아, 중국, 인도 등 우주개발 강국이 달에서 헬륨-3을 캐오려는 이유 역시 언젠가는 실현될 핵융합 발전의 원료를 구하기 위해서다.

결국 전 세계 과학자는 힘을 모으기로 했다. 미국과 러시아, 중국, 일본, EU, 인도, 한국 등 7개국이 모여 핵융합발전소의 가능성을 타진하기 시작했다. 각 국가가 연구해온 핵융합 관련 지식을 모아 여의도 공원의 2배에 달하는 40ha(헥타르) 규모의 국제핵융합실험로ITER를 짓는 프로젝트다. ITER는 2020년 완공을 목표로 2007년 프랑스 생폴레뒤랑스 내 카다라슈 연구센터에서 착공했다. 공사에 들어가는 돈만 우리 돈으로 약 20조 원이 넘는 엄청난 규모의 프로젝트다. ITER가 건설되면 여기서 얻은 기술을 토대로 각 국가는 2050년대부터 전기를 생산하는 핵융합발전소를 짓겠다는 계획을 갖고 있다.

핵융합은 현재의 기술로는 언제 상용화될 수 있을지 장담하기 힘들다. 미량이지만 방사성 물질도 존재한다. 그럼에도 불구하고 핵융합은 매력적이다. 바닷물 $1l$에 들어 있는 중수소 0.03g은 휘발유 $300l$가 만드는 에너지와 맞먹는다. 중수소 10t만 있으면 200만 t의 석탄, 150만 t의 석유를 대체할 수 있다. 인류가 사용하는 에너지양이 끊임없이 증가하는 만큼 핵융합을 포기할 수 없다. 그래서 기자가 자식을 낳고 머리가 똘똘하다면 핵융합 연구자로 키우고 싶다. 연구가 중단되는 일은 없을 테니까 말이다.

그래핀

연필심에서 발견한 꿈의 신소재

"휘어지는 디스플레이가 가능해졌다."

"우주로 가는 엘리베이터에 적용할 수 있다."

2004년 그래핀이 처음 세상에 모습을 드러냈을 때 과학자들은 환호했다. 언론 역시 그래핀이 바꿀 장밋빛 미래에 대한 전망을 휘황찬란하게 그려댔다. 2010년, 발견된 지 불과 6년 만에 그래핀은 노벨 물리학상을 거머쥐면서 다시 한 번 주목받았다. 그때부터 그래핀 앞에는 '꿈의 신소재'라는 수식어가 붙었다.

전 세계를 떠들썩하게 만들었던 그래핀, 지금 그래핀은 어디로 갔을까. 그래핀 이야기를 들을 때면 어렸을 적 어느 동네나 1~2명씩은 있었던 영재 친구들이 떠오른다. "어머, 똑똑해라. 어쩜 그렇게 공부를 잘하니"라고 칭찬만 듣던 그 친구들은 지금 무엇을 하고 있을까.

연필과 셀로판테이프로
노벨상을 받다

2004년 영국 맨체스터대학교의 한 연구실, 안드레 가임 물리학과 교수는 금요일 저녁마다 연구원들과 엉뚱한 실험을 기획했다. 머릿속에 떠오르는 아이디어를 마음껏 구현해보는 날이기 때문이다. 가임 교수는 2000년, 개구리를 공중 부양시키는 실험을 했는데, 이걸로 이그노벨상을 수상하기도 했다. 2004년 가임 교수와 당시 그의 제자였던 콘스탄틴 노보셀로프 맨체스터대 교수는 그래핀을 만들기 위한 아이디어를 이야기하며 셀로판테이프와 연필심을 준비했다. 그렇게 그래핀이 발견됐다.

1947년, 캐나다의 물리학자인 필리프 월리스가 예측한 그래핀은 탄소원자 6개가 육각형 구조를 이루고 있는 물질이다. 특이한 점은 그래핀의 높이는 탄소원자 한 개의 크기로 원자 6개가 평면 위에 퍼져 있는 모양새를 갖고 있다. 너무 얇기 때문에 그래핀과 같은 물질을 '2차원 물질(평면)'이라고 부른다.

하지만 어떤 과학자도 그래핀을 현실에서 구현해내지 못했다. 그래핀 연구로 유명한 석학인 김필립 미국 하버드대학교 교수는 2004년을 이렇게 회상했다.

"그때 아마 탄소원자 6층이었나, 5층 정도까지 분리하는 데 성공했습니다. 우리는 탄소원자가 수없이 많이 겹쳐진 흑연에 열과 절연체 등을 가해서 원자 층을 한 개씩 떼어내고 있었거든요. 가임 교수의 성공 이야기를 들었을 때는 정말 깜짝 놀랐죠. 논문을 보고 연구실에서 따라 했는데, 그래핀이 나오더라고요. 허탈했습니다."

가임 교수와 노보셀로프 교수가 그래핀을 만든 아이디어는 어

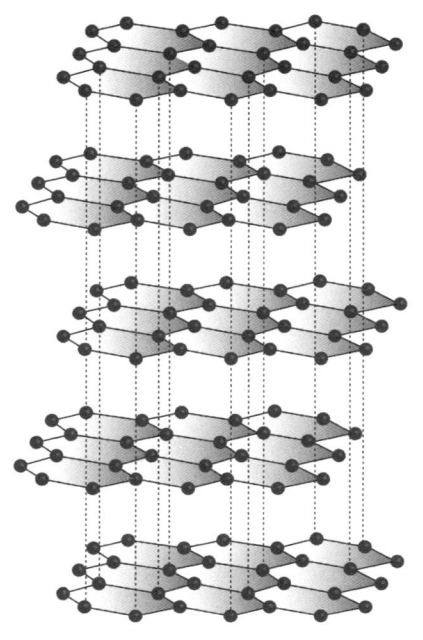

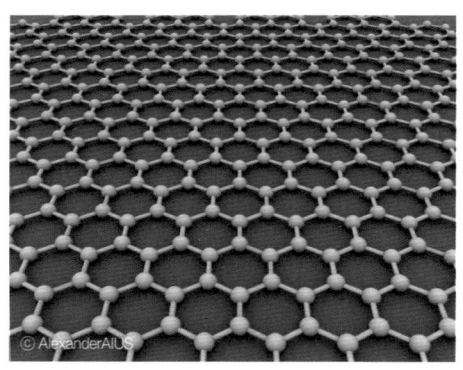

∧
위 그림은 흑연의 원자 구조. 여기서 한 층을
떼어내면 아래 그림처럼 한 장의 그래핀이 된다.

이없을 정도로 간단했다. 그래핀을 무수히 많이 쌓으면 흑연이 된다. 흑연이 쓰이는 곳은 바로 연필심. 두 교수는 연필심을 칼로 갈아서 셀로판테이프 위에 놓았다. 그리고 또 다른 셀로판테이프로 연필심에 붙였다 떼었다를 반복했다. 탄소가 여러 층으로 붙어 있던 흑연을 얇게 분리하기 위해서다. 수십 번 붙였다 떼었다를 반복한 뒤 이 셀로판테이프를 현미경으로 가져갔다. 유레카! 그곳에는 수많은 그래핀이 군데군데 붙어 있었다. 드디어 그래핀이 세상에 모습을 드러냈다.

그래핀을
꿈의 신소재라 부르는 이유

과학자들이 그래핀을 찾으려 애썼던 이유는 그래핀이 갖고 있는 특이한 성질들 때문이다. 얇기 때문에 잘 휘어지고 투명하다. 하지만 전기전도도는 구리보다 100배나 좋고 강도는 강철보다 200배나 강하다. 열전도가 가장 좋은 다이아몬드보다 열전도도가 2배 이상 높을 뿐 아니라 늘리거나 구부려도 이 같은 성질이 사라지지 않는다. 말 그대로 '꿈의 신소재'인 셈이다.

신소재가 발견되고 상용화하기까지는 상당히 오랜 시간이 걸린다. 그래핀은 그 시간도 짧았다. 2004년 발견되고 불과 5년 뒤인 2009년, 김필립 교수와 함께 연구했던 홍병희 서울대학교 교수가 학술지 〈네이처〉에 가로세로 2cm 크기의 그래핀을 만들었다는 논문을 게재했다. 만들 수 있는 그래핀의 크기가 μm(마이크로미터)에서 cm 단위로 크게 늘어난 셈이다(지금은 가로세로 1m 이상의 그래핀

제작이 가능하다). 홍병희 교수팀은 기판 위에 니켈을 얇게 입힌 뒤 탄소를 흡착시켰다. 그 뒤 탄소에 붙은 니켈을 녹여내 순도 높은 그래핀을 얻는 데 성공했다. 이후 한국 연구진은 그래핀 상용화에 앞서가며 디스플레이, 터치스크린 등에 그래핀을 적용하는 연구를 성공시키기도 했다.

그래핀의 발전과 상용화는 탄탄대로를 걷는 듯했다. 하지만 가로세로 1m의 그래핀을 만드는 데 수백만 원이 든다는 점과 '밴드갭'이 문제점으로 떠올랐다. 밴드갭이란 전자가 존재하는 가장 높은 에너지 준위인 가전자대와 전자가 존재하지 않는 가장 낮은 준위인 전도대의 에너지 차이를 의미한다. 물질은 밴드갭의 크기에 따라 전도체, 반도체, 절연체로 구분된다. 밴드갭이 작을수록 물질은 전도체에 가까워진다. 밴드갭이 크면 전자 이동이 어려워 절연체가 된다. 반도체는 밴드갭이 일정 수준 존재하기 때문에 전기적 신호를 이용해 전기를 통하게 할 수도, 전기를 통하지 않게 할 수도 있다. 스위치를 켜면 전기가 흐르고, 끄면 전기가 차단되는 것도 반도체 덕분이다. 전자의 이동을 좌지우지할 수 있는 장벽이 바로 밴드갭이라는 얘기다. 그래핀은 안타깝게도 밴드갭이 없어 전기적 신호를 통해 전류의 흐름을 통제할 수 없다. 원할 때 켜고 꺼야 하는 전자기기에 활용하기에는 치명적인 단점을 갖고 있던 셈이다.

많은 과학자가 그래핀을 두 겹으로 쌓거나 리본 형태로 만들거나 다른 원자를 첨가하는 등의 논문을 발표하는 이유도 밴드갭을 만들어 반도체로 활용하기 위함이다. 그래서 이런 연구 논문의 보도자료에는 항상 "그래핀, 반도체 적용 성공"이라는 수식어가 따라 붙는다.

과학자마다 이견이 있지만 일각에서는 "한때 꿈의 신소재로 불렸던 탄소나노튜브처럼 그래핀도 같은 길을 걸을지 모른다"는 회의적인 시각이 나오기 시작했다. 전자업계에서는 실리콘을 이을 차세대 소재에서 그래핀을 배제했다는 소문도 들려왔다. 1991년 등장한 탄소나노튜브가 자동차 등 일부 고가 부품에 적용되기까지 걸린 시간은 15년 정도였다. 하지만 여전히 실리콘 반도체를 대체하지는 못했다.

실리콘을 대체할 것은 무엇인가

그래핀이 완전히 외면받은 것은 아니다. 사람들의 관심이 너무 컸다. 그래핀 상용화를 원하는 기업들은 충분한 기초연구가 이루어지기도 전부터 너무 큰 기대를 보였다. 그래핀이 등장한 지 이제 겨우 14년이 되었을 뿐이다. 그래핀은 조금씩 그 활용 범위를 넓혀가고 있다. 단단하고 가벼운 성질을 이용해 테니스 라켓에 적용되거나 헤드셋과 같은 전자 기기에 구리 대신 그래핀을 넣어 성능을 향상시킨 제품도 나오고 있다. 기초연구 수준에서 스마트폰에 적용하는 연구도 마무리됐다.

반도체의 저장 용량은 커지고, 크기는 작아지면서 결국 실리콘은 한계에 다다랐고, 이를 대체할 수 있는 것은 그래핀과 같은 가볍고 얇은 2차원 물질밖에 없다는 것에 많은 과학자가 동의하고 있다. 초반에 너무 과한 기대를 걸었을 뿐, 그래핀은 여전히 꿈의 신소재이며 조금씩 앞으로 나아가고 있다.

그래핀의 발견이 과학기술계에 낳은 가장 큰 족적은 2차원 물질에 대한 인식 변화다. 불가능하리라 여겼던 2차원 물질이 발견된 이후 많은 과학자가 차세대 그래핀을 위한 연구를 시작했다. 과학자들은 "그래핀 덕분에 2차원 물질에 대한 관심이 많아졌고, 이것이 다른 2차원 물질 연구에도 영향을 미쳤다"고 이야기한다. 그래핀 이후 합성에 성공한 2차원 물질 중 하나가 실리신이다. 전이금속 카바이드, 몰리브덴 등 다양한 2차원 물질이 있지만 과학자들이 유독 실리신에 관심을 보이는 이유가 있다. 반도체의 원료인 실리콘으로 만들기 때문이다. 기존 반도체 기술을 활용하는 것이 가능할 뿐 아니라 이미 사용하고 있는 전자 장비에도 적용이 쉬울 거라고 예상했다.

실리콘도 2차원 물질이 될 수 있음이 처음 알려진 건 그래핀 발견 3년 뒤인 2007년이다. 이를 제안했던 이탈리아 국립연구위원회 CNR는 2012년 실리신 합성에 성공했다. 그리고 2015년 2월, 미국 텍사스대학교 연구진이 이를 반도체에 적용하는 데 성공했다고 〈네이처 나노테크놀로지〉에 밝혔다. 하지만 성능은 보통이었고, 수명은 단지 몇 분에 불과했다. 그럼에도 놀라운 일임은 분명했다. 누구도 이렇게 짧은 시간에 실리신을 반도체에 적용하리라고는 생각하지 못했기 때문이다. 실리신은 밴드갭이 있으며 그래핀처럼 강하고 얇을 뿐 아니라 휘어지는 성질도 갖고 있다. 다만 다른 2차원 물질에 비해 제조가 까다로워 아직 많은 연구가 필요하다.

실리신 등장 이전부터 과학자들은 이황화몰리브덴, 이황화텅스텐과 같은 전이금속 2차원 물질에도 관심을 가져왔다. 이런 2차원 물질을 전이금속 칼코게나이드 계열이라고 부른다. 전이금속 칼코게나이드 계열은 그래핀과 비슷한 방법으로 만들 수 있으며 특히

0.7~1.6eV 수준의 높은 밴드갭을 갖고 있다는 점에서 상용화가 가능한 2차원 물질로 꼽혀왔다. 하지만 밴드갭 값이 클수록 전하이동도가 떨어지는 단점이 발견됐다. 그래핀보다 전하이동도가 떨어지는 문제 때문에 기존 반도체와 성능이 유사하다는 한계가 존재했다. 또한 균일하게, 넓은 면적으로 만드는 것이 보고되지 않아 상용화에 어려움을 겪고 있다. 2차원 물질을 반도체로 활용하기 위해서는 그래핀과 전이금속 칼코게나이드 밴드갭의 중간값을 갖는 물질이 필요하다.

흑린(포스포린)이 여기에 해당한다. 인^{P}원자로 이루어진 흑린은 그래핀과 유사한 육각형 형태의 원자 배열을 갖고 있다. 흑린은 변형이 어려운 그래핀과 달리 규칙적인 주름이 잡혀 있어 외부 압력이나 전기장에 의한 물성 제어가 쉬운 것이 장점으로 꼽힌다. 흑린 한 층의 밴드갭 값은 전이금속 칼코게나이드 물질과 유사한 수준이지만 흑린의 층수가 증가하면 밴드갭이 점점 줄어든다. 비록 그래핀 수준은 아니지만 상온에서 전이금속 칼코게나이드보다 우수한 전하이동도를 갖는다. 흑린의 가장 큰 단점은 공기와 반응하는 속도가 매우 빨라 불안정하다는 것이다. 이 때문에 그동안 반도체로 제작하고 구동시키는 데 어려움이 많아 차세대 반도체 후보 물질이 맞는지에 대한 의구심 또한 존재한다.

휘어지는
디스플레이의 미래

1989년 개봉한 영화 〈백 투 더 퓨처 2〉에서는 30년 뒤인 2015년으로 시간여행을 떠나는 장면이 나온다. 주인공 마티 맥플라이와 그의 여자 친구 제니퍼가 가장 놀라는 대상 중 하나는 평면 TV였다. 그리고 2002년 개봉한 영화 〈마이너리티 리포트〉는 2054년을 배경으로 주인공 존 앤더튼이 손가락으로 투명한 터치스크린을 조작하며 범죄가 일어나는 곳의 상황을 살피는 장면이 등장한다. 여기서는 접히고 휘는 디스플레이가 거의 모든 전자 기기에 적용돼 있다. 1989년과 2002년 개봉한 두 영화가 예상한 미래 사회의 모습 중 가장 큰 차이점은 바로 디스플레이의 진화다. 1980년대에는 전자 기기에 사용되는 반도체가 딱딱하다는 생각을 갖고 있었기에, 상상할 수 있는 얇고 넓은 디스플레이는 평면 TV가 전부였다. 하지만 반도체가 휘어질 수 있다는 가능성을 확인한 2000년대 사람들은 휘어지는 디스플레이를 기대한다. 1980년대와 2000년대를 나누는 차이점 중 하나가 바로 2차원 물질이다. 2차원 물질의 개발로 2010년대 사람들은 접어서 주머니에 넣을 수 있는 디스플레이를 꿈꾼다.

포스포린, 전이금속 칼코게나이드, 실리신, 그래핀 중 어떤 2차원 물질이 실리콘을 대체할 수 있을지 아무도 모른다. 다양한 기초 연구가 진행되고 있는 만큼 이제 막 출발선에 섰다. 논문이 공개되지 않았을 뿐, 많은 기업이 2차원 물질을 스마트폰과 같은 전자 기기에 적용하는 연구에 막대한 돈을 투자하고 있다. 우리는 그저 흥미롭게 이들의 경쟁을 지켜보기만 하면 된다.

신문에 실리지 않은 취재노트

김필립 교수는
정말 노벨상을 놓쳤을까

"2010년 노벨물리학상 수상과 관련해 노벨위원회가 발표한 '과학적 배경' 문서에는 오류가 있습니다."

2010년 11월 17일 월터 드 히어 미국 조지아공과대학교 물리학과 교수가 노벨위원회에 편지를 보냈다. 노벨위원회가 2010년 노벨물리학상의 주인공인 그래핀을 설명하면서 올려놓은 자료에 상당히 많은 오류가 있다는 내용이었다. 이를 학술지 〈네이처〉가 상세히 보도하면서 한국에서는 "노벨위원회의 실수로 인해 김필립 교수가 노벨상을 놓쳤다"는 기사가 게재되기 시작했다. 몇몇 언론이 노벨위원회의 실수로 김필립 교수가 노벨상을 놓친 것이 아니라고 지적했지만 여전히 사람들은 한국인 첫 노벨 과학상 수상이 노벨위원회의 실수 때문에 사라졌다고 알고 있다.

히어 교수가 문제로 삼은 것은 스웨덴 왕립과학아카데미 물리학 분과와 노벨위원회가 올린 자료였다. 그래핀이라고 올려놓은 사진은 2004년 안드레 가임 교수가 발표한 〈사이언스〉의 논문에 있는 얇은 흑연의 사진이었으며, 그래핀 발견은 2004년, 그래핀의 물리적 성질을 평가한 논문은 2005년임에도 불구하고 두 성과를 하나로 묘사하고 있다는 지적이었다.

여기서 김필립 교수가 등장했다. 김필립 교수는 2005년, 가임 교수팀과 동시에 〈네이처〉에 그래핀의 물리적 성질을 확인한 논문을 발표했다. 두 사람은 함께 연구하지 않았지만 비슷한 내용의 논문이 같은 학술지에 실렸다(학계에서는 이를 백투백 논문이라고 부른다. 연속 홈런을 뜻하는 백투백 홈런과 백투백의 쓰임이 같다). 히어 교수는 "그래핀이 노벨상을 받는 것은 시기상조이며, 굳이 받아야 한다면 2005년 〈네이처〉에 실린 논문이 수상해야 한다"며 "따라서 김필립 교수도 수상자에 포함됐어야 한다"고 이야기했다. 이에 가임 교수 역시 "김필립 교수와 수상의 영광을 나눈다면 기뻤을 것"이라고 〈네이처〉와 인터뷰했다.

노벨위원회는 히어 교수가 제기한 문제에 동의했지만 학술적인 부분에 한해서였다. 노벨상 수상에서 김필립 교수가 제외된 것에 대한 의견 표명은 하지 않았다. 추측건대 노벨상이 첫 발견을 중시하는 만큼 노벨위원회는 그래핀 발견 내용을 담은 2004년 논문에 더 많은 가중치를 뒀을 것이다.

김필립 교수는 이후 국내 언론과의 인터뷰에서 가임 교수와 노보셀로프 교수의 연구 성과를 인정하고 수상 결과를 받아들인다고 이야기했다. 덧붙여 우리나라의 그래핀 연구는 세계적인 수준이지만, 응용 분야에 한정되어 있어 안타깝다는 말도 전했다. 시장 가치를 판단하지 않는 기초 분야의 연구가 더 큰 미래 가치를 창조한다는 것을 알기 때문이다. 노벨상에 대한 갈망이 만들어낸 해프닝이라고 넘어가기에는 시사하는 바가 크다.

나는 실패한 적이 없다.
단지 이루어지지 않은 1만 가지 길을
찾았을 뿐이다.

- 토마스 에디슨

○ 진화

사피엔스는 어떻게 단 하나의 종으로 남았을까

　영화 〈프로메테우스〉(2012)는 인류의 탄생이 외계인으로부터 시작됐다는 가정 하에 이야기가 진행된다. 옛 기술로는 발견할 수 없었던 별자리가 인류 초기 문명의 흔적에서 등장하고, 여기서 단서를 얻은 인류는 우주선 프로메테우스를 타고 머나먼 여행을 시작한다.

　실제로 이러한 인류의 기원을 믿는 저명한 과학자도 있다. DNA를 발견해 생명공학 분야에 혁혁한 공을 세운 프랜시스 크릭 박사가 대표적이다. 그의 1981년 저서 《생명 그 자체: 40억 년 전 어느 날의 우연》에는 외계 생명체가 지구에 던진 씨앗이 생명체로 진화했다는 내용이 있다.

　인류의 조상이 언제 나타나서 지금의 모습으로 진화해왔는지, 아직 우리는 알지 못한다. 2015년, 국제 학술지에 연달아 고대 인류와 관련된 기념비적인 논문들이 등장하면서 퍼즐이 조금씩 맞춰지고 있다. 과학은 인류의 진화를 어떻게 설명하고 있을까.

첫 호미니드*의 출현은 320만 년 전으로 거슬러 올라간다. '루시'라는 이름으로 잘 알려진 오스트랄로피테쿠스 아파렌시스다. 1974년 발견 당시 유행하던 비틀즈의 〈루시 인 더 스카이 위드 다이아몬드Lucy in the Sky with Diamonds〉라는 곡에서 이름을 딴 루시는 직립보행의 흔적이 골반 뼈에 남아 있었다. 상체의 뼈는 침팬지를 닮았지만 하체는 사람과 같았다. 두 발로 걸었던 발자국도 발견됐다.

학계는 440만 년 전 나무 위에서 살았을 것으로 추정되는 아르디피테쿠스 라미두스가 직립보행을 한 루시가 되었고 이후 다양한 종으로 진화하다가 결국 호모 사피엔스 사피엔스만이 남았다고 생각했다. 루시는 인류의 시작을 알리는 상징적인 종이 됐다.

과거에는 다양한 인류가 있었다

하지만 2012년 클리블랜드자연사박물관 연구진이 학술지 〈네이처〉에 발표한 논문에 따르면 인류의 출발을 이처럼 단순히 바라볼 수만은 없다고 한다. 연구진은 2009년 에티오피아에서 320만 년 전 살았던 고대 인류의 화석을 발견했다. 분명 루시와 같은 시대에 살았던 고대 인류지만 발뼈가 루시와 확연히 달랐다. 발가락이 컸고, 손을 합장하듯 발가락을 서로 움켜쥐는 것이 가능한 구조였다.

---

* 사람과 침팬지, 고릴라, 오랑우탄 등이 속한 영장목의 한 과로 '사람과'를 뜻한다.

아르디피테쿠스 라미두스와는 전혀 다른 새로운 종의 인류였다.

2015년 4월 〈네이처〉에는 또 다른 고대 인류 화석이 발견됐다는 논문이 게재됐다. 미국 퍼듀대학교 연구진이 1994년 남아프리카공화국(줄여서 '남아공')에서 발견한 리틀풋(발뼈만 발견되어 '리틀풋'이라는 이름이 붙었다)이다. 리틀풋이 묻혀 있던 지층 구조가 약 200만 년 전에 형성된 것으로 알려지면서 루시와 현생 인류를 잇는 종으로 남는 듯했다. 하지만 퍼듀대 연구진이 이 지역의 지층이 여러 차례 변화를 겪은 것을 확인하고 새롭게 분석한 결과, 리틀풋은 약 367만 년 전에 땅에 묻혔다고 했다. 이처럼 300만 년을 전후로 여러 고대 인류 화석이 연달아 발견되면서 루시의 지위는 조금씩 약화되고 있다. 300만~400만 년 전, 지구에는 루시뿐 아니라 모습이 서로 다른 여러 종의 고대 인류가 공존하며 생활하고 있던 셈이다. 진화론에 따르면 인류의 진화 역시 한 방향이 아닌 수많은 갈래로 나뉘어 진화했을 테니 루시 외에도 여러 종의 인류가 있었을 것이라는 게 학계의 기본 입장이었다. 그동안은 화석이 발견되지 않아 가설로만 존재해왔었는데, 사실임이 밝혀진 것이다.

리틀풋과 루시를 비롯해 300만 년 전 살았던 고대 인류는 인간보다는 차라리 침팬지, 원숭이에 더 가까운 형태를 띠고 있었다. 그로부터 약 100만 년이 지난 230만 년 전, 도구를 사용하는 호미니드인 호모 하빌리스(능력 있는 사람)가 나타났다. 1960년대 탄자니아 세렝게티국립공원에서 발견된 호모 하빌리스는 손가락과 발가락이 굽어 있었으며 유적지에서 돌로 된 석기들이 발견되면서 도구를 사용한 첫 인류로 추정되어 왔다(최근에는 루시 역시 도구를 사용했을 것이라는 연구 결과가 발표되었다). 하지만 호모 하빌리스는 루시와의 연결고리가 약했다. 불과 100만 년도 채 되지 않는 짧은 시간 동안 뇌는 더 커졌고 도구를 사용할 정도로 손뼈가 정교해졌다. 분명 그 사이를 연결하는 고대 인류가 있어야만 했다.

루시와 호모 하빌리스 사이의 중간 종일 것으로 추정되는 고대 인류 화석이 에티오피아에서 발견된 것은 2013년의 일이다. 미국 네바다대학교를 포함한 국제 연구진은 2015년 3월 고대 인류 화석 LD350-1이 루시와 호모 하빌리스의 특성을 함께 갖고 있다는 연구 결과를 〈사이언스〉에 발표했다. LD350-1은 280만~275만 년 전 지구에 살았을 것으로 추정된다. 인류의 진화 과정을 설명할 수 있는 화석이 발견된 셈이다.

2015년 9월 남아공 비트바테르스란트대학교 연구진은 학술지 〈이라이프〉에 호모 날레디를 분석한 논문을 발표했다. 2013년 남아공 요하네스버그에서 북서쪽으로 50km 정도 떨어진 디날레디(남아공어로 '뜨는 별'이라는 뜻) 동굴에서 발견된 호모 날레디는 동굴 생활에 적합하도록 작고 말랐던 것으로 보인다(좁은 동굴에 들어가기 위해 연구진은 날씬한 여성 연구원을 투입하기도 했다). 두개골은 마치 루시와 비슷했지만 뇌는 더 작고 원시적이었을 것으로 분석됐다. 손목은 연장을 사용하기에 적합한 형태를 갖고 있었으나 어깨뼈와 손뼈는 나무를 기어오르는 데 최적화되어 있었다. 발뼈를 분석한 결과, 걷거나 현대 인류처럼 빠르게 뛸 수 있었을 것으로 나타났다. 연구진은 호모 날레디가 약 300만 년 전 살았을 것으로 추정했다. 직립보행을 하던 루시와, 나무를 타던 고대 인류 사이의 연결고리인 셈이다.

이후 인류는 호모 에렉투스, 데니소바인, 네안데르탈인 등으로 분화해 진화해오다가 약 20만 년 전, 호모 사피엔스의 출현으로 정리되는 듯했다.

아직 문제는 남아 있었다. 호모 사피엔스가 지구에 출현한 시기다. 우리 몸을 이루고 있는 DNA는 일정 시대마다 돌연변이가 발생한다. DNA 변이는 공통 조상으로부터 호모 사피엔스와 네안데르탈인으로 갈라지는 결정적인 계기가 되었다. 하지만 네안데르탈인의 화석은 40만 년 전 것까지 발견됐지만 호모 사피엔스는 20만 년 전의 화석이 가장 오래된 것이었다. 20만 년의 공백이 생기는 셈이다.

더 오래된, 그러니까 네안데르탈인과 호모 사피엔스가 분리되고 난 뒤의 인류 화석이 발견된 것은 2017년 6월이었다. 독일 막스플랑크연구소가 학술지 〈네이처〉에 발표한 논문에 따르면 아프리카 모로코의 제벨 이르후드에서 발견된 호모 사피엔스 두개골의 연대 측정 결과 약 30만 년 전에 살았던 것으로 확인됐다.

호모 사피엔스, 유전자를 퍼트리다

이처럼 최근 인류 기원을 두고 새로운 지식들이 쌓이는 가운데 점점 더 확고해지는 이론도 있다. 네안데르탈인과 현생 인류의 공존이다. 과거에는 네안데르탈인과 현생 인류는 전혀 관계가 없다고 알려졌다. 서로 다른 종이므로 짝짓기를 해도 번식은 불가능했을 것이라는 주장이 우세했다. 하지만 2000년대 이후 두 종이 함께 살았으며 짝짓기를 통해 현생 인류로 진화했을 것이라는 주장이 제기되기 시작했다. 막스플랑크연구소가 2016년 2월 〈네이처〉에 발표한 논문에 따르면 시베리아 알타이 산맥의 한 동굴에서 발견된 네안데르탈인 여성의 발가락뼈에서 호모 사피엔스 유전자의 흔적이 발견됐다.

　과거에는 네안데르탈인이 호모 사피엔스와의 세력 다툼에서 밀려나 멸종했다는 이론이 지배적이었다. 아프리카에서 나타난 호모 사피엔스가 유럽과 아시아로 이동하면서 네안데르탈인과 경쟁한 뒤 현재까지 유일하게 살아남은 종이 됐다는 것이다. 1990년대까지 유럽을 중심으로 이 같은 가설은 기정사실이 됐다. 더 똑똑하고 강한 호모 사피엔스 앞에서 네안데르탈인은 그저 미개인에 불과했다. 상대방을 '네안데르탈인 같다'라고 지칭하는 것이 욕으로 받아들여질 정도였다. DNA 분석 결과 또한 이를 뒷받침했다. 네안데르탈인의 화석에서 추출한 미토콘드리아 등의 DNA를 분석했더니 호모 사피엔스와 공통적으로 연결되는 유전자가 하나도 발견되지 않았다. 두 인류는 아예 다른 종으로 받아들여졌다.

　이 같은 인식이 바뀌기 시작한 것은 2010년이었다. 공교롭게도 "호모 사피엔스와 네안데르탈인의 DNA는 두 종이 섞이지 않았다"는 것을 증명했던 스반테 페보 막스플랑크연구소 박사는 "30억 쌍이 넘는 유전자를 분석한 결과 현생 인류 유전자의 약 4%가 네안데르탈인으로부터 유전됐다"는 결과를 발표했다. 기존 가설이 수없이 뒤집히는 것이 과학이라지만 페보 박사의 이 같은 입장 변화는 화제가 되기에 충분했다.

　물론 두 고대 인류가 세를 확장하는 과정에서 싸움은 불가피한 일이었을 수 있다. 그러나 '교배를 하거나 자손을 잇는 것은 불가능했다'는 가설은 이제 학계에서 힘을 잃고 있다. 두 종은 생각했던 것보다 상당히 오랜 기간 공존하며 유전자를 나눠왔을 가능성이 높다.

2014년 〈네이처〉에 발표된 영국 옥스퍼드대학교 연구진의 결과도 이를 뒷받침한다. 호모 사피엔스와 네안데르탈인의 유적지 40여 곳에서 추출한 화석을 분석한 결과 두 고대 인류는 약 5000년 이상 공존했음이 밝혀졌다. 문화교류뿐 아니라 교배를 하기에도 충분한 시간이었다. 또한 호모 사피엔스와 네안데르탈인에게서 머리카락과 피부를 생성하는 유전자, 크론병이나 낭창(결핵성 피부염)을 일으키는 유전자 역시 공통으로 발견됐다.

호모 사피엔스는 네안데르탈인과만 사랑을 나눈 것은 아니었다. 중국을 비롯한 아시아 전역에 흩어져 살던 또 다른 고대 인류인 데니소바인도 있었다. 10만 년 전 아프리카에서 아시아로 건너왔을 때, 데니소바인과 교배했다는 증거도 2012년 이후 밝혀지고 있다. 파푸아뉴기니와 오세아니아에 살고 있는 사람들의 DNA에서는 데니소바인 화석에서 찾아낸 염기 서열이 발견됐다. 티베트인이 고산지대에 적응할 수 있도록 돕는 유전자도 데니소바인에게서 물려받았을 확률이 높다.

인류의 마지막 진화, 돌연변이

400만 년이라는 긴 시간 동안 인류는 진화하며 지구에 적응해왔다. 앞으로 400만 년의 시간 뒤에 인류는 과연 어떤 존재로 남게 될까. 현재 지구에는 호모 사피엔스만이 남아 있다. 다른 고대 인류는 사라졌다. 인류는 이제 다른 종과의 교배를 통한 진화가 아닌,

∧
신석기 시대의 여성 호모 사피엔스와
금속기 시대의 남성 호모 사피엔스를 재구성한 모습.

DNA 변이를 통해 스스로 진화해야 한다. 300만 년에 걸친 진화의 변화는 큰 그림으로 살펴보는 것이 가능하지만 몇 백, 몇 천 년간 인류가 어떻게 진화해왔는지 살펴보는 것은 쉽지 않다. 진화는 천천히 진행되기 때문이다.

2017년 10월, 국제 학술지 〈플로스원〉에는 호모 사피엔스의 진화 방향을 살짝 엿볼 수 있는 연구 성과가 발표됐다. 미국 컬럼비아대학교와 영국 케임브리지대학교의 공동 연구진은 미국에서 진행된 '성인 건강과 고령화를 위한 유전체 역학 조사^{GERA}' 데이터를 이용해 21만 5000명의 유전체 정보를 분석했다. 연령대에 따라 어떤 유전자 변이가 나타나고 사라지는지를 분석한 뒤 부모, 자식 간의 상관관계와 사망 연령을 기록했다. 대를 이어 유전체 변화를 기록하면서 1~2세대 사이에 나타나는 유전자 변이를 살펴본 것이다. 약 800만 개 이상의 유전자 변이를 조사한 결과 연령이 증가함에 따라 2개의 돌연변이가 감소하는 것을 확인했다. 알츠하이머성 치매와 연관이 있다고 알려진 아포지방단백^{ApoE} 유전자와 흡연 남성에게서 발견되는 CHRNA3 유전자였다.

치매와 폐암 등의 질병에 걸리면 일찍 목숨을 잃거나 대를 잇기 어려운 만큼 이 유전자를 갖고 있는 사람은 자연선택설에 의해 점점 도태될 수 있다. 또한 이 유전자들은 젊은 나이에도 작용해 대를 잇기 어려운 상황을 만들 수 있다. 그런 만큼 연구진은 오랫동안 건강하게 사는 것이 진화에 큰 도움이 된다고 이야기한다. '할머니 가설' 때문이다. 건강하게 노년이 된 부모는 자녀와 손자를 잘 돌볼 수 있기 때문에 생존 및 생식 가능성이 증가된다는 할머니 가설은 인간이 폐경 이후에도 오랫동안 생존할 수 있는 이유로 알려져 있다. 연구진은 이번 논문에서 진화와 관련이 있어 보이는 세 번째 유전자 변이도 찾아냈다. 앞의 두 유전자 변이와 달리 세 번째 변이는 여러 유전자가 그룹을 이루면서 나타난다고 한다. 천식, 높은 체질량지수, 고콜레스테롤과 관련된 질병을 일으키는 유전자 변이들이다. 이 유전자 변이를 함께 갖고 있는 사람들 역시 고령으로 갈수록 감소하는 것으로 나타났다.

 이 같은 변이 유전자가 인간 생존에 영향을 미치지 않거나 진화와 관련이 없다면 인간의 유전체에서 자주 발견되어야 한다. 하지만 대규모 인류의 DNA에서 이들은 점차 도태되고 있었다. 자연선택설이 알게 모르게 작용하고 있던 셈이다. 경쟁자가 없는 호모 사피엔스는 장수를 원하고 있었다.

신문에 실리지 않은 취재노트

사람을 칼로리로 바꾼다면?

오스트랄로피테쿠스, 네안데르탈인, 호모 날레디, 호모 사피엔스 등의 고대 인류를 구분하는 수많은 화석이 발견됨과 동시에 과학자들은 이들에게서 식인의 풍습을 발견했다. 특히 3만 년 전 자취를 감춘 네안데르탈인의 경우 식인 풍습이 거의 확실시되고 있다. 수많은 화석이 이를 증명하고 있다.

과학자들은 고대 인류의 화석을 조사하면서 식인의 흔적을 몇 가지로 정리했다. 먼저 두개골이나 뼈의 훼손이다. 뇌를 꺼내먹거나 뼈에 붙은 살점을 발라먹기 위해 뾰족한 도구를 사용하면 화석에 생채기가 남는다. 척추의 일부가 손실된 것이 발견되기도 한다. 골수나 기름을 얻기 위해 척추를 뜨거운 물에 넣고 끓이거나 부술 때 생기는 흔적이다. 뼈에 남아 있는 인류의 이빨 자국, 불에 덴 흔적 등도 포함된다. 구석기 시대의 화석 수가 적은데도 불구하고 이런 흔적이 자주 나타난다는 것은 당시 식인 풍습이 흔한 일이었음을 암시한다.

과학자들은 고대 인류의 식인 풍습을 2가지로 설명한다. 영양학적으로 도움이 된다는 것과 단순히 종교적 의식이라는 것이다. 전자의 경우 채집생활을 했던 고대 인류가 먹을 것이 부족할 때 사람을 먹는 것이 생존에 큰 도움이 됐다는 설명이 뒤따른다. 인류는 정말

이토록 잔인했을까.

제임스 콜 영국 브라이턴대학교 환경기술과학과 교수는 국제 학술지 〈사이언티픽 리포트〉에 인육을 먹었을 때 얻을 수 있는 칼로리를 계산한 논문을 발표했다. 2017년 4월, 〈네이처〉는 이 연구를 짧게 소개했는데 내용이 상당히 흥미로웠다. 사람이 갖고 있는 칼로리는 영양학점 관점에서 도움이 되지 않는 만큼 고대 인류의 식인 풍습은 종교적, 의식적인 면이 강했을 것이라는 내용이었다.

인육의 칼로리를 계산한 첫 번째 연구는 40년 전으로 거슬러 올라간다. 1970년 〈미국 인류학저널〉에 실린 미시간대학교 연구진의 논문에 따르면 50kg 성인 남성의 몸에서 섭취할 수 있는 근육의 양은 30kg이다. 30kg의 근육에는 소화가 가능한 단백질이 4.5kg 포함되어 있으며 칼로리로 따지면 1만 8000kcal를 제공한다. 하지만 당시 논문을 살펴보면 어떤 근거로 이 같은 분석을 했는지에 대한 자세한 내용이 빠져 있다. 연구진은 "성인 남성 1명이 제공하는 단백질의 양은 몸무게가 평균 60kg인 사람 60명이 하루 동안 섭취할 수 있는 양"이므로 "그룹으로 생활했던 고대 인류의 생활 방식으로 볼 때 인육으로 영양을 섭취하는 것에는 한계가 있다"고 밝혔을 뿐이다. 당시 연구 결과 역시 고대 인류의 식인 풍습을 영양학적 관점에서 바라보기 어렵다는 설명이었다.

콜 교수는 1970년의 논문이 근거가 부족함을 이유로 다시 한 번 인육을 영양학적으로 연구했다. 그는 1945~1956년 성인 남성 시체 4구의 화학적 구성을 조사하고 그 데이터를 분석했다. 물론 이 시체 4구는 죽기 전 과학을 위해 기부하겠다고 밝힌 사람의 사체다.

콜 교수의 분석에 따르면 성인 남성에게서 얻을 수 있는 지방과 단백질이 갖고 있는 칼로리는 12만 5822kcal였다. 근육 24.897kg당 1만 9951kcal로 계산돼 1970년에 발표된 미시간대 논문과 비슷한 수치를 보였다. 논문에는 인체의 조직별, 장기별 칼로리가 상세히 분석되어 소개됐다. 어깨에서 팔꿈치까지를 이르는 상박은 7451kcal, 골반은 4486kcal, 심장 650kcal, 신장 376kcal 순으로 나타났다. 이 부위는 모두 고대 인류 화석에서 식인의 흔적이 나타난 부위다.

현재 성인 남성의 1일 권장량이 2400kcal임을 감안하면 많은 양으로 보일 수 있다. 하지만 고대 인류가 25명 정도 그룹을 지어 생활한다고 했을 때 인육이 제공할 수 있는 칼로리로는 목숨을 유지하기에 부족하다. 이는 동시대를 살았던 매머드, 곰, 말 등의 들짐승이 갖고 있는 칼로리양과 비교하면 확연히 드러난다. 인간의 근육(고기)이 제공하는 칼로리양이 3만 2376kcal라면 매머드는 360만 kcal였다. 털코뿔소는 126만 kcal, 큰뿔사슴은 16만 3680kcal다. 인육이 갖고 있는 칼로리양은 같은 시대를 살았던 다른 짐승과 비교했을 때 상당히 부족했다. 동물을 사냥하는 것보다 같은 인류를 사냥하는 것이 정신적, 육체적으로 더 힘들다는 것도 부인할 수 없다. 영양학적으로 계산했을 때 인간을 사냥하는 것보다는 새나 물고기, 코뿔소 등의 동물을 잡아먹는 것이 전반적으로 더 많은 열량을 얻을 수 있다.

따라서 고대 인류가 보였던 식인 풍습은 다른 부족과의 전쟁에서 이겼거나 죽은 사람을 기리는, 즉 종교적이나 상징적인 이유로 진행됐을 가능성이 크다. 사냥이 어렵던 시기에 그룹 구성원이 사망한 경우 생존을 위해 어쩔 수 없이 식인을 할 수는 있었겠지만 주기적이고 지속적으로 행해지지는 않았을 것이다.

고대 인류는 생각보다 미개하지도, 잔인하지도 않았다. 고대 인류의 화석이 발견되면 발견될수록 식인의 흔적 역시 계속 나타날 것이다. 그때마다 기사는 인류 식인 풍습이 확실하다는 식으로 보도될 것이 뻔하다. 그런 기사를 볼 때 한 번쯤 이 연구를 생각하면 시각에 균형을 이룰 수 있을 것이다.

○ **후성유전학**

나쁜 습관이
나쁜 유전자를
만든다

"세월이 아버지의 원수를 갚아줄 것이다."

1829년 12월 18일 프랑스 진화론자 장 바티스트 라마르크 장례식에서 그의 딸이 외쳤다. 집안 형편이 어려워 경제적으로 어려운 삶을 살았던 라마르크는 살아생전 빛을 보지 못하고 쓸쓸하게 눈을 감았다. 그가 죽고 30년이 지난 1859년, 찰스 다윈이 《종의 기원》을 발표하면서 진화론이 태동했다. 다윈이 주장했던 자연선택설은 당시 학자들이 쉽게 받아들이기 힘든 이론이었다. 자연선택으로 특정 개체가 살아남고, 그 수가 종을 지배할 만큼 개체 수를 늘리는 데는 적어도 수억 년이 걸린다는 게 당시 물리학자들의 주장이었다.

라마르크 이론은 지구상에 존재하는 생물의 짧은 역사를 감안했을 때 진화를 설명하는 데 안성맞춤이었다. 딸의 바람처럼 용불용설*이 다시 학계에서 관심을 받는 것처럼 보였다. 하지만 안타깝게도 거기까지였다. 유전자와 DNA가 발견되면서 용불용설은 역사의 뒤안길로 사라졌다. 생물이 어떤 행위를 통해 얻은 특정한 형질은 유전되지 않기 때문이다. 가령 오른손잡이 테니스 선수의 오른팔은 왼팔보다 길다. 하지만 그가 자녀를 낳았을 때, 오른팔과 왼팔의 길이는 같다. 후천적으로 얻은 형질(오른팔이 긴 것)은 자손에게 대를 이어 전달되지 않는다. 용불용설은 틀린 이론이 됐다. 생물의 진화는 센트럴도그마**, 즉 환경보다 유전자에 초점이 맞춰졌다.

🍊 환경과 유전, 끝나지 않는 대립

150여 년이 지났다. 세상은 다시 라마르크를 맞을 준비를 하고 있다. 물론 용불용설은 틀렸다. 하지만 한 세대에 특정하게 나타난 형질이 대를 거쳐 유전될 수 있다는 후성유전학이 태동하면서 그의 개념이 완전히 틀린 것은 아니라는 의견이 나오고 있다.

기골이 장대한 집안이 있다. 할아버지도, 아버지도, 그리고 나 역시 기골이 장대하다. 유전자 탓이다. 자식 걱정은 하지 않는다. 내가 담배를 피고 술을 많이 마시는 망나니여도, 우리 집안에 존재하는 굳건한 유전자는 내 자식을 건강하게 만들어줄 것이다.

이것이 지금까지 과학이 이야기한 센트럴도그마다. 하지만 후성유전학은 이를 더 이상 용납하지 않는다. 내가 망나니처럼 살수

---

* 생물이 환경에 적응함에 따라 자주 사용하는 기관은 발달하고 그렇지 않은 기관은 퇴화한다는 학설.
** 프랜시스 크릭이 제시한 가설로 '중심 원리'를 뜻한다. 유전 정보가 DNA에서 RNA를 거쳐 단백질로 전달되는 일련의 흐름이 생물 공통의 일반적인 원리라는 의미다.

록 내 유전자에는 변화가 일어나고 아무것도 모르고 태어난 내 자식과 후손은 그 유전자의 영향을 받는다. 라마르크의 말처럼 후천적으로 획득한 형질이 대를 이어 전달되는 셈이다.

후성유전학의 역사가 짧은 것은 아니다. 이미 1740년, 식물학의 아버지인 칼 린네는 좁은잎해란초라는 식물의 표본을 조사하던 중 기괴한 식물을 발견했다. 분명 좁은잎해란초가 싹을 터 나온 식물인데, 꽃의 구조가 달랐다. 그는 "마치 소가 늑대의 머리를 갖고 있는 송아지를 낳은 것과 같다"고 이야기하며 이 꽃의 이름을 '펠로리아'라고 지었다. 펠로리아는 그리스어로 괴물이라는 뜻이다. 린네는 몰랐지만 펠로리아의 발견은 후성유전학의 시작이었다.

1990년, 영국의 생물학자인 엔리코 코엔이 펠로리아에 있는 메틸기가 꽃의 구조에 관여하는 유전자의 발현을 방해한다는 것을 밝혀냈다. 즉, 펠로리아는 좁은잎해란초라는 꽃은 맞는데, 특이하게도 꽃의 형상을 만들어내는 유전자가 발현되지 않은 것이다. 더 놀라운 것은, 이런 특징은 대를 이어 전달됐다. 하지만 이때까지만 해도 후성유전학이란 식물에게서만 나타나는 특이한 형태로 해석됐다.

나쁜 유전자는 대물림된다

2000년대 들어 후성유전학이 쥐는 물론 사람에게까지 적용된다는 연구 결과가 발표되기 시작했다. 후성유전학에 불을 지폈던 것은 2005년 발표된 마이클 스키너 미국 워싱턴주립대학교 교수의 논문이었다. 임신한 쥐를 화학물질에 노출시켜서 태어난 수컷 새끼

∧ 얀 콥스가 그린 〈펠로리아〉(1814).

는 고환이 비정상이었다. 정자도 허약해 헤엄치는 모습이 영 시원찮았다. 이렇게 태어난 쥐들끼리 교배를 시켰더니 90% 이상의 새끼들도, 또한 3세대 쥐들까지 비슷한 현상이 관찰됐다. 2세대 쥐들은 화학물질에 노출시키지도 않았다. 그의 논문은 2009년, 실험을 진행한 연구원이 "데이터를 조작했다"고 이야기하면서 철회됐다. 하지만 이후에도 비슷한 논문이 발표되고, 2013년 스키너 역시 재실험을 한 후 논문을 제출하면서 학계에서 인정받기 시작했다.

사람을 대상으로 한 연구 결과도 발표됐다. 1944년 9월 독일군이 네덜란드 북서부 지역을 지배하면서 식량 봉쇄 조치를 내리는 바람에 이 지역 사람들은 하루에 1000kcal밖에 섭취하지 못했다. 1945년 2월에는 580kcal까지 떨어졌다. 당시 자료를 토대로 분석한 결과 출생 전 기근을 겪은 사람들은 그렇지 않은 사람보다 비만, 고혈압, 당뇨병 등에 걸릴 확률이 2배 이상 높은 것으로 나타났다. 유전자가 영향을 미칠 것으로 봤던 질병 중 상당수가 특정 세대가 노출된 환경에 의해 발현됐다.

흡연도 DNA의 비정상적인 발현을 일으킬 수 있다. 남성 흡연자의 경우 비흡연자와 달리 정자에 있는 DNA가 비정상적으로 발현될 확률이 높다. 쥐 실험 결과 이렇게 비정상적으로 발현된 DNA는 세대를 거쳐 유전될 수 있으며 비만, 당뇨 등에 영향을 미치는 것으로 밝혀지기도 했다.

현재 과학자들은 후성유전학이 일어나는 메커니즘을 크게 두 가지로 설명한다. DNA 메틸*화와 히스톤 단백질 변형이다. DNA 메

---

* 메틸은 탄소 1개와 수소 3개로 이루어진 치환기를 의미한다.

틸화란 좁은잎해란초에서 발견된 것처럼 메틸이 특정 염기 서열에 붙어 단백질이 발현되지 않는 현상을 말한다. 지구상의 모든 생물은 DNA가 RNA를 거쳐 생명 유지에 필요한 단백질을 만들어낸다. DNA가 단백질을 만들어내면서 특정한 형질이 나타나는데 DNA 메틸화가 발생하면 이 과정에 문제가 생겨 형질이 나타나지 않거나 과발현되는 것이다. 생명활동에 필요한 단백질 생산에 이상이 생기는 만큼 질병에 걸릴 확률은 높아질 수밖에 없다.

고지방 먹이를 먹은 수컷 쥐가 낳은 새끼 암컷은 췌장의 DNA 메틸화로 이상이 생기는 것이 보고된 바 있으며, 저단백 먹이를 먹은 쥐의 새끼는 간의 콜레스테롤 유전자에 메틸이 달라붙으며 발현되지 않는 것으로 확인됐다. 당뇨의 위험이 있는 수컷 쥐의 정자에는 메틸화에 이상이 발생해 2세대가 영향을 받는 것으로 알려졌다.

히스톤 단백질은 DNA가 실이 묶인 실타래와 같은 역할을 한다. 히스톤 단백질에 메틸과 같은 분자들이 엉겨 붙으면 모양이 변하면서 DNA의 유전 방식이 달라진다. 2013년 1월, 사라 키민스 캐나다 맥길대학교 교수 연구진은 〈네이처 커뮤니케이션스〉에 발표한 논문에서 엽산이 적게 함유된 먹이를 먹인 쥐의 정자에서 히스톤 단백질에 변형이 발생하는 현상을 발견했다. 이 정자로부터 태어난 새끼는 자궁 내막 및 근골격계에 기형이 생기는 경우가 많았다.

아빠가 담배 피면
아이는 당뇨병?

최근에는 마이크로RNA[miRNA]도 원인으로 주목받고 있다. miRNA

역시 DNA에 달라붙어 유전자 발현에 영향을 미칠 수 있다. 2002년 스웨덴 우메오대학교 연구진은 남성 정자에 있는 28개의 서로 다른 miRNA를 발견했다. 그 miRNA가 정자에 있는 유전자 발현에 영향을 미쳤는데 흡연 여부에 따라 상당히 다른 형상으로 발현됐다고 한다.

〈미국실험생물학학회연합회저널〉에 2013년 10월 게재된 토드 풀스톤 호주 애들레이드대학교 교수의 논문에 따르면 비만 쥐의 정자에서 11개의 miRNA가 비정상적으로 발현되는 것이 발견됐으며 그 자손들은 향후 2세대 동안 인슐린 저항성을 갖고 태어나는 것으로 확인됐다. 인슐린은 혈액 속에 있는 포도당을 세포로 밀어 넣어 에너지를 만드는 역할을 한다. 인슐린 저항성이 생기면 포도당을 세포로 넣지 못해 혈액의 당이 높아진다. 우리 몸은 혈액의 높은 당을 낮추기 위해 인슐린 분비 명령을 내리고, 결국 인슐린은 과다 분비된다. 하지만 인슐린이 분비되어도 혈액 속의 포도당이 세포 속으로 들어가지 못하므로 고혈당 상태는 나아지지 않고 당뇨병에 걸린다. 즉, 아빠가 흡연자라면 자식이 당뇨에 걸릴 확률이 높아진다는 의미다.

후성유전학은 아직 태동기인 학문 분야이지만 여러 질병과 연관이 있다는 것이 알려지면서 활발한 연구가 진행되고 있다. 특히 암은 세포에서 돌연변이가 발생하는 것이 원인이 되는데, DNA 염기 서열이 문제가 아니라 메틸화로 인해 특정 유전자가 과발현됐을 때 나타날 수 있다. 후성유전학이 원인일 수 있다는 이야기다.

센트럴도그마에 갇혀 있던 유전학, 생물학이 새로운 전환점을 맞았다. 유전자 운명론에 갇혀 있던 인간의 질병을 연구를 통해 되돌릴 수 있다는 가능성을 제공해주는 만큼 후성유전학은 매력적인 학문임에 틀림없다. 다만 아직 아는 것보다 모르는 것이 너무 많다. 한탄 속에 눈을 감았던 라마르크가 후성유전학의 태동기인 지금, 과연 무덤 속에서 어떤 생각을 하고 있을지 궁금하다. 아버지를 끝까지 믿었던 그의 딸 역시 여전히 외치고 있을지 모른다.

"조금만 더 세월이 지나면 아버지가 인정받는 날이 올 겁니다."

한 가지만 명심하자. 지금까지 밝혀진 후성유전학은 더 나은 형질을 대물림하지 않는다. 후천적으로 몸짱이 됐다고 해서 자식까지 몸짱이 되는 법은 없다. 다만 흡연, 비만 등 안 좋은 습관이 내 자식에게 질병을 안겨준다는 것만 쉴 새 없이 증명되고 있다. "아빠 때문에 내 건강이 안 좋아!"라는 말에 몇 년 전만 해도 "라마르크의 용불용설은 틀린 이론이란다"라고 반박할 수 있었지만 이제는 그럴 수 없게 됐다. 떡두꺼비 같은 내 자식에게 건강을 안겨주기 위해서는 담배를 끊는 게 먼저라는 사실을 기억하자.

신문에 실리지 않은 취재노트

우울과 불안도 유전이 될까

해외에서는 홀로코스트 생존자의 자녀를 대상으로 한 후성유전학 임상연구가 활발히 진행되고 있다. 지금까지 진행된 연구에 따르면 우울과 불안 등 홀로코스트를 겪으면서 느꼈던 고통이 생존자들을 건너 자녀에게까지 영향을 미치는 것으로 나타났다.

2014년 5월 국제 학술지 〈정신건강의학〉에는 80명의 성인을 대상으로 한 후성유전학 연구 성과가 게재됐다. 실험에 참가한 80명의 부모 중 한 명은 홀로코스트 생존자였다. 대조군(15명)의 부모는 홀로코스트를 경험하거나 외상 후 스트레스 장애^{PTSD}와 같은 병을 앓은 적이 없다. 연구진은 실험 참가자의 소변과 혈액 등을 조사해 특정 DNA에 얼마나 많은 변이가 있으며, 이것이 신체에 어떤 영향을 미치는지를 조사했다.

연구진은 아버지가 PTSD를 겪은 자녀의 경우 GR-1F*의 메틸화가 높다는 것을 발견했다. 그만큼 스트레스에 민감하게 반응할 가능성이 높다. 아버지가 경험한 스트레스는 자녀의 프로모터**에 더 많은 메틸화를 남겼다. 프로모터의 메틸화가 증가하면 글루코코르티

---

* 코르티솔 호르몬과 결합해 스트레스에 대한 반응을 억제하는 역할을 하는 단백질.
** 유전자 DNA 중 RNA중합효소가 결합하여 전사를 시작하는 데 필요한 부분.

코이드 수용체의 활성이 감소하고, 이는 스트레스를 일으키는 호르몬인 코르티솔 분비를 증가시키기 때문에 우울증이나 만성 스트레스 반응의 위험을 증가시킨다. 반면 엄마가 PTSD를 앓거나 부모 모두가 홀로코스트에서 생존하여 극심한 PTSD를 겪었을 경우에는, 자녀에게 한 가지로 통일된 결과가 나오지 않았다.

이 연구를 이끌었던 레이첼 예후다 미국 마운트시나이의과대학 PTSD연구소장은 "이는 부모가 임신 전에 겪은 스트레스가 자녀의 후성유전학적 표지에 반영되는 것을 처음으로 입증한 연구"라고 말했다. 그러나 연구진은 아버지와 어머니 쪽의 결과가 다르게 나타나는 메커니즘을 명확히 밝혀내지 못했다. 이에 대해 예후다 소장은 "아버지의 경우 임신 전에 후성유전학적 변화가 일어나는 반면, 어머니의 경우는 임신 전과 임신 중에도 후성유전학적 변화가 일어나기 때문"이라고 추정했다.

예후다 소장은 이 같은 일이 출생 뒤, 부모가 그들의 자녀에게 남긴 경험담 때문에 나타나는 일이 아니라고 못 박았다. 어린 시절 부모로부터 들었던 이야기가 문제라면, 아버지 쪽과 어머니 쪽의 영향력이 서로 다르게 나타날 수 없기 때문이다. 예후다 소장은 "이 같은 변화는 전적으로 역사적 사건이나 부모의 증상으로 인해 일어난다"고 말했다. 문득 일제강점기에 더 오랜 기간 고통받아온 우리 선조의 DNA는 안녕한지 궁금하다. 아직 제대로 된 사과를 받지 못한 우리는, 과거의 상처를 추스르기도 벅차다. 이런 연구를 마음껏 하고 있는 외국 과학자들이 그저 부러울 뿐이다.

○ 합성생물학

슈퍼 베이비는
탄생할 수 있을까

　최근 들어 눈에 밟히도록 외신과 학술지를 장식하고 있는 인물이 있다. 네안데르탈인을 만들겠다며 대리모를 구한다고 했다가 혼쭐이 나기도 했고(이 기사는 오보였다), 매머드 복제를 2019년까지 해낼 수 있다고 호언장담한 기사가 뜨기도 했다. 말만 번지르르한 사람이 아니다. 〈네이처〉〈사이언스〉에 수시로 논문을 발표할 정도로 연구 능력도 뛰어나다. DNA 연구의 세계 최고 석학으로, 능력만큼이나 독특하고 기발한 아이디어로 유명세를 타고 있는 조지 처치 하버드대 의대 교수의 이야기다.
　2006년에는 전 세계 모든 사람이 자신의 유전 정보를 알아야 한다며 개인 게놈 프로젝트를 주장한 뒤 지금까지 관련 연구를 이끌고 있다. 그의 관심은 여기서 멈추지 않는다. DNA에 정보를 저장하는 기술(동영상을 저장하는 데 성공했다)은 물론, 유전자 가위를 이용해 면역거부반응이 없는 인간 장기 이식용 돼지를 만들어 키우기도 한다. 과학기술계에서는 별난 아이디어이더라도 처치 교수가 이야기 하면 가능성이 있다고 할 정도로 유능한 과학자다.

그중에서도 가장 놀랄 만한 것은, 2016년 5월 그가 150명의 과학자를 극비리에 소집해 2차 인간 게놈 프로젝트를 논의했다는 소식이었다. 이미 인간 게놈 프로젝트로 인간의 DNA 염기 서열은 낱낱이 알고 있다. 2차 인간 게놈 프로젝트는 여기서 한발 더 나아간다. 인간 세포 안에 존재하는 게놈을 모두 합성하겠다는 것이다. 이 소식이 알려지자 기대와 함께 인간이 신의 영역인 생명 창조에 손을 댄다는 비판도 일었다. 하지만 인류는 이미 합성생물학을 통해 여러 외계 생명체를 만든 이력이 있다. 처치 교수의 시도는 어쩌면 자연스러운 수순일지 모른다. 신의 영역에 손을 대는 인류, 과연 합성생물학의 원대한 꿈은 이뤄질 수 있을까.

합성생물학, 신의 영역에 도전하다

합성생물학은 2000년 들어 미국 과학자를 중심으로 연구되어 왔다. 대표적인 인물이 크레이그벤터연구소를 이끌고 있는 크레이그 벤터 박사다. 그는 2010년 5월, 학술지 〈사이언스〉에 인공적으로 만든 게놈을 박테리아에 넣어 정상적으로 작동하게 하는 데 성공했다고 발표했다. 이 연구는 유전체 전체를 인공적으로 만든 첫 인공 게놈 합성생물체라는 이름표를 얻기도 했다. 부분적으로 유전자를 만들어 생명체에 넣은 적은 있었지만 모든 유전자를 인공적으로 만든 뒤 박테리아에 넣어 작동하게 한 것은 처음이었다. 벤터 박사 연구진은 미코플라스마 미코이데스(소의 전염성 폐렴균) 박테리아의 유전체를 모방한 합성 게놈을 만들고, 이를 미코플라스마 카프리콜룸 박테리아의 세포에 집어넣었다. 이후 합성 게놈은 실제 게놈과 마찬가지로 작동했으며 자기 복제는 물론 번식까지 했다.

이처럼 합성생물학은 새로운 기능을 가진 생명체를 만들기 위해 기존 생명체의 서로 다른 기능을 인공 합성하는 학문이다. 생물학, 분자생물학 등의 생명과학과 전기, 전자, 컴퓨터 등의 기술과학이 결합해 탄생했다. 앞의 연구가 보도됐을 때 과학기술계는 환영과 함께 우려의 뜻을 표했다. 환영하는 쪽은 이 기술을 이용해 기존 생물이 갖고 있지 않은 새로운 기능을 부여할 수 있다고 주장했다. 예를 들어 포도당을 먹고 플라스틱과 같은 고분자를 대량으로 분비하는 미생물을 만들 수 있다. 대장균에서 가솔린을 뽑아낼 수도 있다(이 기술은 실제로 이뤄졌다). 우려하는 쪽의 주장은 합성생물학을 이용한 새로운 생명체의 등장이 테러에 활용될 수 있으며(전염력과 치사율을 겸비한 바이러스의 탄생과 같은), 예기치 않게 생태계 혼란을 초래할 수 있다고 이야기한다.

DNA의 염기가 6개가 된다면

우려의 목소리에도 불구하고 합성생물학을 이용한 다양한 사례가 연이어 발표되고 있다. 2014년 5월, 미국 스크립스연구소는 지구상에 존재하지 않는 새로운 생명체를 만들었다. 새로운 염기쌍을 만들어 대장균에 넣은 뒤 복제하는 데 성공한 것이다. 당시 연구 성과는 〈네이처〉에 게재돼 전 세계적으로 크게 이슈가 됐다.

모든 생물은 공통적으로 4개의 DNA 염기로 이루어져 있다. 아데닌A과 구아닌G, 시토신C, 티민T이 그것이다. 이 4가지 DNA 염기가 어떻게 배열되느냐에 따라 생물종의 특성이 결정된다.

그런데 만약, 새로운 염기가 나타난다면 어떻게 될까. 스크립스 연구소 연구진은 A, G, C, T 외에 X, Y라는 새로운 염기를 만들었다. 그 뒤 기존 염기와 새로 만든 염기를 섞은 인공 DNA를 만든 다음 대장균에 주입했다. 이후 대장균이 한 번의 분열을 거쳐 세포가 두 개로 나뉘었을 때 각 세포에 있는 DNA를 조사했다. 놀랍게도 두 세포 모두에서 A, G, C, T 외에 연구진이 인공적으로 넣어준 X, Y 염기가 발견됐다. 인공 DNA가 복제된 것이다. 이 대장균은 지구에는 존재하지 않는 DNA를 갖고 있는 첫 생물이 되었다. 고작 2개의 염기가 늘어난 것이 무슨 대단한 일이냐고 반문할지 모른다. 지금 존재하는 4개의 DNA는 RNA를 거쳐 생명체를 구성하는 필수 아미노산 20개를 만든다. 이 단백질이 발현되면서 생명체가 생명을 유지할 수 있다. 만약 X, Y 염기가 추가된다면 만들 수 있는 아미노산의 조합은 20개에서 172개로 늘어난다.

이를 잘 활용하면 자연적으로 존재하는 DNA를 이용해 만들 수 없었던 새로운 생명체를 만들어낼 수 있다. 이 생명체가 만들어내는 단백질은 기존에는 볼 수 없었던 능력을 갖고 있을 수 있다. 신개념 항생제는 물론 백신 등에 활용할 수 있을지 모른다. 아직 단순히 단 한 쌍의 염기를 추가한 인공 DNA를 얻었을 뿐이다. DNA가 단백질이 되려면 여러 단계를 거쳐야 하는데, 새로운 염기가 들어 있을

DNA의 구조

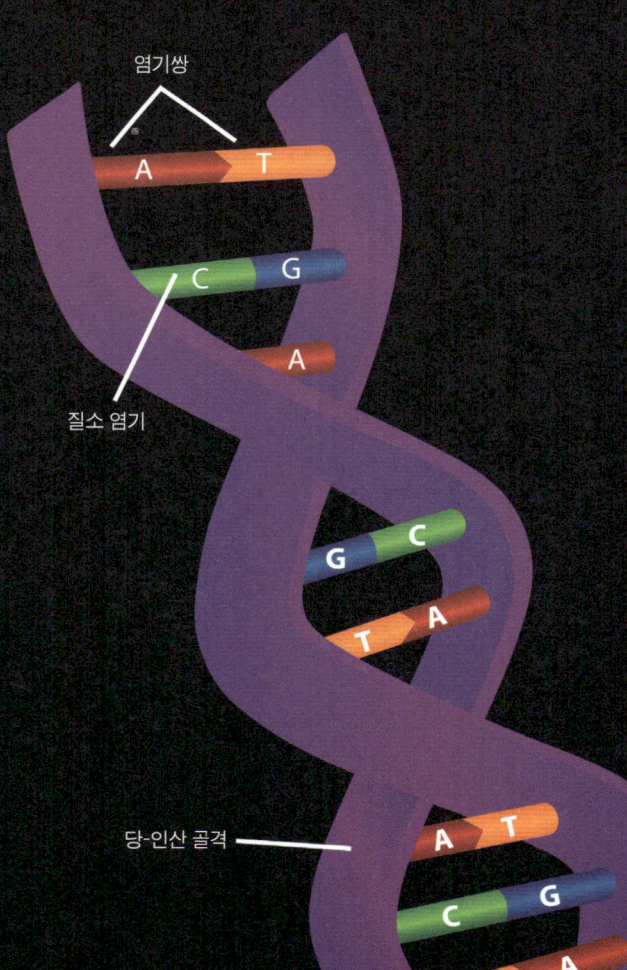

때 이 메커니즘이 정상적으로 작동하는지도 아직 확인되지 않았다. 연구진은 인공 DNA가 대장균에서 복제되는 속도가 자연 DNA 복제에 비해 느렸다고 전했다.

지난 2015년에는 크리스티나 스몰케 스탠퍼드대 교수가 효모에 여러 유전자를 넣어서 아편 성분으로 제조 가능한 강력한 진통제를 만들어내는 데 성공했다고 〈사이언스〉에 발표했다. 양귀비에서 추출하는 모르핀은 강력한 마취제나 진통제로 활용된다. 하지만 모르핀이 마약의 주성분이다 보니 생산에 제약이 있을 수밖에 없다. 만드는 과정도 간단하지 않다. 양귀비에서 아편을 추출해 모르핀을 만드는 데까지 일반적으로 1년 정도 걸린다. 연구진은 합성생물학 기술을 활용해 이런 문제점을 해결했다. 효모에 여러 유전자를 넣어 양귀비와 비슷한 성분을 만들어냈다. 모르핀이 존재하지 않는 양귀비 일종 식물인 브렉테아툼과 금영화, 황련, 양귀비의 일부 유전자와 쥐, 박테리아 유전자 등을 효모에서 발현시켜 마약성 진통제를 만드는 데 사용하는 테바인, 하이드로코돈 제조에 성공한 것이다. 포도주와 맥주, 빵 등을 만들 때 사용하던 효모로 아편 성분 진통제를 만든 것이나 다름없다. 과학계에서는 불법 마약 제조가 가능하다는 비판과 함께 의료 혜택을 받지 못하는 빈곤 국가에 값싸게 의약품을 전달할 수 있다는 찬반론이 팽팽히 맞서고 있다.

과학기술의 폭주를 어떻게 제어할까

이런 연구들의 축적 때문인지, 처치 교수가 이야기한 인간 합성도 영화 속 이야기처럼 들리지 않는다. 인간의 유전 정보는 30억 쌍의 염기 중 사람별로 1~1.5%만 다를 뿐이다. 이 글을 읽고 있을 독자와 기자의 염기 서열 차이는 30억 염기쌍 중 약 400만 개에 불과하다. 지구 반대편에 있는 아프리카인과 동양인의 차이는 700만~800만 개 정도다.

처치 교수는 인간 게놈을 분석하는 것에서 나아가 인간 DNA 전체를 합성한다는 계획이다. DNA 합성 방법은 의외로 간단하다. A, G, C, T 염기를 기계에 넣고 짧은 가닥을 만든 뒤 붙여주면 된다. 많은 과학자가 인공 염기를 만들 때 이 방식을 활용한다. 인공 DNA가 복제되는 것도 확인했을 뿐 아니라, 간단한 박테리아나 효모를 만드는 데 성공한 만큼 인간도 만들 수 있다는 기대가 커지고 있다.

하지만 인간 세포는 미생물과는 다르게 복잡하다. 30억 개에 가까운 염기를 이어 붙이는 것도 이론상으로 가능하지만 현실적인 문제는 남아 있다. 2016년 초 벤터 박사가 53만 1000개의 염기쌍을 이어 붙인 인공 미생물을 만들었지만 30억 개를 붙이는 것은 아직까지 불가능하다. 또한 30억 DNA 염기쌍 순서는 알고 있지만 각 염기가 어떤 역할을 하는지는 완벽히 밝혀지지 않았다. 처치 교수의 계획이 가능한지를 두고 과학자 사이에서 서로 다른 의견이 나오는 이유다. 만약 인간 DNA 전체를 합성할 수 있다면, 인류는 아인슈타인의 머리와 메이웨더의 운동신경을 가진 사람을 만들어낼 수 있다. 이쯤 되면 합성생물학이 왜 윤리적 문제에서 자유롭지 못한지 이해가 간다.

인구 증가, 자원 고갈, 기후 변화 등으로 발생하는 문제를 해결하기 위해 새로운 의약품 개발, 에너지 생산 등에 많은 연구가 이뤄지고 있지만 기존 생명체 연구로는 한계가 있다. 이에 대한 해결책으로 기대되는 것이 합성생물학이다. 인간이 원하는 목적에 맞는 생명체 연구를 할 수 있기 때문이다.

합성생물학의 중요성이 커지는 또 다른 분야는 항생제 내성균과의 싸움이다. 항생제에도 죽지 않는 다제 내성균으로 인해 매년 약 70만 명이 목숨을 잃고 있다. 더욱 강력한 새로운 항생제를 개발하면 문제가 해결될 것이라고 생각하기 쉽지만 이는 근본적인 해결책이 못 된다. 항생제에서 살아남은 기존 다제 내성균이 새로운 항생제에 대한 내성을 가진 쪽으로 진화하기 때문이다. 합성생물학을 통해 항생제 내성 유전자를 제거해주면 새로운 항생제 없이도 바이러스와의 싸움에서 유리한 고지를 점할 수 있다.

모든 과학기술은 명암을 갖고 있다. 다이너마이트, 핵무기가 그랬다. 합성생물학 역시 마찬가지다. 기술이 폭주하는 시대, 이를 제대로 된 방향으로 제어하는 일은 역시 사람의 몫이다. 이를 어떻게 활용하느냐에 따라 인류는 진보하거나 쇠퇴할 수 있다.

○ 줄기세포

만병통치약의
꿈을
버려라

 "황우석 박사는 지금 뭐하고 있나요?"

 세계과학기자대회가 열렸던 지난 2015년, 일본의 과학 기자가 물었다. 이는 외국의 유명 박사들을 인터뷰할 때면 가끔 듣는 질문이기도 하다. 그럴 때면 2006년이 떠오른다. "과학은 국경이 없으나 과학자는 조국이 있다"라는 말로(이 말의 원조는 파스퇴르다) 국민에게 감동을 안겼던 황우석 박사. 당시 황우석 박사는 국민적 영웅이었다. 하지만 줄기세포 논문은 조작임이 드러났고 불치병 환자가 그토록 원했던 줄기세포는 존재하지 않았다.

 황우석 박사는 환자와 환자의 가족에게 씻을 수 없는 아픔을 남겼다. 대한민국 과학기술계의 위상이 약화됐음은 물론 줄기세포 연구를 주춤하게 만든 장본인이 됐다. 황우석 사건 이후 줄기세포를 연구하는 과학자들은 국제 학술지에 논문을 제출할 때 한국인이라는 이유로 더 많은 자료 제출과 깐깐한 피어리뷰(동료평가)를 받았다고 한다.

황우석 박사가 우리 사회에 남긴 것은 이것만이 아니다. 어느새 줄기세포는 만병통치약 혹은 기적의 치료제로 인식되었다. 줄기세포 화장품은 수십만 원에서 수백만 원을 호가하고, 일부 병원과 벤처기업은 치료 효과가 확인되지도 않은 줄기세포 시술을 일반인에게 하는 대가로 고액을 받아 챙겼다(이 시술을 받은 사람 중에는 전 대통령도 있다고 한다).

2004년 황우석 박사가 성공했다고 주장했던 배아줄기세포 복제는 결국 2013년, 미국 오리건보건과학대학교 연구진이 진짜로 성공했다고 발표했다. 2005년 황우석 박사가 성공했다고 주장했던 환자 맞춤형 배아줄기세포 복제는 2014년 한국의 차병원 연구진이 이루어냈다. 하지만 이를 활용한 치료제는 아직 세상에 모습을 드러내지 못하고 있다. 앞으로 5년이 걸릴지, 10년이 걸릴지 모른다. 한국이 진정 줄기세포 연구에 강국이 되고 싶다면 줄기세포에 대한 환상, 황우석에 대한 미련을 모두 버려야만 한다. 우리는 과연 어떤 시선으로 줄기세포를 바라봐야 할까.

줄기세포를 만능세포라 부르는 이유

줄기세포는 신체의 장기나 조직으로 분화할 수 있는 능력을 갖고 있는 세포를 의미한다. 줄기세포를 만능세포, 전능세포라고 부르는 이유이기도 하다. 줄기세포를 배양한 뒤 적절한 자극을 가해 인간이 원하는 세포나 조직으로 분화시킬 수만 있다면 질병 치료의 새로운 시대가 열린다. 심장에 문제가 생기면 줄기세포를 심장으로 분화시키면 된다. 무릎 관절이 고장 나면 줄기세포를 관절로 분화시킨 뒤 이식하면 치료는 끝이다. 이런 특성 때문에 불치병 환자들이 줄기세포에 거는 기대가 크다.

하지만 줄기세포라고 해서 다 같은 게 아니다. 줄기세포에는 크게 3가지 종류가 있는데 각각의 이름과 특성을 잘 알아야만 "줄기세포 치료법으로 회복 촉진" "줄기세포로 가슴 성형까지"와 같은 광고 문구에 현혹되지 않을 수 있다.

먼저 황우석 박사가 2004년 복제에 성공했다고 이야기했던 배아줄기세포가 있다. 난자와 정자가 결합하면 수정란이 형성된다. 수정란에 있는 세포가 끝없이 세포분열을 하면 수많은 세포로 이루어진 배반포가 된다. 배반포 내에는 내세포괴라 불리는 세포 덩어리가 가득 차 있는데 이것이 분화하면서 신체를 구성하는 장기, 뼈, 혈액 등이 만들어진다. 인간으로 성장하는 데 필요한 조직을 만드는 셈이다. 내세포괴에 존재하는 세포, 즉 신체의 모든 장기와 조직으로 분화할 가능성을 갖고 있는 세포를 배아줄기세포라고 한다. 배아줄기세포는 1998년 11월 생물학자인 제임스 톰슨 미국 위스콘신대학교 박사가 수정란에서 최초로 분리하는 데 성공하면서 그 모습이 세상에 드러났다. 톰슨 박사의 연구는 황우석 박사가 논문을 게재했던 〈사이언스〉에 게재됐다(〈사이언스〉는 아마도 줄기세포와 관련된 이슈를 계속 끌고 가고 싶었을지 모른다).

난자에서 배아줄기세포를 얻는 것은 가능해졌지만 치료에 활용하는 것은 또 다른 이야기다. 인간이 갖고 있는 면역 시스템 때문이

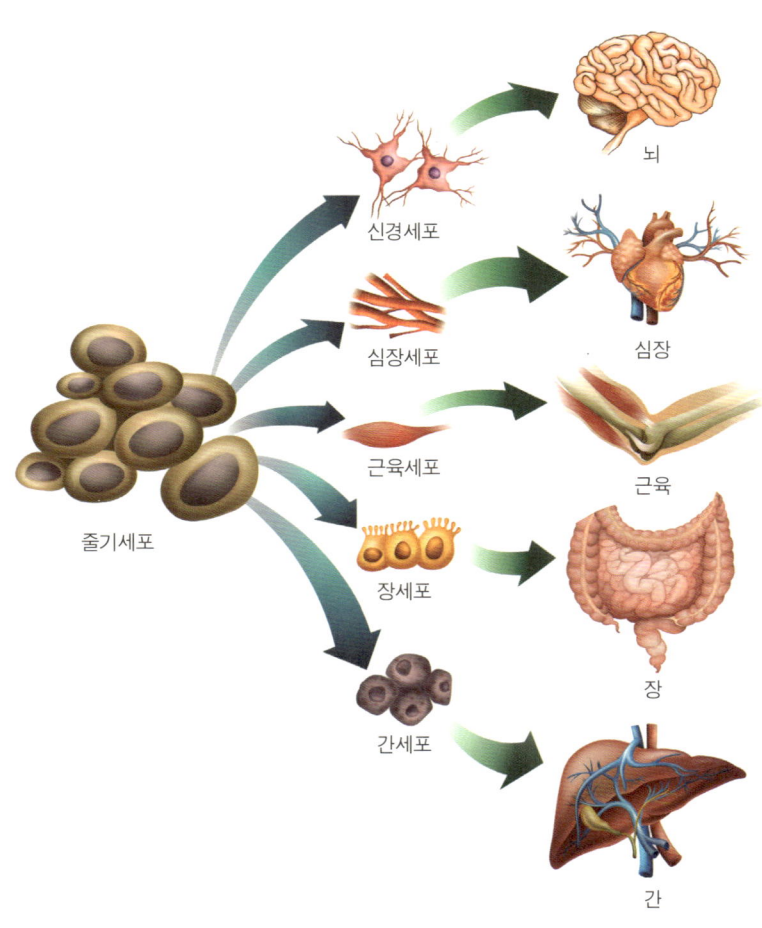

∧
줄기세포가
무엇으로 분화할 수 있는지를 보여준다.

다. 혈액형이 다르면 수혈을 할 수 없듯이 내가 갖고 있지 않은 장기나 조직을 이식하면 신체 내부에서는 이물질이 침입했다고 생각하고 면역세포들이 공격한다. 이식 거부 반응이다. 난자에서 배아줄기세포를 얻은 뒤 이를 특정 조직으로 분화시키는 데 성공했다 하더라도 함부로 이식할 수 없는 이유다.

그래서 과학자는 배아줄기세포를 복제하길 원했다. 그것도 아주 손쉽게, 입안에 면봉을 한 번 쓰윽 갖다대면 채취할 수 있는 체세포만을 이용한 체세포 배아줄기세포 복제를 성공시키는 데 올인해왔다. 원리는 간단하다. 먼저 난자에서 핵을 제거한다. 여기에 체세포를 넣어 체세포 내에 있는 핵을 난자와 융합시킨다(정자와 난자가 만나 수정란을 만드는 과정을 인위적으로 재현한 것). 이 난자를 분화시켜 배아가 되면, 여기서 배아줄기세포를 얻는다. 즉, 체세포를 갖고 있던 사람의 DNA와 완벽히 일치하는 복제 배아줄기세포를 만드는 것이다.

말은 쉽지만 구현하기 어렵다. 먼저 난자를 구하기 어렵다(황우석 박사는 여성 연구원들의 난자를 불법으로 사용했다). 난자를 구했다 하더라도 성인의 체세포를 어떻게 융합시킬 것인지 조건을 찾아내기가 까다롭다. 전기 자극을 준다면 어떤 세기로 얼마나 줘야 하는지 하나하나 실험을 통해 확인해야 한다. 수많은 시행착오가 필요하다. 체세포의 핵이 난자에 자리를 잡았다 해도 배반포 분화는 또 다른 이야기다. 정자와 난자는 염색체를 한 벌만 갖고 있다. 두 개가 만나 온전한 한 쌍을 이룬다. 하지만 배아줄기세포 복제를 위해서는 앞서 이야기했듯이 체세포에 있는 염색체 한 쌍이 자리를 잡는다. 문제는 이럴 경우 배아가 제대로 자라지 않는다는 점이다. 그러던 중 2004년 황우석 박사가 체세포 배아줄기세포 복제에 성공했다고 발표했으니 세계적으로 학계의 주목을 받을 수밖에 없었다.

2013년 5월, 슈크라트 미탈리포프 오리건보건과학대 교수 연구진은 학술지 〈셀〉에 배아줄기세포 복제에 성공했다는 논문을 발표했다. 황우석 박사의 가짜 논문이 발표된 지 9년 만에 진짜가 나타난 것이다. 2014년 4월에는 차병원 이동률 교수 연구진이 미국 연구진보다 한발 앞선 연구 성과를 내놓았다. 미국 연구진은 태아의 세포에서 핵을 떼어내 배아줄기세포를 복제했다면, 차병원은 75세와 35세 성인 남성의 피부세포를 이용해 배아줄기세포 복제에 성공했다. 환자 맞춤형 줄기세포 치료의 가능성을 확인시켜준 셈이다. 차병원은 이 기술을 활용해 미국에서 황반변성 환자를 대상으로 임상 시험을 진행하고 있다. 2017년 현재까지, 결과는 아주 좋다고 한다.

골수이식도 줄기세포를 이용한다

두 번째로 잘 알려진 줄기세포는 줄기세포 세계의 만형 격인 성체줄기세포다. 1961년 캐나다 온타리오암센터에서 일하던 제임스 틸 박사와 어니스트 매컬럭 박사는 골수가 부족한 쥐에 정상 골수세포를 주사하자 정상이 되는 것을 발견했다. 이들의 연구는 골수이식으로 불리며 현재 백혈병 치료에 사용되고 있는데 성체줄기세포 덕분이다. 성체줄기세포는 지방이나 골수, 뇌세포 등 이미 성장을 끝낸 조직에서 얻을 수 있는 줄기세포를 말한다. 장기나 조직이

손상됐을 때 미량으로 존재하던 성체줄기세포가 분화하면서 우리 몸은 자가 치유를 한다. 난자가 필요 없기 때문에 제작이 간단할 뿐 아니라 윤리적인 문제도 없다.

문제는 분화가 제한적으로 이뤄진다는 점이다. 골수세포는 혈액을 구성하는 적혈구, 백혈구로만 분화가 가능하다. 제한적으로 다른 기관으로도 분화된다는 연구 결과가 있지만 아직 상용화 단계는 아니다. 또한 성체줄기세포는 실제 장기를 구성하는 세포로 분화할 확률도 낮다. 주변의 손상된 조직의 재생, 성장을 도와주는 간접적인 역할을 할 뿐이다. 개인에 따라 성체줄기세포의 효과가 다르게 나타나기도 한다. 연구 역사는 오래됐지만 성체줄기세포 역시 아직은 미완성 단계에 머무르고 있다.

바이러스로
꿈의 줄기세포를 얻다

줄기세포 연구의 판을 뒤흔든 게임 체인저는 2006년 세상에 모습을 드러냈다. 야마나카 신야 일본 교토대학교 교수가 만드는 데 성공한 역분화줄기세포^{iPS}다. 난자? 필요 없다. 분화가 제한된 성체줄기세포? 아니다. iPS는 배아줄기세포처럼 모든 세포로 분화 가능하다. 이를 찾아낸 야마나카 교수는 당시 상황을 이렇게 묘사했다.

"우리는 세포 군체를 얻었습니다."
야마나카 교수가 놀라서 고개를 들었다. 박사후 연구원인 다카하시 가즈토시 연구원은 재차 말했다. 야마나카 교수는 자리를 박차고 일어나

다카하시 연구원을 따라 배양실로 뛰어갔다. 현미경 속에서 세포 군체가 보였다. 5년간의 연구가 결실을 낸 것이다. 야마나카 교수는 불가능하다고 생각해왔다. 2주 전, 다카하시 연구원은 실험쥐의 피부세포를 채취한 뒤 이를 24개의 바이러스에 감염시켰다. 피부세포는 완벽하게 변한 상태였다. 줄기세포였다. 인체를 이루고 있는 조직이나 세포로 분화가 가능한 만능세포였다. 야마나카 교수는 실수가 분명하다고 생각했다. 다카하시 연구원은 같은 실험을 반복했다. 결과는 같았다. 피부세포가 줄기세포로 바뀌었다.

그렇다. 야마나카 교수 연구진은 피부세포에 바이러스를 넣어 줄기세포를 만든 것이다. 이후 바이러스의 수를 4개로 줄였다. 2006년 6월, 캐나다 토론토에서 열린 국제줄기세포연구학회에서 발표된 이 연구에 과학자들은 충격을 받았다. 그토록 만들기를 바랐던 배아줄기세포를 난자 없이 만들 수 있다니. 이듬해인 2007년 11월 야마나카 교수는 배아줄기세포를 처음으로 분리해낸 톰슨 박사와 공동으로 학술지 〈셀〉에 이 연구 논문을 발표했다. 야마나카 교수는 iPS를 개발한 공로를 인정받아 2012년 노벨 생리의학상을 수상했다.

iPS는 배아줄기세포의 한계를 극복할 수 있는 대안으로 떠올랐다. 하지만 한계가 존재했다. 야마나카 교수가 피부세포에 넣은 유전자는 Oct3/4, Sox2, Klf4, c-Myc 4개였다. 이 중 c-Myc가 암을 유발하는 유전자로 알려져 있었다. 이 유전자는 바이러스와 함께 피부세포에 들어가 iPS에 남았다. 다른 유전자도 암과 연관이 있다는 연구 결과들이 나왔다. 암 유발은 iPS의 치명적인 약점이 됐다.

이후 과학자들은 유전자의 수를 줄이거나, 바이러스 없이 iPS를 만드는 등 다양한 기술을 개발하기에 이르렀다.

2013년 야마나카 교수는 일본 이화학연구소RIKEN와 함께 iPS세포를 이용해 노인성 황반변성을 치료하기 위한 임상 시험에 들어갔지만 2015년 iPS에서 유전자 돌연변이가 발견돼 임상을 중단했다(암과는 관련이 없다고 확인됐지만 만약을 위해 임상 중단을 결정했다). 최근 과학자들은 피부세포에 특정 유전자를 넣어 줄기세포를 거치지 않고 원하는 세포로 바꾸는 직접교차분화 기술을 개발하고 있다. 실제로 스탠퍼드대학교, 한국의 울산과학기술원UNIST 등 많은 연구진이 체세포를 신경세포로 바꾸는 데 성공한 바 있지만 안전성은 아직 검증되지 않았다.

마법은 존재하지 않는다

마지막으로 전하고 싶은 이야기는 야마나카 교수의 말과 행동이다. 일본 《아사히신문》의 과학 기자인 타카하시 마리코를 만난 적이 있다. 그때 기자는 "일본은 줄기세포로 노벨상까지 받았다. 환자나 그 가족의 기대가 크지 않냐"라고 물었고 타카하시 기자는 웃으며 말했다.

"일본에서도 야마나카 교수에게 거는 기대가 크다. 하지만 야마나카 교수는 겸손하다. 주기적으로 환자와 그의 가족과 모임을 갖고 연구의 진척 상황에 대해 이야기를 나눈다. 야마나카 교수는 알고 있다. 줄기세포에 대한 헛된 환상이 연구에 절대 도움이 되지 않는다는 사실을 말이다. 연구자로서도 할 짓이 못된다."

야마나카 교수는 학술지 〈네이처〉와의 인터뷰에서 이렇게 말한 적이 있다.

"iPS세포는 신약 발견 과정을 단축할 수 있지만 생략하지는 못한다. 마법은 없다."

여전히 줄기세포가 만병통치약으로 받아들여지는 우리 사회에서 야마나카 교수의 말은 되새겨볼 필요가 있다.

신문에 실리지 않은 취재노트

줄기세포 화장품에는
줄기세포가 없다

　마음 급한 한국에서는 성체줄기세포가 이미 상용화돼 치료제로 판매되고 있다. 안타깝게도 성체줄기세포 치료제로 시판되고 있는 약의 상당수는 아직까지 시장에서 좋은 반응을 얻지 못하고 있다. 효과가 그리 좋지 않아서다.

　인터넷에 줄기세포 치료를 검색하면 나오는 병원과 시술법은 모두 성체줄기세포를 이용하는 것이다(배아줄기세포와 역분화줄기세포는 아직 상용화된 것이 없다!). 학계에서는 이를 경계한다. 환자의 절박한 심정을 이용해 치료 효과가 확인되지 않았음에도 줄기세포라는 이름을 내걸고 고가의 비용을 요구하고 있다는 것이다. 병원에서 상담을 받는데 의사가 "줄기세포 치료제입니다. 아시죠? 효과가 진짜 좋아요"라는 말을 한다면 일단 의심부터 해야 한다.

　줄기세포 시술은 부작용도 상당히 많다. 성체줄기세포라 하더라도 다른 사람이나 자신이 갖고 있던 세포를 몸속에 넣는 것이므로, 일정 기간이 지나면 체내에서 사라지는 의약품과 달리 상당히 오랜 기간 머무른다. 이 과정에서 면역 반응이 나타나거나 생물학적 변성으로 인해 암과 같은 부작용이 발생할 가능성이 있다.

　줄기세포 화장품의 과장 광고에도 주의해야 한다. 현재 줄기세포 화장품은 줄기세포가 아닌 배양액이 조금 들어 있다는 이유로 수십만 원, 수백만 원에 팔린다. 한 번은 선배 기자가 줄기세포 화장품을 출시했다는 이야기를 듣고 취재차 백화점을 찾았다. 백화점 직원의 말이 가관이었다.

"우리 화장품은 다른 화장품과 달라요. 줄기세포 그 자체예요."

불과 한 달 치 사용량의 크림 가격은 75만 원이었다. 줄기세포를 배양할 때 쓰는 배양액이 줄기세포로 둔갑한 것도 웃기지만 인체 효과가 입증되지도 않은 상황에서 고가에 파는 것 자체가 소비자를 기만하는 행위라고 할 수 있다. 줄기세포에 대한 환상이 만들어낸 부작용이다. 만약 화장품을 사러 갔는데 판매원이 줄기세포 운운하며 고가의 화장품을 추천한다면 이렇게 대응하자.

"줄기세포가 화장품에 어떻게 들어가나요? 배양액 몇 % 넣은 거 아니에요? 효과 있는 거 맞아요? 실제 사람에게 효과가 있다는 논문이 학술지에 발표된 적 있나요?"

○ **세 부모 아기**

내 아이가
건강하게
태어날 수만 있다면

2016년 9월, 세 부모를 갖고 있는 아이가 멕시코에서 태어났다. 외신을 비롯한 국내 언론들이 이를 대서특필했다. 미국 과학 잡지 〈뉴사이언티스트〉에 따르면 요르단인 부부는 두 아이를 낳았지만 각각 생후 8개월, 6개월 만에 목숨을 잃었다. 네 번의 유산도 경험했다. 엄마의 난자 속 세포질에만 존재하는 미토콘드리아 DNA 돌연변이 때문이다. 엄마가 앓고 있던 질환은 유전병인 리 증후군. 이 병은 4만 명 중 1명꼴로 나타나는 희귀 질환인데 생후 1년 내에 구토, 설사를 비롯해 운동장애, 뇌 기능 감소 등의 증상이 나타나고 2~3년 내에 사망한다.

세 부모 아기는 말 그대로 엄마와 아빠 이외에 난자를 공여한 또 다른 기증자 한 명 등 모두 세 명으로부터 유전자를 물려받아 태어났다. 유전병을 대물림하지 않기 위해 부모가 택한 방식이었다.

하지만 세 부모 아기 시술을 집도한 미국 뉴욕 새희망출산센터 연구진이 2017년 4월 학술지 〈리프로덕티브 바이오메디슨〉에 발표한 논문에 따르면, 이 방식은 아직 완벽하지 않은 것으로 나타났다. 2017년 8월에는 유전자 가위를 이용해 문제점을 극복할 수 있는 기술이 국내 연구진에 의해 개발되기도 했다. 세 부모 아기, 그 작은 생명체에게 과연 어떤 문제가 발견됐을까.

유전병을 물려주고 싶지 않아요

세 부모 아기 시술은 엄마가 갖고 있는 미토콘드리아만을 제거하는 시술이다. 엄마 외의 기증자로부터 받은 난자에서 핵을 제거한다. 기증자의 난자는 어떠한 유전 질환도 갖고 있지 않다. 이 난자에, 엄마의 난자에서 떼어낸 핵을 넣는다. 그 뒤는 인공수정 과정을 그대로 따라가면 된다. 아빠의 정자를 채취한 뒤 난자와 결합시켜 수정란을 만들고 엄마의 자궁에 착상시킨다. 아이는 엄마 아빠 외에, 난자를 기증한 여성의 DNA 일부를 물려받는다.

1990년대 영국에서도 비슷한 시술이 진행되었다. 하지만 이렇게 태어난 아기 중에 유전자 이상이 발견되면서 시술이 중단됐다. 영국 연구진이 과거 했던 방식은 조금 다르게 진행된 것이었다. 영국에서는 여성 환자의 난자와 기증받은 난자를 각각 남성의 정자와 수정시킨 뒤, 이 수정란을 결합시켰다. 반면 이번 미국 연구진은 난자 시술을 먼저 한 뒤, 이를 남성의 정자와 수정시켰다. 부부가 무슬림이어서 수정란을 파괴하는 방식을 받아들이지 않았기 때문이다.

미국 연구진과 같은 방식의 시술은 2009년, 슈크라트 미탈리포프 교수팀이 원숭이를 대상으로 진행한 바 있었다(2013년 세계 최초로 인간 배아줄기세포 복제에 성공한 연구진이다). 당시 연구진은 이 시술을 이용해 건강한 원숭이 쌍둥이를 낳는 데 성공했다.

멕시코에서 태어난 아기는 아직 건강한 것으로 알려졌지만, 일부 세포에서 돌연변이 미토콘드리아가 최대 9.2%까지 발견됐다고 한다. 아이의 소변에 있는 세포의 미토콘드리아 중 2% 가량이 산모에게서 물려받은 것으로 나타났다. 문제가 됐던, 엄마의 핵에서 딸려온 극미량의 세포질 속에 있는 미토콘드리아 DNA가 또다시 문제가 된 셈이다. 2%는 상당히 적은 양이기는 하다. 하지만 인체 조직마다 영향을 받는 미토콘드리아의 비율이 달라 아이가 100% 건강하게 자랄 수 있다고 단언하기는 어렵다.

2008년 새희망출산센터 연구진이 쥐를 대상으로 실험한 결과는 상당히 부정적이었다. 태어난 쥐의 새끼에게 신경 질환이나 대사성 질환이 발생할 가능성이 높았던 것이다. 동물 실험 결과를 인간에게 바로 대입할 수는 없지만 좋은 소식이 아닌 것만은 분명하다. 또한 연구진에 따르면 부모가 아이의 미토콘드리아 테스트를 거부했다고 한다. 장기간 모니터링이 반드시 필요한 상황이지만 부모의 거부로 아이를 대상으로 한 실험은 당분간 발표될 것 같지 않다.

미탈리포프 교수가 2016년 12월 학술지 〈네이처〉에 발표한 논문에 따르면 연구진은 미토콘드리아병 가족력이 있는 4명의 여성으로부터 난자를 받은 뒤 핵을 떼어내고 건강한 여성의 난자에 결합시켰다. 이를 정자와 수정시킨 뒤 배아로 분화시키고 줄기세포

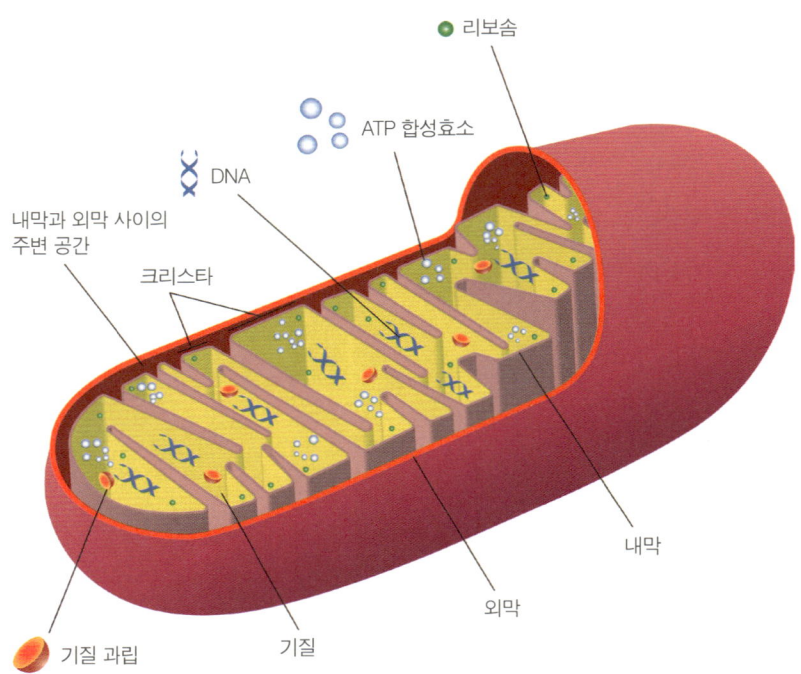

△ 미토콘드리아의 구조.

를 만들었더니 15개 중 3개의 줄기세포에서 변이된 미토콘드리아 DNA가 발견됐다는 것이다. 세 부모 아기 시술이 완벽하지 않음을 실험을 통해 증명해낸 것이다.

그나마 다행인 것은, 연구진은 이를 피할 수 있는 방안까지 함께 발표했다는 것이다. 공여받은 난자의 미토콘드리아 DNA보다 환자인 엄마의 DNA의 복제 속도가 더 빠를 경우 수정란에서 엄마의 미토콘드리아 DNA가 발견되지만, 공여받은 난자의 미토콘드리아 DNA 복제 속도가 빠른 경우에는 이런 문제가 나타나지 않았다. 환자의 DNA와 공여받은 난자의 DNA를 미리 조사하면 세 부모 아기 시술의 성공률을 높일 수 있다는 설명이다. 하지만 실제 임상을 진행하지 않은 만큼 이 방식으로 모든 문제가 해결될 수 있다고 보긴 어렵다.

답장하지 말고 연구해주세요

2017년 8월 3일, 한국은 물론 〈네이처〉와 같은 해외 과학 언론을 멋들어지게 장식한 연구 결과가 발표됐다. 자주 언급되지만, 미탈리포프 교수와 김진수 한국 기초과학연구원 유전체교정연구단장의 공동 성과였다. 이들은 3세대 유전자 가위인 크리스퍼를 이용해 배아에서 비후성 심근증의 원인이 되는 유전자 돌연변이를 교정하는 데 성공했다고 밝혔다.

비후성 심근증은 선천적으로 심장근육이 두꺼워지는 심장 질환으로, 500명 중 1명꼴로 발생한다고 알려져 있다. 젊은 나이에 돌연사를 일으키는 원인으로 작용하며 평생 격한 운동을 할 수 없다. 부모 중 한 명이 이 질환을 앓으면 50%의 확률로 자녀에게 유전되는 질환이다. 비후성 심근증은 심장근육을 만드는 유전자인 MYBPC3에 4개의 염기(GAGT)가 사라졌을 때 나타난다. 세 부모 아기 시술처럼 미토콘드리아의 DNA에만 이상이 있는 유전 질환이 아니다. 중학교 때 배운 염색체 유전 과정을 떠올려보자. 엄마가 갖고 있는 두 쌍의 유전자를 AAʹ라고 하고, 아빠가 갖고 있는 두 쌍의 유전자를 BBʹ라고 한다면, 태어나는 아기는 AB, ABʹ, AʹB, AʹBʹ가 된다. 엄마 아빠 둘 중에 한 명이 관련 돌연변이를 갖고 있다면 아이가 이를 물려받을 확률은 50%나 된다(A나 Aʹ, B나 Bʹ 한쪽에 돌연변이 유전자가 있으므로 아이가 갖고 있을 4개의 유전자 중 절반이 돌연변이 유전자를 보유한다). 연구진은 이를 제거하기 위해 유전자 가위를 사용했다.

연구진은 먼저 비후성 심근증을 앓는 환자의 정자를 채취했다. 정자의 DNA에는 MYBPC3 변이 유전자가 있었다. 이 정자를 난자와 결합시킬 때 유전자 가위도 함께 넣었다. 그 결과 배아에서 MYBPC3 변이 유전자가 생기지 않을 확률이 50%에서 72.4%로 늘어났다. 나머지 27.8%의 배아에서도 변이 유전자는 나타나지 않았지만 생각지 못했던 돌연변이가 나타났다. 이렇게 만든 배아는 자궁 착상 직전 단계인 배반포까지 정상적으로 발달했다. 규제로 인해 더 이상의 진행은 불가능했지만, 유전병을 갖고 있는 부모에게는 희소식이 아닐 수 없다.

이번 연구는 인간 배아에 유전자 가위를 적용할 때 나타날 수 있는 문제점으로 알려진 모자이크 현상을 극복했다는 점에서 높이 평가받기도 했다. 2015년과 2016년 세계 최초로 중국 연구진이 인간 배아 유전자를 유전자 가위로 교정하는 연구를 진행한 적이 있는데, 배아의 DNA를 분석한 결과 교정된 유전자와 함께 변이 유전자도 발견됐다. 이를 모자이크 현상이라고 부른다. 모자이크 현상이 발생하면 유전자 가위로 유전자를 교정해도 배아에서 같은 유전 질환이 나타난다.

만약 연구진의 이번 시술이 인공수정에 활용된다면 유전 질환이 없는 배아의 비율이 50%에서 72.4%로 높아지는 만큼 임상학적으로도 큰 의미가 있다는 것이 학계의 설명이다.

김진수 박사는 연구 성과가 보도된 이후 관련 질병을 앓고 있는 수많은 환자에게 이메일을 받았다고 했다. 안타까운 마음에 답장을 보냈더니 "답장하지 말고 연구해주세요"라는 답이 돌아왔다고 한다. 간절한 부모의 마음이 느껴진다. 갈 길은 멀지만 시작이 반인 만큼 이제 앞으로 나아가는 일만 남았다. 과학자들의 연구가 꼭 성공해 안타까운 부모들의 마음을 녹일 수 있기를 바랄 뿐이다.

○ 치매

치매 치료제는 왜 모두 실패했을까

"치료제를 기다리던 환자들에게 미안한 마음을 전합니다."

2016년 11월 23일, 미국 제약회사 일라이릴리앤드컴퍼니(줄여서 '일라이릴리')의 CEO인 존 레클라이터는 기자회견장에서 참담한 표정으로 말했다. 시장의 기대를 한껏 받고 있던 치매 치료제 솔라네주맙의 임상 실패 결과 발표 현장이었다.

일라이릴리는 3년간 2100여 명의 경미한 알츠하이머성 치매 환자를 대상으로 솔라네주맙에 대한 임상 3상*을 진행해왔다. 솔라네주맙은 혈액과 뇌척수액에서 단백질을 파괴하는 항체다. 참가자 절반은 솔라네주맙을 매월 투여했고 나머지는 위약(가짜 약)을 받았다. 하지만 참가자들의 인지기능 테스트 결과, 그 효과가 미미했다.

*임상 1상은 독성 검사, 임상 2상은 소규모 환자를 대상으로 한 임상 시험, 임상 3상은 수천 명 이상의 대규모 환자를 대상으로 한 임상 시험을 뜻한다.

일라이릴리는 기자회견에서 "미국식품의약국^{FDA}에 솔라네주맙에 대한 의약품 승인 신청을 하지 않겠다"고 밝혔다. 3조 원을 쏟아부은 이 대규모 프로젝트는 결국 실패로 끝맺고 말았다.

기대를 한껏 받고 있던 의약품의 임상 실패 결과가 보고되자마자 시장은 요동쳤다. 일라이릴리의 주가는 폭락했다. 주식을 갖고 있던 사람들은 금전적 손해에 속이 쓰렸겠지만 더 안타까움을 금치 못한 것은 치매에 걸린 환자와 그 가족이었다. 기자 역시 가족 중에 치매 환자가 있기에 외신을 접했을 때 허탈함을 금치 못했다.

사실 이날 발표에 가장 충격을 받은 것은 과학자였다. 알츠하이머성 치매라는 질병이 발견되고 110년 동안, 과학자들이 원인으로 지목해온 가설이 흔들릴 수 있다는 위기감 때문이었다. 알츠하이머성 치매 치료를 위한 과학자들의 접근 방법이 잘못됐던 것일까.

치매의 원인을 잘못 짚었다?

1906년 독일 신경의사였던 알로이스 알츠하이머는 학계에 새로운 질병을 보고했다. 기억력 감퇴, 언어장애, 기억상실 등의 증상을 보였던 환자의 뇌 속에서 끈끈하게 엉켜 있는 단백질 덩어리를 발견한 것이다. 베타아밀로이드라는 단백질이 신경세포에 축적되면서 이상 단백질 덩어리인 플라크가 생성되고, 여기서 발생한 독성이 뇌기능을 떨어뜨리는 것으로 나타났다. 뇌기능 저하는 곧 인지능력의 퇴화를 의미한다. 현재 치매 환자의 60~80%를 차지하고 있는 알츠하이머성 치매가 처음 보고되는 순간이었다.

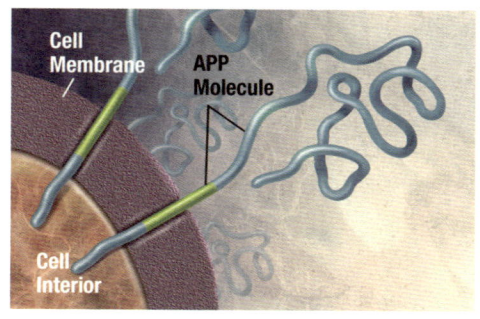
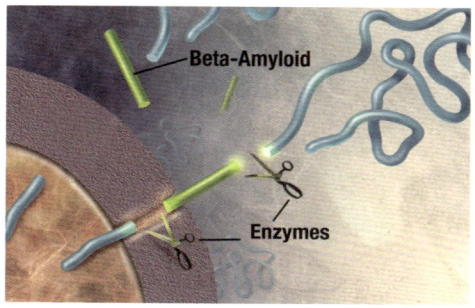
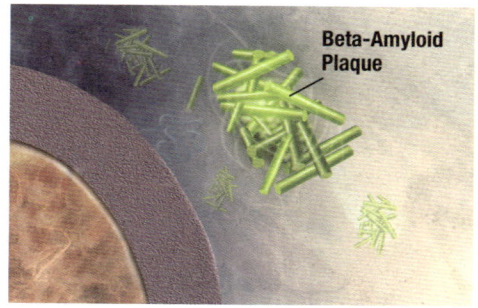

∧
알츠하이머성 치매의 원인이 된다고 알려져 있는
베타아밀로이드가 뭉쳐 플라크가 되는 과정.

이후 많은 과학자가 뇌에 존재하는 베타아밀로이드를 제거하기 위해 연구해왔다. 베타아밀로이드는 사람의 뇌 속에 누구나 갖고 있는데, 이것이 어떤 이유에서 뭉쳐질 경우 알츠하이머성 치매가 나타났다. 알츠하이머성 치매를 치료할 수 있는 첫 번째 가설이자 희망, 바로 베타아밀로이드 가설은 이렇게 태어났다. 베타아밀로이드 가설은 1990년대 초반부터 힘을 얻었다. 알츠하이머성 치매에 걸린 환자와 그렇지 않은 환자의 뇌에서 가장 극명하게 드러나는 물질이 바로 베타아밀로이드였기 때문에 누구도 의심하지 않았다.

학술지 〈네이처〉에 따르면 솔라네주맙을 비롯해 실패 리스트에 오른 약물의 대부분이 베타아밀로이드 가설에 근거한 약물이라고 한다. 결국 베타아밀로이드 가설을 의심할 수밖에 없는 상황이었다. 조지 페리 텍사스대 신경과학과 교수는 "25년 전에 나온 단순한 가설인 베타아밀로이드 가설은 죽었다. 더 이상 유효하지 않다"고 말하기도 했다. 알츠하이머성 치매 전문가로 알려진 피터 데이비스 파인스타인의학연구소 박사 역시 〈네이처〉와의 인터뷰에서 "우리는 죽은 말에 채찍질하고 있다. (솔라네주맙의 실패를 보면) 항체가 호전되는 기미가 전혀 보이지 않았다. 베타아밀로이드 가설 메커니즘이 틀렸음을 의미한다"고 말하기도 했다.

하지만 베타아밀로이드 가설에 대한 치매 석학들의 의견은 여전히 긍정적이다. 솔라네주맙의 실패는 베타아밀로이드 가설의 실패가 아니라 솔라네주맙만의 실패라는 주장도 많다. 여전히 알츠하이머성 치매 치료를 위한 연구의 약 80% 이상은 베타아밀로이드 가설을 근거로 하고 있으며 동물실험 결과 무시할 수 없는 수준의 결과가 연이어 보고되고 있기 때문이다.

기대를 모으고 있는 대표적인 약물은 생명공학 기업 바이오젠이 공을 들이고 있는 아두카누맙이다. 2016년 9월, 학술지 〈네이처〉에는 아두카누맙의 임상과 관련한 연구 결과가 게재됐다. 연구진은 165명의 환자를 두 그룹으로 나눠 임상을 진행했다. 한 그룹에는 아두카누맙을 주사로 투여하고, 다른 그룹에는 위약을 줬다. 한 달에 한 번씩 최대 54주 동안 아두카누맙을 1mg/kg, 3mg/kg, 6mg/kg, 10mg/kg 투여받은 103명의 환자들은 알츠하이머성 치매의 원인인 베타아밀로이드 뭉침 현상이 사라졌다. 아두카누맙을 많이 투여한 환자일수록 베타아밀로이드 뭉침이 많이 사라졌다. 이 결과는 임상 전 쥐를 대상으로 한 연구와 같았다. 위약을 받은 환자의 인지기능은 점점 떨어졌고 아두카누맙을 투여받은 환자의 인지기능은 점점 좋아졌다. 하지만 소규모 환자에게 효과를 보였던 약이 대규모 임상에서 실패하는 경우가 많기에 연구진은 조심스럽다. 아두카누맙의 임상 3상은 2020년께 결과가 나올 예정이다.

고작 2개의 가설을 찾았을 뿐이다

알츠하이머성 치매의 두 번째 가설은 타우 단백질이다. 베타아밀로이드와 마찬가지로 타우 단백질이 뇌에 쌓이면서 알츠하이머성 치매를 일으킨다는 이론이다. 치매 치료가 베타아밀로이드에 초점이 맞춰졌던 이유 중 하나는 쉽게 관찰할 수 있기 때문이기도 했다. 뇌를 들여다보는 양전자단층촬영PET의 경우 속을 들여다볼 수 있는 조영제를 넣으면 베타아밀로이드와 결합한다. 베타아밀로이드와 결합할 수 있고 인체에 무해한 조영제가 먼저 개발됐기 때문에 대부분의 연구가 이를 중심으로 이루어진 것이다. 하지만 최근 들어 타우 단백질과 결합하는 조영제가 개발되면서 몰랐던 사실들이 하나둘 밝혀지고 있다.

2016년 5월 워싱턴대 연구진이 〈사이언스 중개의학〉에 발표한 논문에 따르면 알츠하이머성 치매를 일으키는 것은 베타아밀로이드, 증상을 악화시키는 것은 타우 단백질인 것으로 나타났다. 연구진이 초기 치매 환자 10명과 인지기능이 정상인 36명을 대상으로 PET 분석을 한 결과 초기 치매 환자에게서 치매 증상을 나타나게 하는 강력한 원인은 타우 단백질의 엉킴과 확산이라는 결론을 얻었다. 치매 초기, 타우 단백질 엉킴은 우리 뇌에서 기억을 담당하는 해마에 소량 나타났지만 뇌는 이것을 견뎌냈다. 하지만 타우 단백질 엉킴이 해마와 측두엽, 두정엽까지 확산되자 인지기능은 속절없이 무너지는 것으로 확인됐다.

2015년 영국 국립신경과신경외과병원과 런던대학교 임상의학과 공동 연구진이 〈네이처〉에 발표한 논문에 따르면 병원 치료 과정에서 치매가 전염될 수 있는 것으로 나타났다. 연구진은 사체 호르몬 주사 시술로 변형 크로이츠펠트야콥병[CJD]에 걸려 사망한 환자 8명의 뇌를 분석하던 중 베타아밀로이드가 뇌에 비정상적으로 많이 축적돼 있는 것을 발견했다. 연구진은 사체의 뇌하수체에 있던 베타아밀로이드를 만들어내는 물질이 성장호르몬 치료를 받은 어린이에게 전달됐고, 약 30년 뒤 베타아밀로이드가 뇌에 축적되며 알츠하이머성 치매를 일으킨 것으로 설명했다. 현재 왜소증 치료를 위해 사용하는 성장호르몬은 유전자 재조합 기술로 만드는 만큼 이런 위험성은 줄었지만 치매의 전염성을 알린 무시무시한 연구였다.

2017년 2월에는 독일 생명과학 기업 머크의 베타세크레타제 절단효소^{BACE} 저해제인 베루베세스타트에 대한 임상 시험도 실패했다는 발표가 있었다. BACE 저해제는 베타아밀로이드의 생성 과정에 간섭하려던 약물이었다. 축적된 베타아밀로이드를 배출하려던 솔라네주맙과 같은 약물의 실패가 이어지자 BACE 요법을 알츠하이머성 치매의 진행과정을 늦추는 대안으로 본 것이다. 이 역시 실패로 결론이 나면서 환자들을 안타깝게 했다.

알츠하이머성 치매는 여전히 불확실한 것이 많다. 유전이 어느 정도 영향을 미치는지, 진단을 어떻게 해야 하는지 등 많은 것이 베일에 가려져 있다. 치매를 일으키는 메커니즘조차 명확하지 않으며 과학자를 당황케 하는 케이스(뇌에 베타아밀로이드가 가득 찼지만 치매에 걸리지 않는 경우)도 발표되고 있다.

하지만 속단하긴 이르다. 구글의 학술 검색으로 '치매^{Dementia}'를 검색해보면 수많은 연구 논문을 찾을 수 있다. 이번 임상이 실패했더라도 치매 정복을 위한 다양한 방법 중 하나가 실패했구나, 하고 생각하면 된다. 치매 환자 가족으로서 내가 할 수 있는 일은 과학자들을 믿고 응원하고 기다리는 것이다.

신문에 실리지 않은 취재노트

가장 효과 좋은 치매 예방법

지금까지 과학이 밝혀낸 것은 단 하나다. 열심히 뇌를 쓰는 것이 치매에 걸리기 전 예방법이나 초기 치매 치료법으로 가장 좋다. 실제로 2016년 6월, 학술지 〈노화저널〉에 실린 미국 벅노화연구소의 연구에 따르면 여러 치료를 혼합한 칵테일 치료를 활용해 치매에 걸린 환자의 기억을 되살리는 데 성공했다고 한다.

연구진은 10명의 치매 환자를 대상으로 36가지의 치료 프로그램을 적용했다. 약물 복용은 물론 수면 습관 개선, 식이요법, 운동 등과 병행하자 치매 증상이 현저히 개선되는 것을 발견했다. 11년간 치매를 앓아온 69세 남성은 6개월 만에 직장 동료를 알아보기 시작했으며, 66세 남성은 기억을 관장하는 뇌의 해마 부위의 부피가 이전보다 증가한 것으로 나타났다. 10명 모두가 기억력이 향상됐으며 혼자서 일상생활이 가능해진 경우도 나타났다. 영양가 좋은 음식을 골고루 먹고 충분한 휴식을 취하며 적절한 유산소 운동과 함께 뇌를 자극하는 다양한 활동이 치매에 효과적이라는 설명이다(이 방법은 대부분의 질병을 치료하거나 예방할 때도 똑같이 적용된다. 우리 몸을 건강하게 유지하는 비결은, 사실 간단하다).

베타아밀로이드가 뇌에 축적됐다고 해서 무조건 알츠하이머성 치매에 걸리는 것은 아니다. 이를 입증하는 여러 연구도 존재하는데, 대부분 "비슷한 양의 베타아밀로이드가 뇌에 존재함에도 알츠하이머성 치매에 걸릴 수도, 안 걸릴 수도 있다"는 결과를 보여준다. 국내에서 치매를 연구하는 한 과학자가 해준 말이 있다.

"죽은 두 사람의 뇌를 해부해봤어요. 분명 두 사람의 뇌에서 베타아밀로이드가 다량 발견됐습니다. 그런데 자료를 보니 한 사람은 알츠하이머성 치매 환자였고, 다른 환자는 나이 90이 넘어 목숨을 잃을 때까지 정상적인 생활을 했대요. 우리는 이유를 단 한 가지밖에 찾지 못했습니다. 치매에 걸린 사람은 초등학교 졸업이 전부였고, 정상인으로 살았던 사람은 대학 교수였어요."

머리를 많이 쓴 사람은 베타아밀로이드가 있어도 치매에 걸리지 않는다는 설명이다. 이를 대규모 임상을 통해 확인할 수 있는 방법은 없지만, 뇌를 많이 쓸수록 시냅스 연결이 강화되고 전두엽 등이 두꺼워지면서 베타아밀로이드가 뿜어내는 독성에 뇌가 저항한다는 연구도 존재한다. 따라서 베타아밀로이드가 치매를 일으키는 것은 맞지만, 반드시 그런 것만은 아니라는 것이 현재까지 과학이 밝혀낸 것이다. 마치 '책을 읽는다고 모두가 성공하는 것은 아니지만, 성공한 사람의 대부분은 책을 많이 읽었다'라는 말과 같다.

장내미생물

지배할 것인가, 지배당할 것인가

300만 년 동안 호모 사피엔스로 진화한 인류는 명석한 두뇌, 자유로운 손과 발을 무기로 짧은 시간에 지구를 지배하는 데 성공했다. 하지만 인류 앞에 예상치 못한 적이 나타났다. 호모 사피엔스보다 더 오랜 시간 지구에서 살아남은 생물이다. 산소가 부족해도, 강한 산성의 환경에서도 이들은 살아남았고 번식에 성공했다. 예상 외의 강적, 무려 30억 년 전 지구에 출현해 진화하며 인류와 공생한 장내미생물이 그 주인공이다.

눈에 보이지도 않는 작은 존재인 이들은 인류가 진화하는 동안 우리의 장 속에 생활 터전을 만들어 영역을 확장해나갔다. 이들이 인류에게 경고장을 던지고 있다. 자신들의 집을 깨끗하게 유지하지 않으면 비만은 물론 당뇨, 암, 심지어 치매까지 일으키겠다고 위협하고 있는 것이다. 인류는 선택해야 한다. 이들을 지배할 것인가, 이들에게 지배당할 것인가. 선택은 당신의 의지에 달려 있다.

유명 국제 학술지에서는 하루가 멀다 하고 장내미생물과 관련된 흥미로운 논문이 발표된다. 인간이 걸리는 질병의 상당수가 장내미생물에게서 비롯된다는 연구가 줄을 이으면서 이를 어떻게 다스려야 하는지에 대한 관심도 높아졌다. 장내미생물에 유익한 영향을 미친다는 프로바이오틱스 시장이 활발해진 것도 이 때문이다. 현재 학계에서는 사람의 건강에 유전자는 20~30%, 후성유전자가 20~30%, 나머지는 장내미생물이 영향을 미치는 것으로 파악하고 있다. 발견된 지 불과 10년도 채 되지 않아 인간 질병을 좌지우지하는 존재로 떠오른 셈이다. 장내미생물은 대체 뭘까. 프로바이오틱스를 먹으면 좋은 장내미생물이 많아질까.

장내미생물로 살찌는 체질을 알 수 있다

인체에 살고 있는 박테리아(미생물)의 수는 총 39조 개, 인간 세포 개수인 30조 개보다 1.3배나 많다. 반면 장내미생물의 총 무게는 약 2㎏, 눈에 보이지도 않는 μm(마이크로미터) 크기의 조그만 미생물이 대체 인간에게 어떻게 영향을 미치는 것일까.

장내미생물은 인간이 가축에 성공한 첫 번째 생물이라고 할 수 있다. 개나 고양이보다 먼저 인류는 장내미생물과 공생관계를 형성했다. 숙주인 인간과 장에 서식하는 미생물은 수백만 년의 진화 과정 동안 복잡한 상호작용을 형성해왔다. 인간은 장내미생물에게 삶의 터전을 제공했다. 장내미생물은 포근한 장 속에서 인간이 섭취

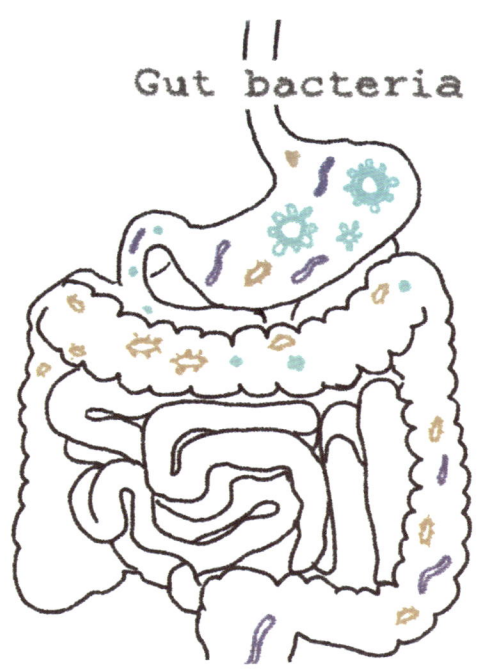

하는 음식을 영양분 삼아 번식했다. 인간의 입장에서도 나쁠 것이 없다. 미생물이 음식물을 분해하거나 죽으면서 내뿜는 물질 중에는 비타민처럼 인간에게 필요한 영양분이 풍부하다.

함께 살면 닮는다고 했다. 장내미생물과 인간도 마찬가지다. 장내미생물을 보면 그 사람을 알 수 있다. 거꾸로 사람의 성별, 나이, 먹는 음식 등을 분석하면 어떤 장내미생물이 많이 살고 있는지도 파악할 수 있다. 그웬 팔로니 벨기에 루벤대학교 미생물학과 교수 연구진은 2016년 4월 〈사이언스〉에 게재한 논문에서 이 같은 상관관계가 무려 92%에 달한다고 밝혔다. 연구진은 벨기에인 1106명과 네덜란드인 1135명, 전 세계인 3958명을 대상으로 장내미생물의 종류와 함께 사람들의 특성을 조사했다. 특성에는 키, 몸무게, 성별, 나이뿐 아니라 맥주와 과일 섭취량, 아침 식사의 유무 등 69가지의 다양한 내용이 포함됐다. 결과는 예상대로 생활 습관에 따라 장내미생물이 공통된 습성을 보였다. 술을 많이 마시는 사람끼리, 과일을 많이 섭취하는 사람끼리 장내미생물 군집이 비슷하게 분포하고 있었다. 아마 우리가 곧잘 이야기하는 체질이 어쩌면 장내미생물의 종류를 이야기하는지도 모른다.

장내미생물이 처음 학계에 등장해 관심을 끌었던 것은 2011년 페어 보르크 독일 하이델베르크대학교 유럽분자생물연구소 교수 연구진의 〈네이처〉 논문이었다. 연구진은 덴마크와 프랑스 등의 유럽인 22명과 미국인 2명, 일본인 9명의 대변에 있는 장내미생물을 분리한 뒤 유전체를 분석했다. 그러자 재미있는 결과가 나왔다. 마치 혈액형처럼 장내미생물의 종류를 3가지로 구분할 수 있었던 것이다. 보르크 교수는 인간의 장 속에는 크게 박테로이데스, 프레보텔라, 루미노코쿠스 등 3가지 박테리아 중 하나가 주도권을 쥐고 있으며 인종과 거주 지역에 상관없이 비슷한 패턴이 나타난다고 기술했다.

당시 보르크 교수가 언급한 각각의 미생물은 특징이 있다. 박테로이데스는 탄수화물 분해 능력이 뛰어나다. 반면에 루미노코쿠스는 세포가 당분을 흡수하는 데 도움을 주는 역할을 한다. 즉, 루미노코쿠스의 사람이 박테로이데스의 사람보다 같은 음식을 먹더라도 살이 찔 확률이 높을 수 있다. 후속 연구 결과 박테로이데스와 루미노코쿠스 유형의 사람은 고지방 저식이섬유 식단을 즐겼으며 프레보텔라 유형은 저지방 채식 위주 식단을 유지했다.

자연분만 아이가 면역력이 높은 이유

장내미생물 연구는 유전체 분석 기술의 발달과 함께 폭발적으로 늘어났다. 장내미생물의 중요성을 인식한 미국은 2007년부터 인간 장내미생물 프로젝트[HMP]를 시작했다. 2차 게놈 프로젝트로 화제를 모았던 HMP는 2007년부터 5년간 첫 번째 프로젝트를 진행했다. 2000억 원의 예산이 투입된 이 프로젝트에서 미국인 242명의 코와 피부, 입, 소장 등 15곳의 신체 부위에서 미생물을 채취해 유전체 분석을 마쳤다. 종류는 무려 1만 2000가지가 넘었다. 이 중 최소 160여 개의 미생물이 사람들에게서 공통적으로 발견됐다. 현재 HMP는 두 번째 단계를 진행 중이다. 장내미생물로 사람을 구분하는 것에서 벗어나 인간의 질병에 어떤 영향을 미치는지 파악하는 것이다. 이미 비만, 아토피, 당뇨 등이 장내미생물과 상관관계가 있음이 밝혀졌다.

장내미생물이 뇌 건강에도 영향을 미친다는 연구도 하나둘 발표되고 있다. 쥐를 이용한 실험에서 장내미생물이 장 속으로 들어온 음식물의 다당류를 분해해 혈뇌장벽을 강화시키고 세로토닌 호르몬의 분비에도 영향을 미치면서 우울증과도 연관 가능성이 제기되었다. 동물 실험은 대조군 비교가 쉽기 때문에 장내미생물이 미치는 영향을 쉽게 파악할 수 있지만 인간을 대상으로 이 같은 상관관계를 파악하는 것은 어렵고 오랜 시간이 걸린다. 미국 국립정신건강연구소^{NIMH}, 해군연구소 등 많은 연구진이 장내미생물과 뇌 질환의 상관관계를 밝히기 위한 연구를 시작했다.

제왕절개로 태어난 아이는 자연분만으로 태어난 아이에 비해 상대적으로 면역력이 떨어지는 것으로 알려져 있다. 알레르기에 걸릴 확률이 높으며 각종 질환에도 쉽게 노출된다. 자연분만으로 태어난 아이는 엄마의 산도를 통과하면서 산도 내에 존재하는 미생물에 노출돼 면역 체계가 강해진다고 추정한다. 어렸을 때 다양한 균에 노출돼야 면역력이 좋아진다는 위생 가설이다.

이 역시 2016년 2월 학술지 〈네이처 메디신〉에 실린 논문이 증명했다. 미국 뉴욕대학교 연구진은 푸에르토리코에서 제왕절개로 태어난 17명의 아이에게 엄마 산도의 분비물이 묻은 거즈를 입부터 몸 전체에 발라줬다. 마치 산도를 통해 태어난 것과 같은 상황을 만들어준 것이다. 그 결과 17명 아기의 장내미생물이 자연분만으로 태어난 아이들과 상당히 비슷해지는 결과가 나왔다. 자연분만 아이가 엄마의 산도 안에 존재하는 미생물 중 항균 능력이 강한 락토바

실러스를 뒤집어쓰고 나오기 때문에 면역력이 강화된다는 위생 가설을 뒷받침한다.

장내미생물도 유전된다

장내미생물이 이처럼 건강에 많은 영향을 미친다면, 이를 이용해 질병을 치료하는 것도 가능하지 않을까. 더럽게 느낄지 모르지만 그래서 나온 것이 바로 대변 이식이다. 그렇다고 대변을 그냥 이식하는 것은 아니다. 원심분리기에 넣고 돌려 대변 속에 서식하는 미생물만 분리해낸 뒤 장에 넣는다. 이를 대변미생물이식FMT이라고 한다. FMT로 체중 감량은 물론 각종 바이러스 감염 질환, 당뇨까지 치료할 수 있다는 연구 결과가 발표되고 있다. 거부감이 들지 모르지만 효과가 나타나면서 많은 시술이 이뤄지고 있다.

2013년 네덜란드 암스테르담 와게닝겐대학교 연구진은 의학학술지인 〈뉴잉글랜드저널 오브 메디슨〉에 FMT를 통해 장내 염증을 유발하는 유해균을 잡을 수 있다는 연구 결과를 발표했다. 연구진이 주목한 것은 클로스트리듐 디피실리균으로, 이 균은 장에 상존하면서 장염을 일으킨다. 연구진은 건강한 사람의 장내미생물을 13명의 환자에게 이식했고, 1명을 제외하고 모두 정상적으로 장염이 낫는 것을 확인했다. 항생제만 썼을 때는 13명 중 4명만이 클로스트리듐 디피실리균이 사라진 것과 비교했을 때 상당히 높은 치료율을 보인 것이다.

장내미생물은 유전되기도 한다. 수백만 년을 함께 살아오면서 인간 유전자가 특정 미생물이 잘 살 수 있는 공간을 만들어주는 것이다. 고광표 서울대 교수 연구진이 국내 655명의 이란성, 일란성 쌍둥이와 그 가족의 장내미생물을 조사한 결과 50종의 미생물이 유전적으로 연결되어 있음을 확인했다. 연구 결과는 2016년 4월 〈영국 의학 저널〉에 게재됐다. 특히 고혈압, 고지혈증, 비만 등 대사 증후군에 걸린 사람은 건강한 사람에 비해 장내미생물 종류가 상당히 적었을 뿐 아니라 서터렐라, 메탄생성고세균 등 나쁜 미생물이 많았다. 대사 증후군은 유전이 70%의 영향을 미친다고 알려져왔는데, 그 유전을 장내미생물이 조용히 진두지휘하고 있던 셈이다.

전문가들은 좋은 장내미생물의 균형을 깨뜨리는 가장 큰 원인으로 식습관 변화와 항생제 오남용을 꼽는다. 유전공학 발달과 함께 20세기 들어 식량이 기하급수적으로 늘어나고 육식이 보편화되며 식이섬유를 적게 섭취하자 장내미생물에 변화가 생기기 시작했다. 장내미생물은 식이섬유를 먹고사는데 야채나 과일 섭취량이 줄면 박테로이데스처럼 유익한 균도 줄어든다. 의학의 발달과 함께 만들어진 항생제도 장내미생물 분포를 엉망으로 만드는 원인이다. 항생제 치료를 받고 나면 유해균만이 장에 남아 가득 차는데 장내 환경이 급격히 변하면 염증성 장 질환, 식중독 등의 문제가 나타나고 장기적으로는 비만, 당뇨 등을 유발할 수 있다.

PART 3

과학으로
세상을 보는 눈이
넓어진다

중요한 과학 혁명들의 유일한 공통점은,
인간이 우주의 중심이라는 기존의 신념을
차례차례 부숨으로써 인간의 교만에
사망선고를 내렸다는 것이다.

-스티븐 제이 굴드

○ **발사체와 미사일**

나로호와
광명성호는
무엇이 다를까

아직도 기억이 선명하다. 2013년 1월 30일 오후 4시께 한국형 발사체인 나로호가 발사에 성공했다. 나로우주센터에서 현장을 지키던 기자는 나로호가 발사되는 순간 기자실 밖으로 뛰쳐나가 하늘 높이 솟는 나로호를 두 눈으로 직접 봤다. 발사체가 대기를 가르며 솟아오를 때의 굉음은 어마어마했다. 파란 하늘 저 멀리 사라질 때까지 고개를 내리지 못했다. 웅장했다. 발사체가 하늘을 가르는 그 장면만큼은 아직도 뇌리에 선명하게 남아 있다.

우리나라 최초의 우주 발사체인 나로호는 1단과 2단으로 구성되어 있다. 러시아에서 만든 1단 로켓은 나로호가 상공 170km에 오를 때까지 추진력을 담당한다. 나로호가 상공 170km에 도달하면 1단 로켓은 분리되어 바다로 떨어진다. 이후 위성을 내려놓는 높이인 상공 306km까지는 한국항공우주연구원(줄여서 '항우연')이 개발한 2단 로켓의 몫이다. 이 모든 과정에 걸리는 시간은 단 10여 분에 불과하다. 액체 연료 엔진을 사용하는 1단 로켓에는 전자탑재부, 연료탱크 등이 장착되어 있다. 2단 로켓은 고체 연료 엔진을 사용하며 위성을 덮고 있는 페이로드 페어링(위성 덮개)과 위성을 정상 궤도로 올려놓는 킥모터로 구성된다. 국내 기술로 제작된 나로과학위성에는 레이저 반사경, 우주이온층 측정센서, 적외선 소자 영상센서 등이 탑재돼 정상 궤도에 안착하면 1년간 300~1500km 상공에서 지구 주위를 돌며 우주 환경을 관측한다.

발사체를 우주로 보내려면

첨단 부품으로 중무장한 발사체라 하더라도 피해갈 수 없는 것이 있다. 발사체를 쏘려면 지구와 태양의 위치, 태양 환경, 기상 상황 등 우주로 가는 하늘 문이 활짝 열려야 한다.

우주 발사체는 특정 시간대에만 발사가 가능하다. 이 시간을 발사 윈도라고 한다. 인공위성은 태양에너지를 동력으로 사용하기 때문에 궤도에 진입한 후 태양 전지판이 태양을 정면으로 바라봐야 한다. 나로호가 성공적으로 발사돼 위성이 궤도에 올랐다 할지라도 지구에 가려 빛을 받지 못하면 자체 배터리를 사용해야 하기 때문에 수명이 줄어 효율적인 임무 수행이 어려워진다.

태양 활동도 고려해야 한다. 태양 표면에서 폭발이 일어나 고에너지입자가 지구로 쏟아지면 나로호와 지상 간 통신 장애가 발생할 수 있다. 비, 바람, 낙뢰 등의 기상 상황도 고려해야 할 요소다. 나로호는 발사된 뒤 54초 만에 고도 7km에서 음속을 돌파한다. 1단 로켓이 갖고 있는 에너지를 100% 쓰기 전에 예상치 못한 기상의 영향을 받으면 자세 제어에 문제가 발생해 발사가 실패할 가능성이 높아진다. 더 큰 문제는 구름이다. 전기를 띤 구름 안에서는 정전기가 발생한다. 나로호가 구름을 지날 때 정전기가 발생하면 민감한 전자 장비가 고장 날 수 있다.

나로호 발사의 뒷이야기

나로호는 2009년 8월과 2010년 6월 두 차례 발사를 시도했지만 모두 실패했다. 1차 발사 때는 위성이 분리됐지만 궤도에 오르지 못하고 추락했으며, 2차 발사 때는 나로호가 공중에서 폭발했다.

2009년 8월 25일 오후 5시, 1차 발사 당시 나로호는 발사 후 216초가 됐을 때 위성을 덮고 있는 페어링 두 개 중 한 쪽이 정상적으로 분리되지 않았다. 당시 나로호 발사 조사위원회는 "페어링 분리 장치로 고전압 전류가 공급되는 과정에서 전기배선 장치에서 방전 현상이 발생했거나 페어링 분리 장치가 불완전하게 작동됐을 가능성이 있다"고 추정했다. 항우연은 3차 발사를 앞두고 페어링 분리구동장치FSDU가 양쪽 페어링 분리 화약을 모두 기폭할 수 있도록 회로를 보완하고 전압 시스템을 고전압에서 저전압으로 낮췄다.

2차는 2010년 6월 10일 오후 5시 1분에 발사됐다. 나로호가 발사된 뒤 136.6초 만에 1차 진동이 발생했고 1초 뒤인 137.3초에 내부 폭발로 보이는 2차 진동으로 원격 측정이 중단되면서 실패했다.

통신이 두절됐을 때 고도는 67.73km였다. 우리나라는 당시 "러시아가 만든 1단 추진 시스템 이상 작동에 의한 1, 2단 연결부 구조물 부분 파손과 산화제 재순환라인 및 공압라인의 파손"이 실패 원인이라고 주장했다. 하지만 러시아 측은 "상단 비행종단시스템FTS의 오작동"을 원인으로 지목했다. FTS는 발사체의 비행 궤적에 문제가 생겨 우리나라나 다른 나라에 피해가 예상될 때 발사체가 자폭하도록 만든 장치다. 우리나라와 러시아는 결국 합의를 보지 못했고 양측이 제기한 문제점을 동시에 개선하는 방향으로 조치를 취했다.

   3차 발사는 두 번의 연기 끝에 성공했다. 러시아의 1단 로켓 때문에 반쪽 성공이라는 이야기도 있었지만, 그러면 어떤가. 처음 러시아는 한국 과학자들이 1단 로켓을 쳐다보는 것마저 막았다. 이후 러시아 기술자들과 함께 공동 작업을 하기도 하고 술을 마시며 친해졌다. 이 과정에서 어깨너머로 여러 기술을 배웠다고 한다(나로호 발사에 참여한 한국인 과학자들이 그렇게 보드카 이야기를 하더라). 사실 발사체 기술은 다 공개되어 있는 만큼 어려운 기술이라기보다는 다루고 점검해야 할 부분이 많은 극한 기술이다. 그만큼 경험이 중요하다. 이를 빨리 배우기 위해 한국은 러시아를 택했고, 어찌 됐든 성공했다. 오래 걸려서 아쉽긴 했지만 말이다.

   한국이 독자 개발을 꿈꾸고 있는 한국형 발사체는 3단으로 구성돼 있다. 러시아에서 빌려 왔던 1단 로켓은 75t급 액체 연료 엔진 4개를 묶었다. 4개의 엔진에서 연료가 똑같이 타올라서 같은 힘을 내야만 한다(이게 상당히 어려운 기술이라고 한다). 2단 로켓은 75t급 1개의 엔진으로 구성되고 3단 로켓은 7t급 엔진으로 구성된다. 3단 로켓의 끝부분에는 달 탐사 위성이 탑재될 예정이고, 이후에는 달 탐사 로버를 싣고 달로 간다는 계획이다. 현재 항우연은 시험 모델을 만들고 지루한 반복 시험을 이어가고 있다.

2012년 북한이 쏘아 올린 은하3호도 나로호와 동일한 발사체다. 은하 3호의 1단 발사체를 서해에서 수거한 한 과학자가 말했다.

"진짜 조잡하고 엉성하게 만들었는데, 이게 우주로 가긴 갔네."

또 다른 과학자가 이에 대해 탁월한 묘사를 했다.

"우리 기술과 북한의 기술을 비교하면 20년 된 티코와 시험 주행 중인 소나타라고 하면 될까요. 티코는 20년 되도 고장 안 나면 잘 나가죠. 시험 주행 중인 소나타를 누가 타겠어요, 무서워서."

발사체와 미사일의 차이

나로호 발사에 성공한 뒤 여러 사람과 인터뷰를 하면서 자주 듣는 말이 있었다.

"2단 로켓은 우리 기술이잖아요. 상당히 정교했어요. 우리가 원했던 위치, 원했던 시간, 오차 없이 모든 것이 제대로 이뤄졌어요."

처음에는 왜 2단 로켓의 우수성을 강조하는지 알 수 없었다. 다른 분과 더 인터뷰를 한 뒤에야 깨달았다. 2단 로켓의 정확성은 미사일로 전환했을 때 제어가 가능함을 의미한다. 이 기술이 상당히 어렵다. 나로호에 위성 대신 탄두를 탑재하면 미사일이 되는데 우리나라는 나로호의 조립과 발사 과정을 모두 공개했기 때문에 국제우주조약에 따라 위성 발사에 어떠한 제약도 없었다.

하지만 북한은 위성을 실었는지, 탄두를 탑재했는지 알 수 없어

∧
왼쪽은 나로호,
오른쪽은 은하 3호가 발사대에 설치된 모습이다.

국제적인 규탄을 받는다. 발사체가 우주로 나갔다가 대기권을 통과해 돌아오면 대륙간탄도미사일이 된다. 북한은 위성을 위한 발사체를 쐈다고 주장하지만 국제사회는 은하 3호나 광명성 3호를 미사일로 규정하는 이유다.

북한이야 당연히 대륙간탄도미사일 개발이 꿈이니만큼 관련 기술을 개발하고 있겠구나, 라고 생각할지 모르지만 북한이 발사체를 쐈다고 주장하는 데는 몇 가지 이유가 있다. 물론 이에 대한 전문가의 의견도 분분하다.

미사일과 발사체를 나누는 중요한 부분이 연료다. 일반적으로 미사일에는 고체 연료를 싣는다. 실어놨다가 언제든 원하는 때에 쏴야 하기 때문이다. 하지만 북한의 로켓은 액체 연료를 사용한다. 주입에 1~2일이 걸린다. 실전에서의 사용이 어렵다. 게다가 나로호처럼 땅에 발사대를 세워두고 쏘면 먼저 요격당하기가 쉽다. 미사일이라면 이동식 발사대나 땅속에서 쏘아 올리는 경우가 많은데, 북한은 아직 그 기술을 확보하지 못했다는 것이 전문가의 판단이다. 이런 점에서 보면 은하 3호를 대륙간탄도미사일로 보기는 어렵다.

하지만 광명성 3호는 액체 연료 중에서도 상온에서 보관하기 편한 하이드라진과 질산을 사용한다. 주입한 상태로 대기할 수 있다는 점에서 고체 연료와 차이가 없다고 할 수 있다. 또한 이 물질은 맹독성인 만큼 발사체에는 거의 쓰이지 않는다. 이런 점에서 보면 미사일로 보는 시각도 맞다.

어떤 과학자는 페어링에 검은 그을음이 잔뜩 묻어 있기 때문에 미사일로 봐야 한다고 이야기한다. 광명성 3호가 발사체라면 인공위성을 덮고 있는 페어링에 신경을 쓸 것이다. 하지만 페어링에 그을음이 묻었다는 이야기는 위성에도 그을음이 묻었음을 의미한다. 즉, 북한은 위성 발사에 큰 관심이 없다는 설명이다.

가장 애매한 부분은 사정거리다. 광명성 3호가 발사됐을 때 많은 언론이 사정거리가 1만 2000km라고 이야기했다. 북한의 3단 로켓 기술력을 알아야 파악할 수 있는 내용이지만 일반적으로 사정거리가 1만 km 이상 날아가려면 로켓이 1000km까지 올라가야 한다. 광명성 3호는 500km까지 올라가다 말았다. 전문가마다 의견 차가 있긴 하지만 이 정도 기술력으로는 1만 2000km를 날아간다는 건 무리라는 것이 일반적인 평가다. 도대체 1만 2000km는 어디서 나왔는지 궁금하다.

2012년 국가정보원은 북한이 쏘아 올린 광명성 3호의 무게가 200kg이기 때문에 위성의 가치가 없고 미사일을 쏜 것이나 다름없다고 이야기했다. 이 말은 정말 하지 말았어야 했다. 나로호에 실린 나로과학위성은 100kg이었기 때문이다. 국가정보원의 말대로라면 우리나라 역시 발사체가 아닌 로켓을 쏜 것이나 다름없다.

많은 취재원은 당시 정부가 과학이라는 이름 아래, 전문 연구 기관이라는 이름 아래 광명성호를 미사일로 몰고 가는 상황에 강하게 반대했다(물론 이런 말을 실명으로 꺼내지는 않는다). 한 과학자는 대륙간탄도미사일 개발을 위한 과정일 수는 있으나 광명성호만을 두고 대륙간탄도미사일 개발이 완료됐다고 단정짓는 것은 어불성설이라고 했다. 2016년 2월 7일, 북한이 광명성 4호를 발사하자 기다렸다는 듯이 정치권과 정부에서 사드 이야기를 꺼낸 것이 불편했던 이유다. 이쯤 되면 북한이 미국의 충실한 영업사원이라는 자조 섞인 말이 맞는 것 같아서 슬프기도 하다.

신문에 실리지 않은 취재노트

수만의 우주 쓰레기가 지구 주위를 돌고 있다

"청취자 여러분께 부탁드립니다. 빚은 400달러입니다. 저희가 갚는 것은 어떨까요."

2009년 4월, 미국 캘리포니아 주 라디오 방송국 '하이웨이 라디오'의 DJ 스콧 발리는 아침 방송 〈바커와 발리〉에서 청취자를 대상으로 모금을 진행했다. 호주의 작은 마을 에스퍼란스가 30년 전 NASA에 청구한 돈을 대신 갚기 위한 펀딩이었다. 1979년 7월 11일, 미국의 첫 우주 정거장 스카이랩이 수명을 다하고 지구로 떨어졌다. 무게 80t, 길이 27m에 달하는 스카이랩은 지구로 떨어지면서 대부분 소실됐지만 일부 부품이 에스퍼란스에 떨어졌다. 다친 사람은 없었다. 에스퍼란스는 스카이랩 부품을 치우기 위한 청소비용 400달러를 NASA에 공식 청구했다. NASA는 30년 동안 청구서를 무시했고 라디오 DJ와 일부 미국 시민의 참여로 빚은 청산됐다. 가슴 따뜻한 에피소드이지만, 섬뜩한 것은 우리가 모르는 사이에 매년 100여 차례나 제2, 제3의 스카이랩이 지구로 추락하고 있다는 점이다.

비영리 조직인 참여과학자모임[UCS]에 따르면 2017년 11월 현재, 지구 궤도를 돌며 작동하고 있는 인공위성의 수는 1459개나 된다. 2011년 974개였던 위성은 상업용, 군사용 등의 목적으로 우후죽순 늘어나고 있다. 인공위성을 우주에 내려놓은 뒤 추락하지 못해 우주 공간을 떠도는 발사체 부품(우주 쓰레기)의 수도 상당하다. 미국의 인공위성 추적 사이트인 셀레스트랙(celestrak.com)에 따르면 2017년 11월 지구 궤도를 돌고 있는 인공위성의 수는 수명이 다한 위성까지 포함해 4637개, 우주 쓰레기까지 합하면 4만 2998개에 달한다.

추락하는 인공위성은 고도 80km 인근에서 대기권과 만난다. 이때 속도는 시속 2만 5000km로 총알보다 10~20배 정도 빠르다. 대부분의 부품은 마찰열로 전소된다. 연료탱크 등 인공위성 무게의 20~40%가 녹는점이 높아 녹지 않고 떨어진다. 지난 50년간 지구로 떨어진 인공 우주 물체 파편은 5400t으로 추정되며 땅에 닿을 때의 속도는 시속 30~300km다. 우주환경감시기관에 따르면 2005년 우주 물체가 지구로 떨어진 횟수는 67회에 불과했지만 2011년 83회, 2014년 138회, 2015년 100회를 기록했다. 매년 평균 100회 정도 우주 물체가 지구로 떨어지는 셈이다.

아찔한 순간도 있었다. 2011년 10월에는 2.5t에 달하는 독일의 연구용 위성 '로사트'의 일부가 인구 2000만 명의 베이징으로 돌진하다가 7분여 차이를 두고 바다로 비켜갔다. 2013년 11월에는 유럽우주국[ESA]의 인공위성 '고체[GOCE]'가 추락 10분 전, 지상 100km 대기권에 진입하는 순간 한반도를 향하기도 했다. 다행히 한반도 상공을 지나 호주 서쪽 인도양과 남극, 남미 인근 해상에 추락했다.

인공위성을 운영하는 국가들은 '우주 물체에 의해 발생한 손해에 관한 국제 책임에 관한 협약'에 의거, 만약 우주 물체로 인한 피해가 발생할 경우 해당 위성의 운영국이 피해 보상을 하도록 되어 있다. 강제적인 조항이 아니기 때문에 NASA는 400달러의 청구서를 무시했지만 실제 지급된 사례도 있다. 1978년 1월, 러시아의 정찰 위성 '코스모스 954'가 지구로 추락하면서 일부 잔해가 캐나다 그레이트 슬레이브호수와 베이커호수 인근에 떨어졌다. 재산 피해나 인명 피해는 없었지만 핵원자로를 탑재한 인공위성이었던 만큼 방사능 누출 위험이 있어 캐나다와 미국 등은 즉각 잔해 분석에 나섰다. 그 결과 60여 개 지역에 방사능이 일부 노출된 것으로 나타나 캐나다는 국제법에 의거, 러시아에 손해배상을 청구했다. 3년에 걸친 협의 끝에 러시아는 캐나다에 300만 캐나다달러를 지급했다.

우주 쓰레기가 대기권에 진입하면 궤도가 바뀌기 때문에 낙하지점과 추락 시점을 예측하는 일은 쉽지 않다. 최소한 추락 12시간 전은 돼야 한반도인지 미국인지 대략의 위치를 가늠할 수 있고, 정확한 시각과 장소는 1~3시간 전에야 파악이 가능하다. 청명한 하늘, 그 너머에는 셀 수 없을 만큼의 우주 쓰레기가 우리를 위협하고 있다.

○ 달

NASA, 달의 흙을 파다

"2020년에 달에 태극기를 꽂겠다."

2012년 대선 후보 토론회에서 박근혜 전 대통령이 문재인 대통령과의 토론에서 뜬금없이 던진 말이다. 토론회를 보다가 깜짝 놀랐다. 2025년으로 예정되어 있던 달 탐사를 하루아침에 앞당기라니. 나한테 기사 쓰라고 하면 어쩌지, 하는 걱정도 들었다. 이 발언을 듣고 있던 한국의 달 탐사 연구진 역시 당황을 감출 수 없었다고 한다.

"우리와 한마디 상의조차 없었다. 5년을 앞당기라는 건데, 예산이며 기술 개발이며 시간을 어떻게 단축해야 하나."

박 전 대통령이 별 생각 없이(아니면 당시 캠프 실무진의 무리수였다고 본다) 던진 말 한마디로 한국에서 2020년에 달 탐사가 가능하네 마네 이야기를 떠들고 있을 때, NASA는 조용히 월면토(달 표면의 흙)를 연구하기 시작했다. 2012~2013년 외신을 살펴보면 월면토에 식물 기르기나 3D프린터를 이용한 월면토 활용 등과 관련된 많은 연구 성과들을 찾아볼 수 있다. 2016년으로 넘어오면서부터 NASA는 노골적으로 월면토를 팠다. 2017년 6월에는 8명의 과학자로 구성된 팀까지 꾸렸다. NASA 역사상 처음으로 월면토 전담 연구팀이 만들어진 것이다. 달 연구의 패러다임이 바뀌었음을 알리는 신호탄이었다.

달에 우주 기지를 세운다고?

1972년 아폴로 17호를 끝으로 NASA는 더 이상 달에 사람을 보내지 않았다. 화성까지 사람을 보내는 프로젝트 구현이 가능한데도 지구로부터 가장 가까이(38만 km) 있는 달을 가만 놔둔 셈이다. 이를 두고 혹자는 "연구할 가치가 없기 때문"이라고 말한다. 더 적극적(?)인 이들은 1969년 아폴로 11호는 달에 가지 못했으며 NASA가 꾸민 일이라는 음모론을 믿기도 한다. 미국 정부가 끊임없이 옛 소련과의 군비 경쟁이 심한 상황에서 더 이상의 돈을 달 탐사에 투자할 수 없었다고 항변했지만, 사람은 원래 음모론을 더 좋아한다. 당시 미국이 달 탐사 계획에 쓴 돈은 현재 가치로 189조 원. 당장 군사력을 끌어올려야 하는 상황에서 미국은 더 이상 꿈, 미래, 우주, 인류 운운하기 어려웠을 것이다.

지구의 과학자가 달을 다시 주목한 시기는 2009년 10월이다. 당시 NASA는 달에 달 크레이터 관찰 및 탐지 위성LCROSS을 충돌시켰다. 1.5t의 TNT 폭탄이 터지는 것과 맞먹는 충격과 함께 깊이 4m,

∧ NASA가 쏘아올린 LCROSS의 모습.

너비 20m의 분화구가 생성됐다. 우주 공간으로 뿜어져 나온 파편을 상공 80km에 떠 있던 달 궤도 탐사선[LRO]이 관찰했다.

NASA는 이듬해 10월, LRO의 분석 결과를 학술지 〈사이언스〉에 발표했는데 핵심은 물이었다. LCROSS가 충돌한 곳은 햇빛이 들지 않는 달의 남반구로, 반경 5km의 표토층 안에 올림픽 규격의 수영장 1500개를 채울 수 있는 38억 리터의 물이 얼음 형태로 존재하는 것이 확인됐다. 척박할 것으로 예상했던 달의 곳곳에는 얼음이 무진장 많았던 셈이다.

이후 달 연구에 대한 패러다임 전환이 일어났다. 얼음을 녹이면 물이 되고, 이를 분해하면 산소와 수소가 나온다. 수소는 발사체 연료로 사용 가능하다. 만약 달에 발사체 기지를 건설하고 로켓을 쏘아 올린다면 더 먼 우주로, 더 많은 탐험 장비와 인간을 싣고 나아갈 수 있다. 중력과 대기 때문이다. 발사체에 싣는 에너지의 90% 이상은 지구 대기권을 돌파하는 데 사용된다. 나머지 10%만 가지고 우주를 비행하는 것이다. 하지만 달에 기지를 건설한다면 상황은 달라진다. 달의 중력은 지구의 6분에 1에 불과하고 대기조차 없다.

또한 달 궤도 위성을 발사한 인도, 중국, 유럽, 미국 등의 연구 결과에 따르면 지구에서는 희소한 자원으로 평가받는 희토류와 헬륨-3가 달에 가득하다고 한다. 희토류는 LCD, 반도체와 같은 산업에 활용되고, 헬륨-3는 인류가 열심히 개발 중인 핵융합 발전의 연료로 활용된다. 달을 더 이상 가만히 놔두기에는 달이 갖고 있는 매력이 상당히 크다.

월면토가 특별한 이유

물이 확인됐고 기지를 건설하기 위한 기반 기술이 조금씩 발전하면서 과학자들의 관심은 자연스럽게 월면토로 향했다. 지구에서 막대한 양의 콘크리트를 싣고 달로 보내는 대신, 달에 있는 월면토로 기지를 짓는다면 비용을 획기적으로 절감할 수 있다.

월면토는 지구에 380kg이 존재한다. 1969년부터 NASA가 달에 보낸 아폴로 프로젝트의 부산물이다. 이 중 약 190kg은 실험을 위해 사용되고 있고 나머지는 NASA가 보관하고 있다. NASA는 이 월면토를 독식하지 않았다. 연구를 위해 여기저기 조금씩 나눠줬다. 지금까지의 월면토 연구는 아주 적은 양으로도 가능했다. 기초 과학자가 화학적 조성이나 물리적 특성 등을 연구한 것이 전부였다. 그러던 것이 달 기지 건설이 화두가 되면서 과학자들은 더 많은 양의 월면토를 원했다. 하지만 월면토를 조금 더 구하려고 다시 달에 갈 수는 없는 일이다. 그래서 나온 것이 바로 인공 월면토다.

아폴로 11호가 갖고 온 월면토는 이산화규소가 약 47.3%, 이산화티타늄이 약 1.6%, 산화알루미늄이 약 17.8%, 그밖에 산화칼슘과 산화철 등으로 이루어져 있다. 성분을 안다고 바로 인공 월면토를 만들 수 있는 것은 아니다. 화학적 조성은 모방할 수 있을지 모르지만 물리적 특성까지 재현하는 것은 불가능하다. 이유는 크게 3가지를 들 수 있다.

달은 약 45억 년 전, 지구에 화성 크기의 외부 천체가 부딪친 후 일부가 떨어져 나가 만들어졌다. 충돌 과정에서 엄청난 열이 발생했고 암석들은 열에 녹았다가 굳는 과정을 거쳤다. 원시의 달은 화산 활동도 요란했다. 용암이 굳어 현무암 계열의 암석이 만들어졌고 이후 소행성과 같은 작은 천체들과 끊임없이 충돌했다. 달의 표면은 부서지면서 모래처럼 작은 알갱이가 됐다. 천체와의 충돌 과정에서 월면토는 증발, 재결정화 과정을 반복하면서 수십억 년 동안 물리적 특성이 변해왔다.

월면토를 특별하게 만든 것은 또 있다. 태양과 우주에서 날아오는 태양폭풍과 우주 방사선이다. 태양은 우주 공간으로 전하와 같은 에너지입자를 쉬지 않고 방출한다. 우주에서는 에너지가 높은 방사선이 끊임없이 날아온다. 대기가 방패막 역할을 하는 지구는 태양의 입자가 지표까지 닿을 수 없지만 달은 다르다. 에너지를 받으면 암석 내부는 원자에서 전자가 떨어져 나가는 이온화 반응이 일어난다. NASA는 이를 모방하기 위해 고에너지를 갖고 있는 플라즈마를 쏘면서 인공 월면토를 만들고 있지만 물리적 성질을 똑같이 재현할 수는 없다.

현재 인공 월면토를 자체 개발해 활용하고 있는 국가는 미국과 일본, 중국, 캐나다에 불과하다. NASA의 존슨우주센터가 만든 것이 실제 달 토양과 가장 유사하다고 인정받고 있다(인공 월면토 생산을 중단했던 존슨우주센터는 2017년 내에 인공 월면토를 다시 생산하겠다는 뜻을 밝혔다). 인공 월면토를 만들면 다음 연구는 비교적 수월하다. 잔뜩 만들어놓은 인공 월면토에 달 탐사 로버나 3D프린터를 갖다 놓고 마음껏 짓고 부숴보면 된다. 과학자들 사이에서 "월면토를 다스리는 자, 달을 지배한다"는 소리가 나오는 이유다.

달의 생성을 증명하다

앞서 월면토의 특성에 대해서 이야기하면서 잠깐 언급했지만 달은 충돌로 만들어졌다. 정확히 이야기하면 학계에서는 충돌 가설을 가장 유력하게 보고 있다. 그리고 월면토는 충돌설에 힘을 실어주는 증거가 되었다.

현재 달 생성 이론은 크게 4가지다. 지구가 다른 행성이 갖고 있는 위성을 포획했다는 포획설, 지구가 생길 때 같이 만들어졌다는 쌍둥이설, 달이 지구로부터 분리돼 떨어져 나갔다는 분리설, 원시 지구가 화성 크기의 행성과 충돌하면서 만들어졌다는 거대 충돌설 등이다. 거대 충돌설은 2000년대에 가장 유력한 이론으로 꼽힌다.

거대 충돌설은 2001년부터 주목받기 시작했다. 공교롭게도 같은 해 8월과 10월, 양대 학술지로 꼽히는 〈네이처〉와 〈사이언스〉는 주거니 받거니 하며 충돌설과 관련된 2편의 논문을 발표했다. 8월 〈네이처〉에 실린 논문은 로빈 캐노프 미국 사우스웨스트연구소 박사와 에릭 애스포그 캘리포니아대학교 교수의 연구 결과로, 시뮬레이션을 통해 거대 충돌만이 지금의 달을 만들 수 있다고 밝혔다.

이를 뒷받침하는 증거가 곧바로 〈사이언스〉에 게재됐다. 우베 비헤르트 스위스취리히연방공과대학교 교수 연구진은 산소 동위원소의 비율이 지구와 달이 같다는 것을 증명했다. 물질의 기본 입자인 원자는 한 가지만 존재하지 않는다. 같은 수소라고 해도, 안을 들여다보면 성질이 다른 2가지 종류의 수소가 존재한다. 이들을 동위원소라고 부른다. 연구진은 지구와 달의 산소 동위원소 비를 조사했다. 산소에는 양성자 8개와 중성자 8개가 들어 있다(원자

번호 16번, 양성자와 중성자의 합, 즉 질량수가 16이다). 하지만 일부 산소원자는 중성자의 숫자가 1~2개 더 많다. 이들의 질량수는 17, 18이다. 지구에 있는 모든 산소의 동위원소 비는 일정하다. 질량수 16인 산소가 대다수를 차지하고 17, 18번 등 다른 동위원소는 거의 없다. 그런데 지구와 달에서 발견된 산소, 텅스텐, 티타늄 등의 동위원소 비가 같은 것으로 나타났다. 다른 예로 지구와 화성의 경우 산소 동위원소 비는 약 50배 이상 차이가 난다. 이는 지구와 달의 기원이 같음을 의미한다. 따라서 충돌로 인해 달이 지구에서 떨어져 나갔다는 가설이 힘을 얻었다(여기에도 월면토가 사용되었다).

쌍둥이설이나 분리설은 한계가 있다. 쌍둥이설은 달의 핵이 지구보다 작은 이유를 설명할 수 없다. 분리설이 맞으려면 지구에서 달이 떨어져 나간 흔적이 있어야 하는데 발견되지 않았다. 또한 달이 떨어져 나갈 만큼 지구의 자전 속도가 빨라야 한다(자전 속도가 빠를수록 밖으로 빠져나가려는 힘이 세진다). 현재 자전 속도로는 이 같은 일이 일어날 가능성은 거의 없다.

2016년 10월 학술지 〈네이처〉에 거대 충돌설과 관련된 새로운 시나리오가 제시됐다. 달에 있는 칼륨원소를 분석했더니 지구와 비교했을 때 무거운 동위원소의 양이 미세하게 많았다. 이를 근거로 시뮬레이션한 결과, 화성 크기의 행성과 지구가 충돌했다는 결론을 내렸다. 무거운 원소가 더 멀리 퍼져 나갔다는 것을 설명하려면 그만큼 큰 충돌이 있었다는 해석이다.

하지만 어떤 해석도 달의 기원에 대한 속 시원한 답을 내려주지는 못하고 있다. 아직 인류는 달에 대해 모르는 것이 많다. 현재 달이 갖고 있는 각운동량과 위치, 자전주기와 공전주기 등을 모두 완벽하게 설명하는 이론은 아직 나오지 않았다.

달에 기지가 건설된다면

　월면토를 이용해 달에 기지를 건설할 수 있는 날은 언제쯤일까. 아마 그때면 3D프린터와 월면토를 이용해 달에 수많은 건축 구조물을 지을 수 있을 것이다. 3D프린터가 필요한 이유는 중력이 없는 달에서는 지구처럼 크레인 등을 이용해 대규모 공사를 하는 것이 어렵기 때문이다. 월면토에 물을 섞든, 아니면 다른 방식을 이용하든 이를 재료로 3D프린터가 구조물을 만들 것이다. 기술이 더 발전한다면 거주 공간까지 만들 수 있을지 모른다.

　달에 차근차근 기지가 건설되기 시작하면 인류의 우주여행은 현실화될 가능성이 크다. 달의 구조물에서 광활한 우주를 바라보며 식사를 하고 달 호텔에서 하룻밤 머문 뒤 지구로 돌아올 수 있다. 보다 먼 우주를 여행하는 것도 가능하다. 지구 대기권을 탈출한 우주선은 연료가 대부분 바닥나 있다. 대기권 탈출에는 엄청난 양의 에너지가 필요하다. 달에서 연료를 다시 채워 우주로 향한다면 더 빠른 속도로 멀리까지 여행할 수 있다. 먼 미래의 일이지만, 상상만 해도 신이 난다. NASA를 비롯한 과학자들을 응원하며 기다린다.

　달에, 보내주세요.

신문에 실리지 않은 취재노트

달이 없어진다면?

달은 지구에서 매년 3.8cm씩 멀어지고 있다. 원인은 마찰력이다. 지구는 자전을 하는데 달의 인력으로 인해 바닷물이 움직이면서 마찰이 발생한다. 이로 인해 지구의 자전 속도는 느려지고 각운동량 보존의 법칙에 의해 지구가 자전하며 발생하는 운동량이 달로 전달된다. 달의 운동량이 증가하면서 달은 조금씩 지구에서 멀어진다. 만약 지구가 딱딱한 암석으로만 이루어져 있다면 인력과 원심력 등이 균형을 이룰 수 있지만, 액체인 바닷물이 인력에 이끌리면서 이 움직임을 방해하는 셈이다.

하지만 크게 걱정할 필요는 없다. 3.8cm는 지구와 달 간 거리인 38만 km와 비교하면 티도 나지 않는 수치다. 1000년이 지나더라도 불과 38m, 1만 년이 지나도 0.38km 멀어지는 데 불과하다. 달이 멀어지는 것으로 인해 지구에 영향을 미치려면 앞으로 수십억 년이 더 필요하다. 아마 그때쯤이면 태양이 사라지고 지구가 멸망할지 모른다. 아니, 이미 그 전에 인류가 지구상에서 사라질지 모른다.

만에 하나, 달이 지구의 궤도를 벗어나 우주로 향한다면 어떤 일이 발생할까.

지구의 자전축은 23.5도 기울어져 있다. 이 때문에 중위도의 국가에는 4계절이 존재한다. 태양을 너무 직선으로 받지도 않고, 또 태양의 열을 아예 못 받는 곳도 없다. 비스듬한 상태에서 균형을 유지할 수 있는 것은 달의 중력 때문이다.

만약 달이 갑자기 사라지면 지구의 자전축이 흔들리면서 자전축 각도의 범위가 23.5도를 벗어날 수 있다. 적도는 태양열을 더 받고, 극지방은 태양열을 아예 못 받게 된다. 뜨거운 곳은 더 뜨겁고 추운 곳은 더 추워질 뿐 아니라, 이 같은 열 불균형은 잦은 태풍 출현으로 이어질 수 있다. 달의 인력으로 발생하는 밀물과 썰물이 사라지면서 생태계에 큰 변화가 나타날 수도 있다. 밤은 칠흑같이 어두워지는 만큼 달빛에 적응해 살던 야행성 동물들의 생존까지 위협받을 수 있다.

지구는 40억 년 전부터 달과 함께 진화해온 만큼, 달이 없는 지구는 상상할 수 없다.

우주여행

과학의 눈으로 〈인터스텔라〉를 보다

"네가 내 나이가 됐을 때, 우리는 다시 만날 수 있을 거야."

아빠가 떠난다는 말에 울음을 그치지 못하는 딸에게 말한다. 이곳에서의 30년이, 우주에서는 1년이라는 말이 믿기지 않는다. 마치 만화《드래곤볼》에 나오는 정신과 시간의 방을 말하는 듯하다. 손오공의 전투력을 극대화하기 위한 설정이었던 정신과 시간의 방이 현실에서도 가능할까.

과학을 담당하는 기자로서 영화 〈인터스텔라〉(2014) 이야기를 하지 않을 수 없다. 기사를 쓰기 위해(신문에 실리지는 못했지만) 늦은 밤 퇴근 후 부랴부랴 집 근처 영화관으로 향했다. 한 손에는 수첩을, 다른 한 손에는 펜을 들고 영화 속에 나오는 대사와 내용을 놓치지 않기 위해 컴컴한 극장 안에서 열심히 손을 움직였다. 이제 어지간한 SF 영화로는 〈인터스텔라〉만큼 손에 땀을 쥐고 볼 것 같진 않다.

〈인터스텔라〉가 하도 이슈가 되다 보니 영화를 급하게 본 다음 날, 이를 설명해줄 전문가들을 찾기 위해 백방으로 전화를 돌렸다. 시간이 부족했다. 그 과정에서 한 과학자와는 신경전(?)을 벌이기도 했다. 전화로 〈인터스텔라〉의 블랙홀에 대해 설명해달라는 말에 (사실 내가 잘못했다. 그걸 전화로 어떻게 설명한담) 그는 난감하다는 말을 했고 그럼 찾아가겠다고 하자 그는 거절했다.

어찌 됐든 〈인터스텔라〉가 개봉했을 때 기사를 쓰지 않는 것은 과학 기자로서의 책임을 다하지 못하는 상황이었다. 이미 몇몇 언론이 시사회를 간 뒤 기사를 써낸 상황이라 이를 피하기는 쉽지 않았다. 당시 신문 기사를 살펴보면 어떻게든 다른 사람이 쓰지 않은 내용을 한 줄이라도 찾아서 쓰려는 기자들의 노력을 엿볼 수 있다. 물론 얼핏 봐서는 다 똑같은 기사였겠지만 말이다. 〈인터스텔라〉에서 가장 많은 기자들이 뽑아냈던 '야마'(주제를 뜻하는 기자들의 은어)는 역시 이거였다.

"시간은 공평하지 않다."

〈인터스텔라〉와 상대성 이론

1971년, 조지프 하펠 워싱턴대 물리학과 교수와 리처드 키팅(우주에 다녀온 우주인이다) 미국 해군성천문대 박사는 아인슈타인이 주장한 상대성 이론을 증명하기 위한 실험에 착수했다. 300년 동안 단 1초의 오차가 발생할까 말까 하는 원자시계를 제트기에 싣고 각각 동쪽과 서쪽으로 향했다. 동쪽으로 향한 제트기는 지구의 자전 속도가 더해지면서 엄청나게 빠른 속도로 지구를 돌았다. 반면, 서쪽으로 향한 제트기는 빠른 지구의 자전 속도 때문에 지구에 멈춰 있는 사람이 보기에는 마이너스의 속도로 비행을 했다(동쪽으로 간 비행기는 내려가는 에스컬레이터에 타서 뛰어 내려가는 것과 같고, 서쪽으로 간 비행기는 내려가는 에스컬레이터에서 반대로 올라가려는 것과 같다). 40시간의 비행 뒤, 이들은 원자시계를 살펴봤다. 동쪽으로 돌았던 제트기 내부의 시계는 59나노초(1나노초는 10억 분의 1초)가 느려졌다. 반대로 서쪽으로 돌았던 제트기의 시계는 지구보다 273나노초 빨라졌다. "빠른 속도로 이동하는 물체 내에서는 시간이 천천히 흐른다"라는 상대성 이론이 증명된 것이다. 빛과 같은 속도로 움직이는 우주선에 탄다면 시간의 흐름은 더 느려진다.

　　영화 〈인터스텔라〉는 아인슈타인의 상대성 이론에서 출발한다. 블랙홀과 웜홀 등 모두 상대성 이론에서 시작해 도출된 과학적 결과물들이다. 상대성 이론이란 "시공간이 연결돼 있고 상대적으로 움직이고 있는 다른 공간의 시간은 다르게 흐른다"라는 것이다. 더 나아가면 중력이 큰 곳에서 시간이 느리게 흐른다는 일반상대성 이론으로 확장된다.

　　이제 영화 속 설정이 와닿는다. 주인공은 지구보다 중력이 큰 행성에서 3시간 정도 머물렀지만 이미 지구는 20년 이상 시간이 흐른 뒤였다. 큰 중력으로 인해 시간이 느리게 흘렀기 때문이다. 하지만 지구보다 중력이 28배나 되는 태양에서도 시간 지연 효과는 1년에 66초 정도에 불과하다. 영화에서와 같은 시간 지연 효과를 얻으려면 중력 차이가 엄청나야 한다는 것이다.

　　영화에서는 다른 행성으로 넘어갈 수 있는 웜홀이 등장한다. 웜홀은 아인슈타인과 그의 동료 네이선 로젠 박사가 제시한 이론으로 아인슈타인-로젠 다리라고도 불린다. 웜홀은 모든 물체를 빨아들이는 블랙홀과 이를 뱉어내는 화이트홀 사이를 연결하는 가상의 다리를 뜻한다. 공간이 뒤틀려 있기 때문에 수만 광년 떨어진 곳으로 순식간에 이동할 수 있다. 놀랍고 흥미로운 이야기이지만 아직 웜홀이 발견되지 않았기 때문에 실제 존재하는지 알 수 없다. 다만 인간이 외계 행성에서 자리 잡고 새로운 지구를 건설하기 위해서는 웜홀이 반드시 존재해야 한다. 현재 지구에서 가장 가까운 외계 행성을 가려면 빛의 속도로 날아간다 해도 수백 년이 걸리기 때문이다.

영화의 하이라이트는, 역시나 마지막 장면이다. 주인공은 블랙홀을 탈출하기 위해 '사건의 지평선'을 아슬아슬하게 건너던 우주선을 버리고 작용과 반작용 법칙을 이용해 또 다른 행성으로 나아간다. 위에도 언급했듯이 블랙홀은 강한 중력으로 빛까지 끌어당기는데, 블랙홀에 빨려 들어가지 않는 최후의 마지노선이 바로 사건의 지평선이다. 만약 사건의 지평선 안으로 들어간다면 어떻게 될까. 블랙홀 내부로 들어갈수록 중력은 점점 커지기 때문에 사람은 고통조차 느끼지 못한 채 기다란 쫄쫄이가 돼버리고 말 것이다(이 역시 가정에 불과하다).

블랙홀로 빨려 들어간 주인공은 5차원의 공간에서 딸과 조우한다. 여기서부터는 모두 상상력의 산물인데, 결국 주인공의 딸은 아빠가 보내준 정보를 이용해 대통일 이론을 완성한다. 양자역학과 상대성 이론을 연결하는 대통일 이론으로 지구는 새로운 행성으로 옮겨가는 데 성공한다.

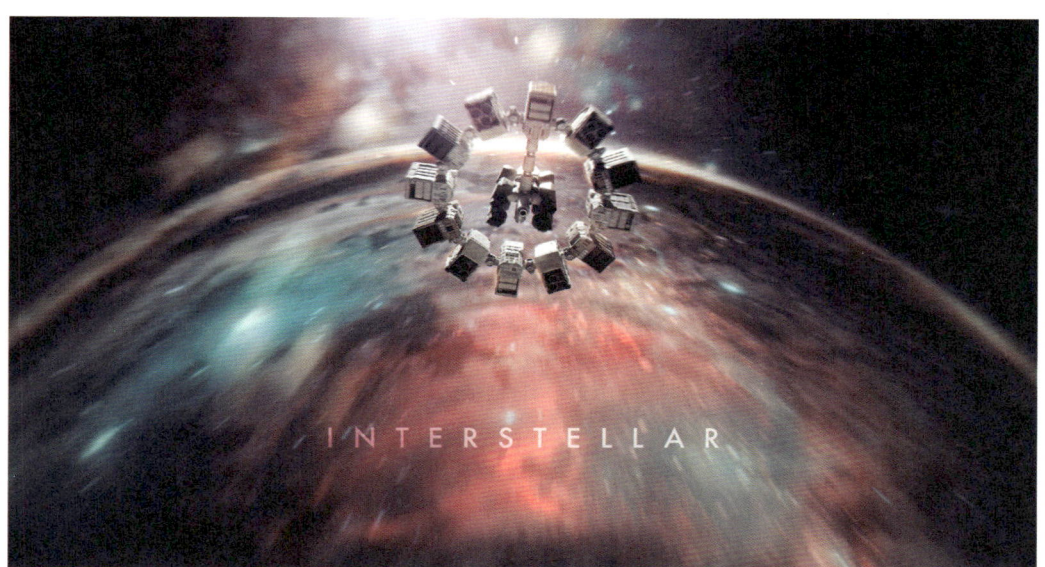

〈그래비티〉와 무중력

〈인터스텔라〉와 함께 영화 〈그래비티〉(2013)도 빼놓을 수 없다. 〈그래비티〉를 보면서 NASA의 해파리가 떠올랐다. 우주로 간 해파리 이야기는 학창 시절 어딘가에서 읽은 뒤 선명하게 뇌리에 박혀 있었다. 아마도 해파리가 갖고 있는 특성이 외계인과 닮았을 것이라는 생각 때문이었을 테다. 영화를 보면서 '우주 해파리로 당장 기사를 써야지' 하고 생각했다. 하지만 영화가 끝나고 검색해보니 〈그래비티〉와 함께 우주 해파리를 언급한 기사는 무수히 많이 존재했다 (이럴 때 기자들은 하늘 아래 새로운 것은 없다고 한탄한다).

1991년 NASA는 용감한 해파리(?) 2478마리를 우주로 보냈다. NASA의 선택을 받은 해파리들은 우주에서 다양한 실험에 사용되며 역사상 첫 우주 해파리라는 명예를 안았다. 그로부터 13년이 지난 2014년, 간택받았던 2478마리 해파리는 모두 운명을 달리했지만 그들의 자손은 6만 마리로 불어나 있었다. 6만 마리의 해파리가 특별한 이유는 우주 공간에서 태어난 생물이기 때문이다.

우주에서 탄생한 해파리의 몸은 지구의 해파리와 달랐다. NASA는 중력이 없는 공간에서 태어난 해파리가 지구로 돌아올 경우 어떻게 행동하는지 파악하기 위해 인공 수조에 중력을 만들어줬다. 그러자 해파리는 방향감각을 잃고 우왕좌왕했으며 헤엄치는 능력에도 장애가 발생했다. 해파리의 몸속에 있는 황산칼슘 결정이 중력에 따라 움직이며 방향을 전환하는 센서 역할을 하는데, 중력을 느끼지 못한 채 자란 해파리는 중력 센서 기능이 발달하지 않아 방향감각과 운동 능력을 상실한 것이다. 해파리 이전엔 우주에서 송사리가 태어난 적이 있다. 송사리는 부레에 산소를 넣다 빼는 방식으로 수면 위아래를 움직이는데 무중력 상태에서 태어난 송사리는 부레 기능을 상실해 지구로 돌아왔을 때 헤엄을 치지 못했다.

그렇다면 이처럼 아무것도 존재하지 않는 우주 공간에 사람이 오랫동안 머문다면 어떤 일이 벌어질까. 사람의 뼈와 근육, 세포는 지구 중력에 견딜 수 있게 진화해왔다. 뼈와 근육이 버텨야 하는 중력이 없으면 그 기능 역시 점점 퇴화된다. 특히 더 이상 튼튼할 필요가 없다고 느낀 뼈는 칼슘을 배출해 골다공증이 생길 가능성이 높다.

현재 미국은 최고 6개월, 러시아는 1년 정도 우주인을 우주에 체류시키고 있다. 영화 〈그래비티〉에서도 우주 공간에 있다가 지구로 돌아온 과학자가 땅에 발을 딛는 순간 약해진 근육 때문에 비틀거리는 모습을 볼 수 있다. 우주인의 뼈와 근육은 한 달에 약 1%씩 그 능력을 상실한다. 1~2주 우주에 체류하면 큰 문제는 없지만 더 오래 머물면 지구에 도착한 뒤 짧게는 수일, 길게는 몇 주 정도 중력에 적응하는 시간이 필요하다.

우주에 오래 거주하면 평형감각 기능도 잃어버린다. 사람 귀에는 이석이라는 작은 돌멩이가 있다. 해파리와 마찬가지로 이석도 황산칼슘 결정체로 이뤄져 있는데 중력에 따라 움직이며 우리 몸의 평형감각을 조절한다. 무중력 상태에서는 이석이 제 기능을 하지 못해 어지럼증과 구토 증상이 나타난다.

이를 해결하기 위해 러시아에서는 무중력 상태를 반복 체험하는 훈련을 하고, 미국에서는 우주인에게 구토 증상을 없애는 약을 먹인다. 만약 사람이 우주에서 태어난 뒤 지구로 돌아온다면 어떻게 될까. 중력을 느껴야만 작동하는 평형기관과 뼈, 근육이 발달하지 못해 지구에서 제대로 걸을 수 없을 뿐 아니라 원하는 방향으로 이동하지 못하고 쓰러질지 모른다.

우주처럼 무중력 환경에서 인간이 태어날 수는 있지만 보호 장비 없이 있을 수는 없다. 우주는 무無의 공간이라 기압이 0인데 우리 몸의 세포와 조직은 대기압인 1기압에 견디도록 설계돼 있기 때문이다. 사람이 우주에 덩그러니 놓인다면 세포와 조직의 압력이 주변 환경보다 커서 몸은 터져버리고 말 것이다.

〈인터스텔라〉와 〈그래비티〉는 SF 영화로는 최고가 아닌가 싶을 정도로 잘 만든 영화였다. 중력과 블랙홀을 배경으로 다른 영화가 나온다 하더라도 명함도 못 내밀지 않을까라는 생각이 들 정도다. 과학자는 아니지만 영화를 보는 내내 이과와 공대를 선택한 기자 스스로가 자랑스럽다는 느낌을 지울 수 없었다. 특히 〈인터스텔라〉가 인상 깊었던 이유는 영화 내용 곳곳에 과학자에 대한 존경심이 묻어 있을 뿐 아니라 많은 사람이 과학에 관심을 갖도록 해주었기 때문이다. 과학기술이 만병통치약은 아니지만, 세상을 합리적으로 바라볼 수 있는 도구임은 분명하다. 그렇기 때문에, 어렵지만 과학을 공부해야만 하고 이런 영화가 많이 만들어져야 한다고 생각한다(한국에도 비슷한 영화가 있긴 했다. 〈열한 시〉라고…).

○ **개기일식**

코로나의
비밀을 밝혀라

"천문학자인 호우와 하이가 술을 마시고 일식을 관찰하지 못했다는 이유로 목숨을 잃었다."

지금으로부터 약 4000년 전인 기원전 2137년,《위경》이라는 중국 문헌에 일식과 관련된 내용이 나온다. 일식은 태양을 공전하는 지구와, 지구를 공전하는 달의 움직임에 따라 주기적으로 나타나는 현상이다. 다만 지구 표면의 70%가 바다이므로 육지에서 개기일식을 관찰하기란 쉽지 않다. 특히 지구가 평평하고, 지구 주변을 태양과 달이 움직이고 있었다고 믿었던 기원전에는 일식이란 그저 불길한 현상일 뿐이었다.

문헌에 따르면 고대 중국 천문학자의 역할은 태양과 달의 움직임을 관찰하고 이것이 황제의 지배력에 어떤 영향을 미치는지를 파악하는 것이었다. 중국에서는 일식을 보이지 않는 용이 태양을 가리는 것이라 여겼다. 이때 재빨리 북을 치고 하늘로 화살을 쏴 용을 쫓아내야 했는데, 호우와 하이는 술에 취해 있었다. 술을 너무 많이 마신 호우와 하이는 일식이 시작된 줄도 몰랐다. 일식은 기껏해야 2~3분 정도 진행되는 만큼 순식간에 태양은 사라지고 하늘은 어두워졌을 것이다. 하지만 곧 달이 지구를 스쳐 지나가면서 일식은 아무 일 없이 끝났다. 하지만 가슴을 졸였던 황제는 두 천문학자를 사형에 처했다. 이후 중국에서는 일식 때 술을 마시지 않는 풍습이 생겼다고 한다.

비슷한 전설은 인도에도 있었다. 고대 인도에서는 일식이 시작되는 순간, 라후라고 불리는 악마가 나타난다고 믿었다. 이를 쫓기 위해서 사람들이 소리를 지르고 북을 두드렸다고 전해진다. 달이 지구를 지나며 자연스럽게 일식은 사라졌지만, 사람들은 자신들의 행위 때문에 라후가 사라졌다고 믿었다.

19세기 들어서야 사람들의 두려움은 사라졌다. 일식이 행성의 움직임으로 발생하는 자연스러운 현상임을 알게 되었기 때문이다. 이제 일식은 우주가 보여주는 경이로운 쇼가 됐다. 그리고 2017년 8월 21일(현지 시간), 미국 전역에서 개기일식이 진행됐다. 부분일식이 아닌 개기일식이 미국 대륙을 관통한 것은 99년 만의 일이었다. 사상 최대의 쇼를 보기 위해 목 좋은 호텔은 이미 1년 전에 예약이 마감됐다. 일반인만 개기일식에 열광하는 것은 아니다. 과학자도 애타게 개기일식을 기다린다. 개기일식이 시작되면 과학자들은 특수한 장비로 하늘을 바라보고 거대한 기구를 띄워 다양한 데이터를 수집한다. 어둠이 시작되는 순간, 과학자의 눈은 반짝인다.

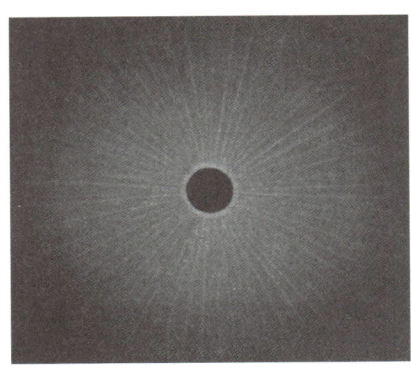

2017년 8월 21일 미국 오리건 주
코밸리스에서 오전 9시 6분부터
오전 10시 21분까지 촬영한
일식의 모습(위)과
호세 호아킨이 그린
1806년 일식의 모습(아래).

과학자가 개기일식을 기다리는 이유

과학자가 개기일식을 기다리는 이유는 코로나 때문이다. 태양의 대기에 코로나라는 이름을 부여한 사람은 스페인의 천문학자 호세 호아킨이다. 그는 1806년 미국 뉴욕에서 일식을 관찰한 뒤 이를 그림으로 남겼는데 태양 주변에서 빛이 나는 모습이 왕관^{coronal}처럼 보인다 하여 '코로나^{corona}'라고 부르기 시작했다. 1842년 7월 8일 진행된 개기일식을 관찰한 영국의 천문학자 프랜시스 베일리는 코로나가 태양 대기의 일부임을 밝혔으며, 1940년 영국의 천문학자 로더릭 레드맨은 코로나의 온도가 태양 표면보다 높음을 알아냈다. 개기일식은 이처럼 미스터리에 쌓여 있는 코로나를 관측할 수 있는 절호의 기회다.

태양의 중심에서는 초당 약 5억 t의 수소가 핵융합 반응을 일으킨다. 1초 동안 방출하는 에너지는 지구상의 모든 인류가 100만 년은 쓸 수 있을 만큼 많다. 그만큼 뜨겁다. 태양 중심의 온도는 약 1500만 도다. 활활 타오르는 캠프파이어에서 멀어질수록 따듯한 온기가 가시듯이, 태양 중심에서 표면으로 갈수록 온도는 점점 떨어진다. 태양 표면의 온도는 약 5500도. 그런데 여기서부터 이상한 현상이 발생한다. 태양 표면에서 우주 공간으로 나아갈수록 갑자기 온도는 수직 상승한다. 코로나의 온도는 1만 도에서 높을 경우 수백만 도까지 올라간다. 지구는 표면에서 하늘 높이 올라갈수록 온도가 떨어지는데 왜 태양은 이와 반대되는 현상이 발생하는 것일까. 과학자들은 이 이유를 아직도 명확하게 설명하지 못하고 있다.

과학자는 현재까지 2가지 가설을 내놨다. 코로나가 태양 표면보다 뜨거운 첫 번째 가설은 바로 나노플레어 가설이다. 플레어란 태양 대기에서 발생하는 폭발을 의미한다. 플레어가 발생하면 코로나에 있던 고에너지입자들이 우주 공간으로 방출된다. 플레어로 인해 방출된 입자가 지구 대기에 있는 산소, 질소원자와 충돌해 빛이 발생하는 현상이 오로라다. 나노플레어는 눈으로 볼 수 없는 작은 플레어를 의미한다. 일반 플레어에 비해 활성이 약 10억 배 적다.

나노플레어 가설에 따르면 태양 표면에서는 수백만 개의 나노플레어가 끊임없이 발생한다. 마치 작은 바늘로 수없이 찌르면 통증이 점점 커지듯이, 나노플레어에서 발생하는 에너지가 열로 바뀌고, 이것이 태양 대기인 코로나를 뜨겁게 달군다는 가설이다. 이를 뒷받침하는 여러 실험적 증거가 밝혀졌지만, '나노플레어 때문에 코로나가 뜨겁다'는 명제가 참이 되기 위해서는 아직 증거가 더 필요하다.

두 번째 가설은 자기장 파동 가설이다. 태양 표면에서는 자기장 운동이 활발한데, 자기장으로 발생하는 파동이 코로나까지 전달된다는 설명이다. 코로나는 태양의 표면에서 마치 도넛의 일부를 자른 형태로 나타난다. 이때 코로나의 고리 안쪽으로 알프벤파가 발생하면서 에너지를 전달한다는 것이다. 알프벤파란 자기장이 존재하는 곳에서 생성되는 일종의 파동을 의미한다. 알프벤파가 나타나면 태양 표면에서 떨어진 곳에 에너지가 증폭돼 코로나가 뜨거워질 수 있다.

둘 모두 아직 가설일 뿐이다. 2가지 현상이 모두 발생하는지, 발생한다면 코로나 대기의 열에 어느 정도 영향을 미치는지 등은 밝혀지지 않았다. 또 다른 메커니즘이 작용할 수 있고 여러 메커니즘이 서로 상호작용하며 코로나 대기에 영향을 미쳤을 수도 있다.

∧
NASA가 쏘아올린
태양활동관측위성SDO으로 촬영된 태양의 모습.

과학자들은 코로나 관측을 위해 평상시에는 망원경에 태양을 가리는 차폐막을 설치한다. 망원경 속에 인위적으로 일식 현상을 만드는 셈이다. 하지만 망원경의 차폐막은 산란에 의해 빛의 방향이 바뀌는 산란광이 발생한다. 산란광 때문에 코로나를 있는 그대로 관찰하기 쉽지 않다. 개기일식이 발생하면 이 같은 걱정은 사라진다. 태양의 지름은 달의 지름보다 약 400배 크지만 달보다 400배 멀리 떨어져 있어 지구에서 바라보는 달과 태양의 겉보기 직경은 같다. 달과 태양 사이에 만들어진 이 400이라는 경이로운 숫자 때문에 인류는 태양을 이해하는 데 한걸음 더 다가설 수 있다.

NASA는 개기일식이 일어나는 21일, 미국 50여 곳에 거대한 풍선을 띄웠다. 풍선에는 비디오카메라와 함께 대기 상층의 기상 상태를 파악하는 라디오존데가 탑재돼 있었다. 위성과 위성항법시스템[GPS]으로 연결된 기구는 상공 30km까지 올라가 조금 더 가까운 곳에서 일식을 관측했다. NASA는 미국 국립해양대기청[NOAA]과 함께 일식이 일어날 때의 기압, 온도, 습도 등의 변화를 관측했다. 또한 거대한 풍선으로 촬영한 일식의 영상을 실시간으로 공개했다.

코로나가 블랙아웃을 일으킨다?

과학자가 코로나 관측에 열을 올리는 이유 중 하나는 코로나가 지구에 큰 영향을 미치기 때문이다. 대표적인 것이 코로나 물질 방출[CME]이다. 태양 표면의 흑점에서는 가끔 폭발이 일어나는데, 이때 코로나에 있던 고에너지입자들이 우주로 방출된다. 이를 태양폭풍이라고 부른다. 2001년 일본 아스카 위성은 태양폭풍을 맞고 궤도를 이탈했으며 1997년 미국 통신사 AT&T의 위성은 수명이 단축됐다.

더 큰 문제는 지구에서 발생할 수 있다. 태양폭풍은 자석과 같이 자성을 갖고 있다. 지구 역시 북쪽이 S극, 남쪽이 N극인 자석과 같다. 그런데 태양폭풍의 자기장과 지구의 자기장이 반대일 경우, 지구의 자기장이 교란되는 자기장 폭풍이 발생한다. 자기장 폭풍으로 지자기장이 잠시 열리면 고에너지입자가 지구로 쏟아져 들어와 전자 기기에 혼선을 일으킨다. 이 현상은 2~4일 동안 지속될 수 있다. 1989년 발생한 자기장 폭풍이 대표적인 예다. 당시 캐나다 퀘벡 주 전체에 정전이 일어났으며, 달리던 자동차도 고장으로 멈춰 섰다는 기록이 남아 있다. 코로나의 물리적 특성을 이해하면 이처럼 지구에서 발생할 수 있는 자기장 폭풍의 메커니즘을 이해할 수 있다.

다음 개기일식은 2019년 7월 2일로 태평양, 칠레, 아르헨티나 지역에서 관측 가능하다. 한반도에서는 2035년 9월 2일 오전 9시 40분경 북한 평양 지역에서 볼 수 있다. 서울 지역에서는 부분일식만 볼 수 있다. 만약 2035년까지 통일이 된다면 과학자들이 평양에 모여 개기일식을 관찰하며 새로운 과학적 사실을 밝혀낼 수 있을 것이다. 남북 국민이 함께 평양의 광장에 누워 우주가 만들어내는 장관을 볼 수도 있겠다. 20년도 채 남지 않았다.

신문에 실리지 않은 취재노트

개기일식과
아인슈타인

　개기일식을 이야기할 때 천재 과학자 아인슈타인과 영국의 천문학자 아서 에딩턴의 일화를 빼놓을 수 없다. 아서 에딩턴은 1919년 5월 29일, 아프리카에서 발생한 개기일식을 관측해 태양 주변에서 빛이 휘어지는 것을 확인했다. 아인슈타인의 상대성 이론이 확인되는 순간이었다.

　상대성 이론에 따르면 중력이 큰 물체 주변에는 시공간이 휘어진다. 에딩턴은 개기일식이 일어났을 때 수성의 빛을 관찰해 태양의 중력에 의해 빛이 미세하게 휘어지는 것을 발견했다. 이 발견으로 아인슈타인은 일시에 세계 최고의 과학자 반열에 올랐다. 과학자들은 공간과 시간은 불변하다고 여겼다. 이를 깬 것이 바로 아인슈타인의 상대성 이론이다. 에딩턴이 이를 실제로 관찰해 증명함으로써 과학 패러다임은 정적인 우주관에서 동적인 우주관으로 바뀌었다.

　아인슈타인의 상대성 이론이 없었다면 우리가 그토록 즐겁게 봤던 〈인터스텔라〉는 개봉조차 할 수 없었을 것이다. 당시 《뉴욕타임즈》는 "하늘에서 빛이 휘었다"라는 제목으로 관련 기사를 냈으며, 영국 《타임》은 "과학의 혁명, 뉴턴주의는 무너졌다"는 내용으로 보도했다.

○ 중력파

우주를 보는
새로운 망원경을
얻다

"인간이 중력파를 활용할 수 있다면 언제 어디서나 사용 가능한 스마트폰 개발도 가능하다."

2014년 3월 18일, 한국의 주요 언론은 아인슈타인이 예언했다는 중력파와 관련된 소식을 대대적으로 보도했다. 2014년 3월 17일, 하버드 스미소니언 천체물리센터[CfA]와 NASA, 칼텍, MIT 등 쟁쟁한 기관의 연구진이 중력파를 발견한 것 같다고 발표했기 때문이다. 보통 과학 기사는 신문 앞면(1~3면)에 들어가기 쉽지 않다. 그럼에도 이 소식은 "금세기 최고의 발견" "아인슈타인이 100년 전 주장했던 우주급팽창론의 증거" "천문학 100년 숙제 풀었다" 등의 제목이 달려 대중에게 알려졌다. 이에 대해 과학자와 인터뷰하던 중 한 가지 질문을 했다. 다소 뜬금없지만 독자가 궁금해 할 만한 질문이라고 생각했다.

"중력파를 어디에 이용할 수 있을까요?"

과학자는 웃으며 가볍게 답했고, 기자는 위와 같이 기사에 실었다. 일견 맞는 이야기일 수도 있지만 이제 막 발견된 중력파의 진정한 의미를 뒷전으로 하고 그 가치의 일부에 지나지 않은 활용에만 초점을 맞춘 듯한 기사는 과학자에게 탐탁지 않았을 터다. 기사 말미에 소심하게 "이는 현재 과학으로 불가능한 이야기다"라고 첨언했지만 포털 사이트에서 제목만 슬쩍 보고 넘기는 사람에게 이 문장은 없느니만 못했다. 덕분에 어렵고 따분한 중력파와 관련된 기사 중 유독 이 기사는 노출이 많이 됐으며 댓글도 상당히 달렸다. 하지만 반 년 뒤 당시 인터뷰를 했던 과학자에게 원망을 들어야만 했다.

"지금에야 웃으며 이야기하는데, 그때는 동료들이 네가 정말 그렇게 이야기했느냐며 어찌나 몰아붙이던지."

억지로 답변을 유도하며 인터뷰를 하던 모습이 떠올랐다. 미안했다. 하지만 한국 언론만의 호들갑이 아니었다. 외신 역시 2014년 3월 17일 일제히 중력파를 머리기사로 다뤘다. 대체 중력파가 무엇이기에 이렇게 많은 관심이 쏠렸을까.

빅뱅 이론의 증거를 찾아내다

아인슈타인은 100년 전인 1916년 4편의 논문을 발표했다. 일반상대성 이론이 담긴 4편의 논문에는 시공간은 영원불변한 것이 아니라 중력에 따라 요동칠 수 있다는 내용이 담겨 있었다. 영화 〈인터스텔라〉에서 본 것처럼 중력이 큰 행성에서의 몇 시간은 지구와 같은 중력을 가진 곳에서의 수십 년과 같다. 팽팽하게 잡아당긴 천과 같은 그물조직에 무거운 공을 내려놓으면 움푹 패는데 시공간도 이와 비슷하다. 중력이 큰 천체에 격렬한 활동이 발생하면 시공간이 뒤틀리면서 중력파가 발생하고 이는 우주 전역으로 퍼진다.

중력파의 흔적은 우주 팽창의 근거가 되기도 한다. 현재 우주 탄생 이론을 설명하는 우주급팽창론은 대폭발(빅뱅) 직후 10^{32} 분의 $1(10^{-32})$초 동안 우주가 10^{20}배 이상으로 팽창했다고 본다. 원자보다 작은 입자가 순식간에 축구장 크기로 커졌다는 것이다. 전 우주의 질량을 담고 있던 아주 작은 점이 팽창하는 과정에서 생겨난 거대한 에너지의 파동이 바로 중력파다. 중력파로 인해 시공간이 휘어졌고 우주 초기의 빛 역시 휘어졌다. 이 빛이 남긴 지문을 찾아내면 빅뱅 이후 우주가 팽창하는 속도가 빨라진 현상(우주급팽창론)의 직접적인 증거가 되는 셈이다. 그뿐 아니라 이 빛을 역추적하면 빅뱅이 어디서 시작했는지도 알 수 있다.

우주가 급속도로 팽창했다는 것은 여러 간접 이론으로도 설명되지만 직접적인 증거는 아직 발견된 적이 없다. 현대 우주학에서 인정받는 빅뱅 이론이 갖고 있는 유일한 맹점이다. 하지만 연구진은 3년간의 추적 끝에 전파망원경인 바이셉[BICEP]2를 이용해 중력파의 영향을 받은 우주 초기의 빛을 찾았다고 주장했다. 중력파의 흔적은 빅뱅 이론의 직접적인 증거나 다름없다. 연구진이 관측한 것이 중력파의 흔적이 맞는다면 가설에 불과했던 우주급팽창론이 검증되는 셈이다. 과학계는 신중한 태도를 유지하려고 했지만 흥분을 감추지 못했다. 추가 분석이 필요하다는 단서를 달면서도 금세기 최고의 발견이나 다름없다고 이야기했다. 한국천문연구원(줄여서

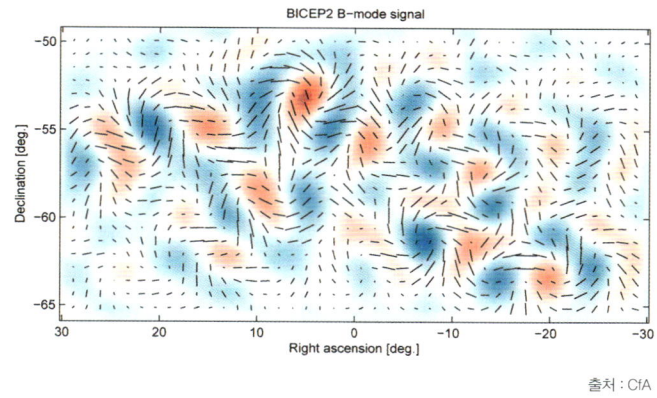

출처 : CfA

∧

중력파가 검출되지 않으면 그림의 검은선이 모두 수직이나 수평 방향을 향해야 한다. 대각선으로 기울어진 검은선(빨간색과 파란색 부분)이 B-모드 편광성분으로 중력파가 존재함을 의미한다고 한다.

'천문연')은 "과학의 일반적 가정, 즉 가장 단순한 것이 진리라는 격언을 일깨워준다"고 발표하기도 했다. 그야말로 전 세계 교과서에 기록될 만한 발견이었다.

🍁 아인슈타인이 낸 숙제는 아직 풀리지 않았다

연구진은 BICEP2를 이용해 우주 전역에서 날아오는 빛의 편광 중 중력파의 영향으로 보이는 미세한 흔적을 발견했다. 빛은 전기장과 자기장이 진동하면서 전파된다. 빛이 갖고 있는 전기장과 자기장은 서로 수직으로 진동하는데, 일정한 파동을 보이는 빛의 진동이 평면상에서 특정한 방향으로 놓이는 것을 편광이라고 한다. 중력파는 원형 편광을 낳는다고 알려져 있었다. 그래서 연구진은 BICEP2를 이용해 우주배경복사*의 편광을 면밀히 관찰했다.

하지만 6개월 뒤에 상황이 바뀌기 시작했다. 유럽우주국의 플랑크 위성 연구진이 우주먼지가 영향을 미쳤을 가능성이 있다는 논문을 〈아카이브〉에 발표했기 때문이다.

우주 전역에서 날아오는 우주배경복사를 면밀히 측정하려면 우주먼지에 의한 잡음을 배제해야 한다. 중력파를 발견한 BICEP2 연구진은 3월에 배포한 논문 초안에서 "먼지 신호가 검출됐을 확률은 3500만 분의 1"에 불과하다고 밝혔다. 6월에 발표된 정식 논문에서 BICEP2는 우주먼지가 없는 가장 깨끗한 곳을 관찰했다고 주장했지만, 플랑크 위성이 분석한 데이터는 달랐다. BICEP2가 바라본 곳 역시 우주먼지의 영향을 받는 곳이었다. 플랑크 위성 연구진은 "우주에 깨끗한 창은 존재하지 않는다"라는 명언을 남겼다.

2015년 2월, BICEP2 연구진은 "우주먼지로 인한 왜곡을 제대로 해석하지 못했다"며 중력파 발견 논문을 철회했다. 〈네이처〉와 〈사이언스〉 등의 세계적 학술지는 일제히 이들의 논문 철회를 보도하며, "안타깝지만 과학은 원래 이런 것"이라는 말로 아쉬움을 달랬다. 모든 것을 뚫고 지나갈 수 있는 중력파를 잘 활용하면 땅속에서도 스마트폰을 쓸 수 있다고 했던 기사는 더 이상 웃음거리가 되지 않았다.

---

* 우주가 팽창하면서 처음에 갖고 있던 뜨거운 온도가 식으면서 남기는 흔적을 말한다.

블랙홀의 충돌이
만든 중력파

2016년 1월, 과학계에서 떠돌던 소문이 외신을 통해 보도되기 시작했다. 학술지 〈사이언스〉는 "당신이 물리학자라면 중력파가 검출됐다는 소문을 들었을 것"이라며 "이제 발표만 남았다는 소식이 나오고 있다"고 기대감을 전했다. 한 달 뒤 2월 11일, 한국, 미국, 독일 등 13개국 80여 개 연구 기관, 1000여 명의 과학자가 참여한 레이저간섭중력파관측소LIGO 연구진은 미국 워싱턴 D.C.에서 기자회견을 열고 중력파를 검출하는 데 성공했다고 밝혔다. 한국 시간으로 새벽 1시에 전 세계로 생중계된 기자회견을 보면서 영어를 잘 못하는 기자도 한 문장은 알아들었다.

"여러분, 우리는 마침내 중력파를 검출하는 데 성공했습니다. 우리가 해냈습니다!"

연구진이 중력파를 검출한 것은 5개월 전인 2015년 9월이었다. 미국 리빙스턴과 핸퍼드에 위치한 LIGO 관측소는 2개의 블랙홀이 합쳐지면서 발생하는 중력파를 검출했다. 2014년의 경험 때문인지 LIGO 연구진은 논문이 게재되기 전 미리 발표하지 않고 수개월 동안 검증했다.

LIGO 연구진의 중력파 발견에 대한 설명은 BICEP2의 것보다 훨씬 간단하고 쉬웠다. LIGO의 원리는 이렇다. 한 변의 길이가 4km에 달하는 삼각형 모양의 관이 있다. 삼각형을 이루고 있는 각 변은 진공 상태로 이루어져 있다. 삼각형의 한 꼭짓점에서 양쪽 꼭짓점을 향해 레이저를 발사한다. 양쪽 꼭짓점에는 거울이 달려 있기 때문에 레이저를 반사할 수 있다. 각 삼각형의 변의 길이가 같기 때문에 거울에 반사된 뒤 돌아온 레이저가 만나면 파장은 2배가 된다. 마치 파도와 파도가 만나면 더 큰 파도가 만들어지는 것과 같다. 만약 레이저가 삼각형의 변을 이동하는 사이에 미세한 중력파의 영향을 받으면 레이저의 파장은 변한다. 거울에 반사된 뒤 다시 원래의 꼭짓점으로 돌아와 두 레이저의 파장이 만났을 때도 마찬가지다. 파장이 동일하게 커져야 하는데 중간에 간섭이 생겼기 때문에 파장에는 변화가 생긴다. 이 같은 원리를 이용해 연구진은 지구를 통과한 중력파를 발견했다.

중력의 변화가 만들어내는 중력파의 크기는 우주 공간을 지나면서 상당히 작아진다. 하지만 레이저 간섭은 아주 작은 진동에도 반응한다. 원자핵을 이루는 양성자 크기의 1000분의 1밖에 안 되는 변화폭까지 파악할 수 있다고 한다. 100km 떨어진 곳에서 발생한 작은 파도의 진동을 감지할 수 있는 정도다. 이 기기의 섬세함이 놀라울 따름이다. 행여 발생할 수 있는 방해 신호를 제거하기 위해 LIGO 연구진은 3000km 떨어진 지역에 1개의 LIGO를 더 만든 뒤 이를 분석했다. 중력파가 지구를 통과했다면 같은 시간에 같은 간섭으로 레이저가 흔들려야 한다. 이를 찾아내면 지진이나 파도의 진동 같은 것들을 제외하고 단 1개의 파장만을 검출할 수 있다.

중력파가 흔들어낸 미세한 파장을 찾아낼 수 있었던 것은 왕복 운동 덕분이다. 한 변이 4km인 진공 공간을 빛은 400번 왕복한다. 400번 왕복하면 레이저는 3200km를 이동한 셈이 된다. 레이저가 단 한 번 왕복하면 미세한 간섭이 레이저를 흔들더라도 그 변화를 발견하기 힘들다. 하지만 400번 왕복하면 미세한 간섭이더라도 파장의 변화는 상당히 커진다. 단 1mm의 위상차도 400번 왕복하면

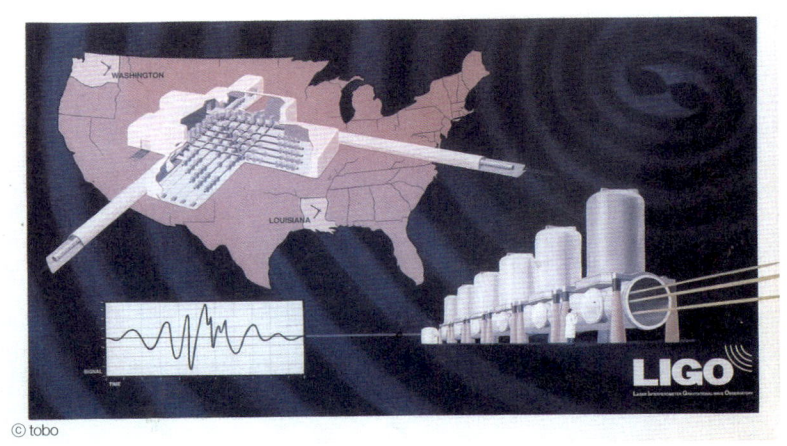
△ LIGO에서 만든 엽서.

80cm의 차이가 된다.

LIGO 건설과 운영에는 9억 달러가 넘는 돈이 투자됐다. 2002년 완공됐던 LIGO는 2008년 중력파 검출 실패라는 딱지가 붙었지만 더 미세한 파장까지 측정할 수 있도록 업그레이드되었다. 그리고 지구로부터 수십억 년 떨어진 거리의 블랙홀 충돌 과정에서 발생한 중력파 관측에 성공했다. 2016년 6월에는 두 번째 중력파가 관찰됐다. LIGO 연구진은 태양 질량의 14배와 8배인 두 블랙홀이 합쳐지면서 만들어지는 중력파를 관측하는 데 성공했다고 국제 학술지 〈피지컬 리뷰 레터스〉에 발표했다. 우주 공간에는 생각보다 많은 중력파가 존재하고 있었다.

블랙홀의 비밀에 다가서다

기자의 무식하고 용감했던 예전 기사 때문인지 "중력파를 어디에 활용하나요?"라는 질문에 중력파 발견에 참여했던 한국인 과학자들은 "통신에 활용합니다"라고 대답하지 않았다. 대신 우주를 바라보는 새로운 망원경이 생겼다고 이야기했다.

과거 인류는 고개를 들고 하늘을 바라봤다. 반짝반짝 빛나는 별은 모두 눈으로 볼 수 있는 것이었다. 갈릴레오 갈릴레이가 망원경을 개발해 밤하늘을 관측하면서 인류는 천동설이라는 미신에서 벗어날 수 있었다. 지구가 우주의 중심이 아니라 한낱 행성에 불과하다는 사실도 알게 됐다. 1930년대 미국의 물리학자 칼 잰스키가 은하수로부터 날아온 전파를 관찰하면서 전파천문학* 시대가 열렸다.

가시광선을 이용해서는 도무지 볼 수 없었던 머나먼 우주의 모습을, 전파를 통해 그릴 수 있게 됐다. 우주가 빅뱅으로 시작됐다는 사실도 알게 되었다. 인류의 지식은 점점 넓고 깊어졌다. 이제는 우주의 시작까지 증명해내기에 이르렀다.

전파천문학으로도 볼 수 없던 것이 있었다(NASA 홈페이지의 성운 이미지 역시 대부분 적외선을 이용해 탐지한 것이다. 인간의 눈으로는 그렇게 아름다운 모습을 볼 수 없다). 모든 것을 빨아들이는 블랙홀이다. 중력이 워낙 강한 블랙홀은 모든 빛을 흡수한다. 전파도 마찬가지다. 인류는 '블랙홀이 저쯤에 있겠구나'라고 예측할 수 있었을 뿐 관측할 방법이 없었다. 이를 도와주는 것이 바로 중력파다. LIGO 연구진이 발견한 중력파는 블랙홀의 충돌로 만들어진 것이다. 중력파의 관측이 블랙홀의 존재를 확인시켜줄 뿐 아니라, 어디에 있는지까지 알려준다. 중력파 덕분이다. 중력파 관측 기술이 조금 더 정교해지면 이제껏 인류가 볼 수 없었던 우주에서 벌어지는 일들을 알아낼 수 있다. 우주 대폭발이 일어나고 발생한 중력파의 흔적을 찾아내면 빅뱅 직후 어떤 일이 있었는지도 이해할 수 있다. 인류는 중력파의 발견으로 새로운 스마트폰을 얻은 것이 아니었다. 우주를 바라보는 새로운 눈을 갖게 됐고, 이로써 인류의 지식은 어떤 패러다임 변화를 겪을지 모른다. 스마트폰 따위에 중력파를 들이밀었던 기자의 무식함이 부끄러울 뿐이다.

* 천체에서 발생하는 주파수대에서 천체를 연구하는 학문.

신문에 실리지 않은 취재노트

우주가 펑 하고 만들어졌다고요?

"그러면 우주의 모든 물질이 갑자기 한순간에 '펑Big Bang' 하면서 만들어졌다는 것인가요?"

1949년, 영국의 천문학자 프레드 호일이 BBC라디오 방송에 출연해 빅뱅 이론을 비꼬는 말을 했다. 당시만 해도 '빅뱅 이론'이라는 말은 존재하지 않았다. 그저 "우주가 갑자기 팽창했다"고 이야기한 조지 가모프의 주장이 있었을 뿐이다. 가모프는 호일의 말을 빗대어 이후 자신의 이론을 빅뱅 이론이라고 부르기 시작했다. 현대 우주론의 시작인 빅뱅 이론은 이를 비판한 사람으로부터 시작됐다.

과학자들이 밝혀낸, 138억 년 전의 우주는 다음과 같이 진행된다. 빅뱅이 있고 난 뒤 10^{-43}초까지의 시간은 여전히 베일에 가려져 있다. 이 시기를 '플랑크 시대'(막스 플랑크의 이름에서 따왔다)라고 부른다. 플랑크 시대 이전의 우주를 설명하는 것은 물리학적으로 불가능하다. 양자역학의 기초인 불확정성의 원리에 위배되기 때문이다. 찰나의 시간, 우주는 상당히 작았기 때문에 양자역학이 적용되지만 에너지는 어마어마하게 컸다. 불확정성의 원리를 이용하면 운동량과 위치의 관계를 에너지와 시간의 관계로 바꿀 수 있는데 10^{-43}초처럼 짧은 시간에서는 이 식이 적용되지 않는다. 아무리 들여다봐도 이

때 우주에서 어떤 일이 있었는지 알아낼 수 없다.

이후 10^{-34}초까지를 '대통일 이론 시대'라고 부른다. 우주에 작용하는 4가지 힘인 중력, 전자기력, 약력, 강력 가운데 중력을 제외한 3가지 힘이 이 시기에 존재했을 것으로 보고 있다. 이때 우주의 온도는 10^{27}도였다. 10^{-32}초까지 우주는 급팽창한다. 이후는 천천히(?) 진행되는데 10^{-4}초까지 물질의 기본 입자인 쿼크와 함께 원자핵을 포함하는 강입자가 만들어졌다. 양성자와 중성자 등 여러 입자들이 만들어지면서 우주는 '무언가'를 만들 준비를 마쳤다.

빅뱅이 일어나고 3초 뒤, 우주에서 다량의 헬륨이 만들어졌고 이후 38만 년이 지난 뒤 우주에 있는 원자핵과 자유전자가 결합하는 재결합이 일어났다. 이때 태양과 같은 최초의 별이 만들어졌고 초신성 폭발로 인해 무거운 원소들을 우주로 방출하면서 행성이 만들어질 수 있는 조건이 마련됐다. 이후 4억 년 동안 우주는 초신성 폭발로 인한 에너지 방출로 별과 은하가 만들어지지 않는 암흑 시대가 이어졌다. 4억 년 이후 우주는 수많은 행성과 은하, 별을 만들며 지금의 우주로 진화해왔다.

빅뱅 이론이 교과서에 실린 것은 오래지 않다. 1964년 천문학자인 아노 펜지어스와 로버트 윌슨이 우주배경복사를 발견했다. 이는 빅뱅 이론을 뒷받침하는 결정적인 증거였다. 과거 우주가 한 점에서 출발했다면 작은 우주 공간은 고밀도, 고온도 상태였다. 높은 온도는 전자기파를 방출한다. 두 과학자는 '우주가 과거 뜨거운 공간이었다면 여기서 발생한 전자기파의 흔적이 우주에 존재할 것'이라는 가정을 세웠다. 이들은 1964년 전파망원경으로 모든 하늘(우주)로부터 생기는 잡음을 연구하던 중 이것이 우주배경복사가 내뿜는 전자기파라는 것을 깨달았다. 이후 빅뱅 이론은 우주의 탄생을 설명하는 정설로 자리 잡았다.

그렇다면 빅뱅 이전에는 무슨 일이 있었을까. 옛 사람들도 이 질문이 궁금했나 보다. 기원후 4세기경에 쓰인 아우렐리우스 아우구스티누스의 《고백록》 11권에는 "우주 이전에 무엇이 있었는가"라는 질문에 아우구스티누스가 했던 답변이 적혀 있다. "그때 하느님이 너같이 골치 아픈 질문을 하는 사람들을 위해 지옥을 만들고 있었다." 그래도 이렇게 골치 아픈 질문을 하는 사람들 덕분에 인류는 우주에 한걸음 가까이 다가설 수 있었던 것이 아닐까.

태양계

명왕성은
왜 태양계에서
쫓겨났을까

"수금지화목토천해명!"

학창 시절 태양계 행성을 외울 때 사용했던, 태양으로부터 가까이 있는 행성의 순으로 앞 글자를 따서 만든 암기법(?)이다. 여전히 태양계에 9개의 행성이 있다고 생각하는 사람이 많지만 현재 태양계에는 공식적으로 8개의 행성이 존재한다. 2006년 명왕성이 행성의 지위를 박탈당했기 때문이다.

2006년 8월 24일, 체코 프라하에서 국제천문연맹IAU 총회가 열렸다. 과학자가 모이는 총회에 이색적으로 전 세계인의 관심이 집중됐다. 태양계의 마지막 행성으로 분류됐던 명왕성의 지위를 두고 열띤 토론이 벌어졌기 때문이다. 명왕성을 행성으로 놔둔다면 인근에서 발견된 카론, 세레스, 에리스 등의 천체 역시 행성으로 지위가 상승된다. 이를 두고 423명의 과학자들은 투표를 했다. 결과는 명왕성을 태양계 행성에서 퇴출시키는 것이었다. 이로써 학계에서 명왕성은 공식적으로 '134430플루토'로 명칭이 변경됐다.

2017년 2월에는 NASA의 일부 과학자들이 명왕성을 태양계에 포함시키기 위해, 행성에 대한 정의를 바꾸자고 주장했다는 내용이 외신을 통해 보도되기도 했다. 지구에서 가장 멀리 떨어져 있는 천체인 명왕성에 과연 무슨 일이 일어난 것일까.

명왕성이 134430플루토가 된 이유

명왕성이 지위를 잃은 것은 2003년 발견된 천체 에리스 때문이다. 명왕성보다 지름이 약간 큰 에리스의 발견으로 태양계 행성의 숫자를 늘려야 하는 것 아니냐는 이야기가 나오기 시작했다. IAU는 기존 행성의 조건이었던 지름이 800km 이상이며 태양을 공전할 것, 지구의 1만 2000분의 1 정도 질량을 가지며 중력이 있어 둥근 형태를 유지할 것, 여기에 더해 자신의 궤도에서 지배적인 역할을 하는 천체라는 조건을 추가했다. 마지막 조건에 따르면 명왕성은 행성이 아니다. 명왕성은 위성인 카론의 중력을 받아 얌전히 태양을 공전하지 못하고 카론의 궤도 안에서 움직이기 때문이다.

명왕성의 퇴출을 반대하는 측에서는 추가된 행성의 조건이 과학적이지 않다고 주장한다. 행성은 별(항성)과 멀리 떨어져 있을수록 공전 속도가 느려진다. 자신의 궤도에서 주도적인 역할을 하기 위해서는 행성이 크고 무거워야 한다. 이런 조건이라면 태양과 멀리 떨어져 있는 천체는 절대 행성의 지위를 얻을 수 없다. 태양과 가까이 있었다면 행성으로 분류될 수 있는 천체가 멀리 떨어져 있다는 이유로 지위를 빼앗기는 일이 발생할 수 있는 것이다. 지구 역시 명왕성의 위치에 있었다면 행성이 될 수 없을지도 모른다.

명왕성이 행성의 지위를 잃은 지난 10년간 미국의 과학자를 중심으로 명왕성에 행성의 지위를 다시 줘야 한다는 주장이 끊임없이 제기되어 왔다. 2014년 9월 CfA에서 열린 토론회에 미국과 유럽의 쟁쟁한 천체물리학자가 모였다. 명왕성을 행성이라고 주장하는 과학자들은 행성의 정의는 시대에 따라, 시점에 따라 달라질 수 있기 때문에 명왕성은 역사적으로 태양계의 한 행성이었음을 강조했다. 상대성 이론을 다수결로 결정할 수 있느냐며 명왕성 퇴출 과정을 문제 삼기도 했다. 유럽 중심의 IAU가 미국이 발견한 행성을 쫓아냈다는 음모론도 불거졌다. 반면 명왕성 퇴출에 찬성하는 과학자들은 명왕성이 행성이라면 태양계 행성은 계속 늘어난다고 반박했다. '지구에 있는 산과 강의 수를 제한해야 하는가'라는 주장에 '바다 한가운데 있는 작은 섬도 대륙이라고 해야 하는가'라는 비유로 맞선 것이다. 학계에서는 명왕성의 행성 지위를 두고 미국과 유럽 간 팽팽한 기 싸움을 벌이는 것이라고 분석하기도 한다. 명왕성은 태양계 행성 중 유일하게 미국의 아마추어 천문학자인 클라이드 톰보가 1930년에 발견한 것이기 때문이다.

새로운 행성을 발견하다?

미국은 명왕성 관찰을 위해 2006년 1월 뉴허라이즌스호를 발사했고, 그해 8월 명왕성은 행성의 지위를 잃었다. 뉴허라이즌스호의 데이터에 따르면 명왕성의 지표 활동은 상당히 활발한 것으로 확인됐다. 지각이 변하기 위해서는 온도가 상승하는 등 에너지원이 있어야 하지만 이 에너지원이 무엇인지에 대해서는 아직 밝혀지지 않았다. 명왕성의 대기도 예상했던 것보다 훨씬 희박했다. 또한 명왕성에 한때 어떤 액체가 표면에 흘렀거나 존재했을 가능성도 확인됐다. 명왕성의 위성인 카론에서는 거대한 협곡이 발견됐는데 이는 과거 카론에 물이 존재했음을 암시한다. 또한 명왕성이 보유한 5개 위성의 나이가 비슷한 것으로 보아 먼 옛날 카이퍼 벨트에서 튀어나온 천체가 명왕성에 부딪치면서 위성이 만들어졌을 수 있다. 카이퍼 벨트는 태양에서 30~50AU[*] 떨어진 곳에 천체들이 모여 있는 지점을 말한다.

    명왕성 대기에는 연기나 안개가 고도 150km까지 분포해 있는 것으로 확인됐으며 메탄은 960km, 가벼운 질소분자는 명왕성 표면에서 1670km 고도까지 존재했다. 이러한 성분들은 태양계에 존재하는 천체에서 쉽게 찾아볼 수 없는 독특한 특징이다(명왕성의 행성 지위를 원하는 과학자들 입장에서는 아쉬운 일이겠지만). 명왕성 주변 위성은 50~80%의 높은 알베도[**]를 갖고 있었다. 이는 카이퍼 벨트 내에 존재하는 천체가 갖고 있는 알베도 5~20%보다 높은 값이다. 명왕성이 카이퍼 벨트에서 온 천체가 아닐 수 있다는 의미다(이 부분은 명왕성이 천체가 아닌 행성일 수 있다는 의미로 해석될 여지가 있다).

---

[*] 태양과 지구 사이의 거리를 나타내는 단위로 '천문단위'라고도 한다. 1AU는 약 1억 5000만 km.
[**] 행성이나 달이 반사하는 태양광의 비율.

∧
134430플루토와 에리스의 크기 비교.

∧
뉴허라이즌스호가 찍은 명왕성의 모습.

NASA가 쏘아 올린 뉴허라이즌스호가 2015년 명왕성의 사진을 찍어 지구로 보내고 있을 때 마이크 브라운 칼텍 교수는 "명왕성을 대체할 9번째 행성의 존재 근거를 찾았다"고 발표했다. 그는 에리스를 발견해 명왕성을 행성에서 퇴출시킨 주역으로 꼽히는 인물이다. 브라운 교수는 "우주에 있는 천체 6개의 움직임을 조사한 결과 거대한 중력에 영향을 받고 있었다"고 밝혔다. 이 미지의 행성은 지구보다 10배 이상 클 것으로 예상된다. 이에 뉴허라이즌스호 총책임자인 앨런 스턴 NASA 책임연구원은 "브라운 교수의 말이 사실이라면 태양에서 멀리 떨어져 있는 천체는 작고 중력이 약하다는 그들(명왕성은 행성이 아니라고 주장하는 과학자들)의 주장에 위배된다"며 "그들의 이론대로라면 태양에서 멀리 떨어진 곳에 지구보다 큰 천체가 생길 수 없다"고 말했다. 9번째 행성의 존재 이유를 설명할 수 있는 가장 그럴듯한 이론은 태양 근처에서 형성된 행성이 목성의 중력에 의해 튕겨나가면서 태양계 외곽으로 날아갔다는 것이다. 그럼에도 많은 과학자가 IAU가 정한 행성의 조건이 과학적으로 큰 무리가 없다고 보고 있다. 다만 미국 과학자들이 제기하는 주장 역시 완전히 틀린 것은 아니라고 한다.

　과학의 발달로 태양계 외부에도 많은 행성이 존재하고 있음이 밝혀졌다. 모든 행성에 인간이 정한 똑같은 기준을 적용하는 것은 무리가 있다. 심지어 항성 없이 우주를 떠도는 행성도 발견됐다. 이들을 행성이라고 해야 할지, 소행성으로 불러야 할지에 대해서는 결정된 것이 아무것도 없다. 광활한 우주에서 보면 인간이 옥신각신하는 모습은 그저 귀엽게만 보이지 않을까.

○ **암흑물질**

우주의
빈 공간에
무언가가 있다

　무게 500g인 커다란 상자와 개당 200g인 사과 5개가 있다. 사과를 상자에 담고 저울에 올려놓는다. 상식적으로 생각했을 때 저울의 눈금은 1.5kg을 가리켜야 한다. 그런데 이상하다. 저울이 5kg을 가리킨다. 상자를 열어봐도 사과 이외엔 없다. 저울은 정상이다. 결론은 하나, 사과 사이 상자의 빈 공간에 무엇인가 존재하는 셈이다. 이런 일이 가능할까. 믿지 못하겠지만 우리가 살고 있는 우주가 지금 이런 상황이다. 과학자들은 빈 공간을 가득 채우고 있는 미지의 무언가에 암흑물질이라는 이름을 지어주고 탐색에 나섰다.

　암흑물질은 과학자 사이에서도 아리송한 존재다. 과학 기자는 오죽하랴. 암흑물질과 암흑에너지와 관련된 기사를 쓸 때마다 어렵다. 이름은 상당히 매력적인데 설명하기가 애매하다. 그러던 중 취재차 만난 과학자에게 위의 그럴 듯한 비유를 들은 것이다. 암흑물질의 존재는 제대로 밝혀지지 않았지만 몇 가지 후보가 거론된다. 윔프WIMP, 액시온, 그리고 비활성중성미자가 그것이다.

태초에 암흑물질이 있었다

2016년 크리스마스, 예수의 탄생을 축복하는 분위기 속에서 과학기술계는 한 과학자의 죽음을 애도했다. 암흑물질의 존재를 예측했던 미국 천문학자 베라 쿠퍼 루빈이다. 그는 1960년대 은하의 회전운동을 연구하면서 이상한 현상을 발견했다. 중심에서 멀리 떨어진 은하의 속도가 이론값보다 빠르다는 것을 관측한 것이다. 태양계는 태양을 중심으로 8개 행성이 공전하고 있다. 태양과 가장 가까운 수성은 태양의 중력을 가장 많이 받는 만큼 빠르게 회전해야만 중력과 평형을 이루며 자기 궤도를 공전한다. 반대로 가장 멀리 있는 해왕성은 태양 중력의 영향을 덜 받기 때문에 천천히 돌아도 된다. 수성의 공전 속도는 초속 48km, 해왕성은 초속 5km다. 이 같은 평형 운동은 모든 우주에 적용돼야만 한다. 하지만 루빈 박사의 관측에 따르면 회전하는 나선 은하의 경우 중심에서 멀어질수록 속도가 빨라졌다. 우주 공간에 우리가 모르는 뭔가가 있다는 이야기다.

1975년 루빈 박사는 미국 천문학회에 참석해 "이 현상은 보이지 않는 암흑물질 때문"이라고 발표했다. 그의 주장은 쉽게 받아들여지지 않았지만, 1980년대 들어서면서 은하의 바깥쪽에는 암흑물질이 지배적으로 분포하고 있다는 이론이 힘을 받았다.

암흑물질은 이미 1930년대 프리츠 츠비키 칼텍 교수가 은하의

∧
찬드라 X선 우주망원경으로 관찰한
데이터로 만든 합성 이미지.
색이 있는 부분이 암흑물질이 있는 곳으로 추정된다.

질량을 관측하면서 예견했었다. 츠비키 교수는 1000개 은하의 움직임이 마치 7000개 은하가 존재하는 것처럼 운동하고 있다는 것을 발견하면서 "눈에 보이지 않는 무엇인가가 우주에 존재한다"고 했다. 역시 당시 학계에선 그의 주장에 큰 관심을 두지 않았다.

우리의 눈에는 보이지 않지만 암흑물질은 존재한다. 137억 년 전 빅뱅과 함께 우주가 탄생했을 때 우주의 온도는 상상 이상으로 뜨거웠다. 우주가 점점 팽창하면서 온도는 떨어지기 시작했고 초기 우주의 암흑물질은 극렬하게 상호작용하는 전자, 광자 등 다른 입자들과 분리되며 지금까지 존재해왔다.

현재 인류가 존재할 수 있었던 이유를 암흑물질에서 찾는 과학자도 많다. 빅뱅 이후 생긴 작은 입자들이 우주 공간을 떠돌다가 뭉치면서 최초의 별이 생겨났는데 이를 도운 것이 바로 암흑물질이라는 설명이다. 우주에 분포하던 암흑물질이 보이지 않는 웅덩이를 만들었고 여기에 입자들이 모이면서 별이 탄생한 것이다. 이후 수명이 다한 별이 폭발해 무거운 원소가 만들어졌고 이것이 지구를, 그리고 인류를 탄생시킨 원인이었다.

공룡이 멸종한 원인이 암흑물질?

리사 랜들 하버드대 물리학과 교수는 그의 저서《암흑물질과 공룡》을 통해 6600만 년 전 공룡의 멸종이 암흑물질과 연관이 있다고 주장했다. 이 연구는 2014년 4월 〈아카이브〉에 올라왔는데 내용을 간단히 설명하면 이렇다.

6600만 년 전, 멕시코만 유카탄반도에 지름 10km에 달하는 거대한 소행성이 떨어졌다. 지각이 뒤틀렸고 맨틀이 분출됐다. 마치 핵폭탄이 떨어졌을 때처럼 거대한 버섯구름이 형성되며 화산재, 모래 등이 하늘로 올라가 성층권을 뒤덮었다. 햇빛은 차단됐고, 지구의 생태계는 엉망이 돼버렸다. 당시 지구를 뒤덮고 있던 공룡들은 소행성 충돌로 인해 바뀐 기후에 적응하지 못하고 하나둘 사라져갔다. 연구진은 암흑물질 때문에 지구에 주기적으로 소행성이 떨어졌으며 6600만 년 전 떨어진 소행성 역시 암흑물질이 원인이라고 주장했다.

　지구가 태양을 중심으로 공전하는 것처럼 태양 역시 은하계의 중심을 2억 5000만 년을 주기로 공전한다. 태양은 은하계의 중심을 돌 때 위아래로 진동하는데 이때 암흑물질의 밀도가 높은 지역을 지난다. 문제는 여기서 발생한다. 암흑물질의 밀도가 높고 낮은 곳을 지그재그로 지나갈 때(사인곡선을 생각하면 된다), 중력 교란이 발생하면서 오르트 구름에 작은 충격이 가해진다.

　오르트 구름은 태양계의 가장 끝부분으로 태양에서 10만 AU 정도 떨어진 곳에 있는 천체 집단을 말한다. 이곳에는 바위나 얼음 등으로 이루어진 천체가 수조 개 있을 것으로 추정된다. 오르트 구름에는 태양의 약한 중력에 이끌린 수많은 소행성, 혜성들이 공존하고 있다. 과학자들은 오르트 구름이 지금으로부터 46억 년 전, 태양계가 처음 생성되고 많은 물질이 생겨났을 때 목성의 중력에 이끌려 밖으로 튕겨져 나가 생성됐을 것으로 보고 있다.

　즉, 태양계가 은하의 공전면을 중심으로 위아래로 요동치면 암흑물질의 밀도 차이로 인해 중력 교란이 발생하고, 태양과 너무 멀리 떨어져 있어 약한 중력에 매달려 있는 오르트 구름의 천체들 중 몇몇이 갈 길을 잃고 지구로 향한다는 것이다.

연구진의 주장에 따르면, 태양은 3500만 년마다 한 번씩 은하계의 공전면을 중심으로 위아래로 움직인다. 그들의 이론이 힘을 얻으려면 실제로 3500만 년마다 지구에 떨어지는 소행성이 많아야만 한다. 그래서 연구진은 지구의 지질과 소행성에 관련된 방대한 자료를 분석했다. 놀랍게도 2억 5000만 년 전부터 약 3500만 년을 주기로 지구에 떨어진 소행성의 수가 급증하는 것을 발견했다.

이제까지의 이야기를 짧게 정리하면, 태양은 은하계의 공전면을 중심으로 사인곡선과 같은 형태로 움직이며 공전하는데, 이때 암흑물질의 밀도가 높고 낮은 지역을 3500만 년마다 한 번씩 지나친다. 암흑물질의 밀도 변화는 태양계의 중력에 교란을 일으키고, 태양의 중력이 잘 미치지 않는 오르트 구름에 있는 천체들이 자리를 이탈하면서 소행성이 돼 지구로 향한다는 것이다.

하지만 조심스러운 의견도 많다. 은하의 공전면을 중심으로 암흑물질의 밀도가 높고 낮다는 주장은 아직 이론에 불과할 뿐 아니라 암흑물질의 정체조차 모르기 때문이다. 또한 암흑물질의 밀도 차이가 태양계의 중력에 어떤 영향을 미치는지도 밝혀진 바가 없다. 연구진의 주장이 맞다고 해도 걱정할 필요는 없다. 태양이 암흑물질의 밀도가 높은 지역으로 이동하는 때는 앞으로 1000~1500년 후이기 때문이다.

랜들 교수는 한국에 왔을 때도 "은하 내 원반은 이중으로 돼 있고 그중 하나가 암흑물질"이라며 "은하계를 공전하는 태양은 이중 원반을 3500만 년 주기로 지나는데 이때 암흑물질의 영향을 받아 태양계 끝에 있는 천체는 궤도를 이탈할 수 있다"고 말하기도 했다.

아직 그의 이름을 부를 수 없다

암흑물질이 아직 뭔지 잘 모르지만, 과학자들은 크게 3가지 물질을 후보로 생각한다. 웜프와 액시온, 비활성중성미자가 대표적이다.

가장 많이 알려진 것은 웜프다. '약하게 상호작용하며 중력을 받고 있는 물질'이라는 뜻의 웜프는 1998년 이탈리아 다마DAMA 연구진이 찾았다고 발표한 바 있다. 다마 연구진의 실험 장비는 지구와 함께 태양을 공전하는데 웜프가 우주 공간에서 일정하게 날아오는 만큼 지구의 위치에 따라 웜프와 만나는 양이 달라진다. 이를 계절 주기로 관측에 성공했다는 것이 다마의 주장이다. 하지만 아직 다른 연구실에서 재현되지 않아 인정받지 못하고 있다. 한국 역시 지하 700m에 위치한 강원도 양양 양수발전소에 센서를 설치하고 이를 재현하는 실험을 진행하고 있다. 우주에서 날아오는 수많은 입자 중 걸러질 것은 다 걸러지고 난 뒤 통과하는 입자가 웜프라는 판단 때문에 땅속 깊은 곳에 검출기를 설치한 것이다. 하지만 최근 학계에서는 오랜 관측에도 불구하고 웜프의 실체가 밝혀지지 않아 "웜프는 힘을 잃었다"는 주장도 제기되고 있다.

또 다른 암흑물질 후보인 비활성중성미자에 대한 연구는 시작단계다. 비활성중성미자 역시 가설로만 존재하는 입자로 암흑물질 후보답게 중력을 제외한 물질과 상호작용하지 않는다. 액시온 역시 가상의 입자다. 웜프보다 가볍다고 알려져 있으며 자기장과 만나면 광자로 바뀐다고 추정된다(이론적으로). 비활성중성미자보다는 액시온이 먼저 연구됐지만 역시 밝혀진 것은 없다. 암흑물질이 발견되어도 인류가 모르는 것은 너무 많다. 웜프, 액시온, 비활성성미자, 이것들을 대체 어떻게 설명할까.

    인류는 첨단 과학을 보유하고 있다고 생각한다. 하지만 우주의 대부분을 차지하고, 어쩌면 우주의 시작과 끝을 담당했을지 모를 암흑물질에 대해서는 아는 것이 없다. 광활한 우주 앞에 인류가 겸손해야 하는 이유다.

신문에 실리지 않은 취재노트

우주의 또 다른 미스터리, 암흑에너지

　암흑물질의 존재조차 모르는데 우주는 그보다 많은 양의 정체불명의 에너지로 가득 차 있다고 한다. 그것을 '암흑에너지'라고 부른다. 4%의 물질과 25%의 암흑물질 외에 우주를 구성하고 있는 것으로 알려져 있다. 학계에서는 암흑에너지를 찾는 것은 꿈도 못 꾸고 있다. 다양한 이론만이 보고되어 있는 상태다.

　암흑에너지를 설명하기 위해서는 아인슈타인이 등장해야 한다. 그는 우주에 있는 많은 별들이 갖고 있는 중력 때문에 우주는 점점 축소돼야 하지만 실제로는 안정화되어 있다고 보았다. 이를 뒷받침하는 것이 우주상수다. 이 상수 때문에 우주는 중력에 이끌려 축소되지 않고 평평하게 유지된다는 것이다. 후에 허블이 우주가 팽창한다는 것을 밝혀낸 뒤 이 가설을 거둬들였다. 심지어 "우주상수는 내 인생의 최대 실수"라는 말을 하기도 했다.

　하지만 솔 펄머터 캘리포니아대학교 버클리캠퍼스(UC 버클리) 교수와 애덤 리스 존스홉킨스대학교 교수, 브라이언 슈밋 호주국립대학교 교수가 우주의 가속팽창을 밝힌 뒤 상황은 변했다(이들은 2011년 노벨 물리학상을 받았다). 세 과학자의 연구에 따르면 우주는 단순히 팽창하는 것이 아니라 점점 가속 팽창하고 있는데 이를 설명할 수 있는 무언가가 필요하다는 것이다. 이를 설명하기 위해 등장한 것이 바로 암흑에너지다(이름은 멋있다). 우주에서 중력을 갖고 있는 물질이 차지하는 비율보다 암흑에너지의 비율이 훨씬 크다. 따라서 우주는 줄어들지 않고 계속해서 가속 팽창한다. 지구의 종말, 아니 우주의 종말을 막아주는 암흑에너지, 인류는 암흑에너지의 비밀을 언제쯤 풀어낼 수 있을까.

PART 4

우리를 위험에
빠뜨리는 것들

과학은 천국의 문을 여는 열쇠이면서
동시에 지옥의 문을 열 수 있는 열쇠이기도 하다.
단, 어떤 문이 지옥의 문인지
천국의 문인지에 대한 설명은 없다.

- 리처드 파인만

○ 지구 종말

재앙에
대처하는
우리의 자세

"지구는, 푸른빛이었습니다…. 아름다웠습니다."

1961년 4월 12일, 옛 소련의 우주인 유리 가가린이 인류 최초로 우주에서 지구를 바라본 소감을 이야기한 말이다.

지구는 46억 년 전 만들어졌다. 태초에 지구에는 생명체가 살 수 없었다. 땅은 뜨겁고 지각은 불안정했다. 호흡에 필요한 산소보다는 질소, 이산화탄소, 유황가스 등이 공기를 차지하고 있었다. 억겁의 시간이 흘러 지각이 안정되고 바다가 생겼다. 공기 중 산소가 적정한 농도를 유지하면서 생명체가 태어났다. 수십억 년 동안 이어진 생명의 진화는 결국 인류(호모 사피엔스)를 낳았다. 여전히, 지구는 인류에게 따듯한 보금자리를 제공한다.

하지만 지구는 언제든 돌변할 수 있다. 외부 요인이든, 내부 요인이든 안전하지 않다. 지난 과거가 이를 말해준다. 과학자들은 지구 종말이 SF 영화 속만의 이야기가 아니라고 말한다. 아름다운 지구는 언제든 인류를 위협할 수 있다. 옥스퍼드대 인류미래연구소는 지구 종말을 불러올 수 있는 3가지 시나리오를 제시했다. 가능성은 적지만 당장 내일 발생하더라도 이상할 것이 없다. 더 큰 문제는, 아직 인류는 이 대형 재난을 막을 준비가 되어 있지 않다는 점이다. 가장 그럴듯한 지구 멸망 시나리오 3가지를 소개한다.

태양에 의한 자기장 폭풍

2012년 7월 23일 오전, 미국 국립해양대기청 우주기후예측센터는 태양으로부터 2개의 커다란 구름이 우주로 분출되는 장면을 목격했다. 태양 표면의 온도가 낮은 흑점에서 폭발이 일어나 태양 표면에 있는 고에너지입자들이 우주로 방출되는 코로나 물질 방출^{CME}이 발생한 것이다. 19시간 뒤 CME는 지구가 이틀 전 위치해 있던 곳을 지나 우주로 사라졌다. 만약 이 CME가 지구를 덮쳤다면 5년이 지난 지금까지도 지구는 충격에 휩싸여 있을지 모른다.

태양 흑점 폭발은 수시로 발생한다. 문제는 CME가 지구로 날아올 때다. 특히 CME가 갖고 있는 자기장의 방향이 지구 자기장의 방향과 반대라면 인류는 단단히 각오해야 한다.

지구는 북쪽을 S극, 남쪽을 N극으로 하는 하나의 커다란 자석이다. 나침반을 놓으면 N극이 북쪽을 가리키고 S극은 남쪽을 가리킨다. 초등학교 과학 시간에 했던 실험을 떠올려보자. 자석에 철가루를 뿌리면 특정한 형태를 띠는데 이를 자기장이라고 한다. 자기장

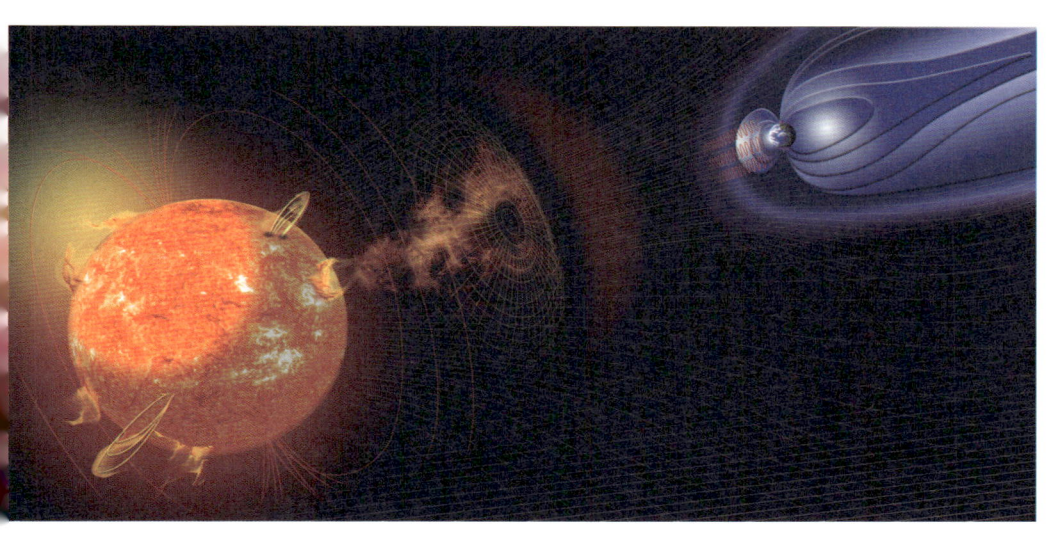

∧
CME의 자기장이 지구의 자기장 방향과 반대일 경우
지구 자기장과 부딪히면서 자기장 교란이 발생한다.

은 자석과 연관이 있지만 전기에도 영향을 미친다. 기억을 더듬어 중학교 과학 시간에 배웠던 플레밍의 왼손 법칙을 떠올려보자. 왼손으로 엄지 척 포즈를 취한 뒤 검지를 펴고, 중지는 검지와 직각이 되도록 만들면, 엄지는 힘, 검지는 자기장, 중지는 전류의 방향을 나타낸다. 플레밍의 왼손 법칙은 자기장과 전류가 떼려야 뗄 수 없는 관계임을 알려준다. 지구상에 있는 모든 전자 장비는 지구의 자기장에 맞춰 설계돼 있다. 만약 자기장이 변하면 전류의 방향도 변하고, 전류의 방향이 바뀌면 합선 등이 일어나 전자 기기는 작동을 멈춘다.

앞서 언급했듯이 CME는 자기장을 갖고 있다. 만약 CME의 자기장이 지구의 자기장 방향과 반대일 경우 지구 자기장과 부딪히면서 자기장 교란이 발생한다. 자기장 교란은 지구에 자기장 폭풍을 일으켜 송전선에 이상 전류를 유발한다. 이 현상은 2~4일 정도 지속된다. 지구 자기장이 교란되면 순간적으로 고위도 지역 자기장에 구멍이 생겨 고에너지입자가 지상으로 쏟아질 수 있다.

1859년 8월 28일부터 9월 2일까지 역사상 가장 큰 태양 흑점 폭발이 발생했다. 영국 캐링턴 사건으로 불리는데 당시 CME는 불과 17시간 만에 지구에 영향을 미쳤다. 이로 인해 유럽과 미국의 전력 공급이 마비됐으며 전신 철탑에서 불꽃이 튀기도 했다. 1989년 3월 13일에는 캐나다 퀘벡 주에 태양 흑점 폭발에 의한 CME로 정전이 발생해 600만 명의 주민이 암흑 속에서 두려움에 떨어야 했다. 자동차의 전자 기기도 영향을 받아 운행 중 멈춰 섰다고 한다.

전력 의존도가 상당한 현대 사회에서 CME가 지구로 날아온다면 그 피해는 상상 이상일 수 있다. 미국 대기환경연구소[AER] 연구진이 2013년 발표한 논문에 따르면 캐링턴 사건과 비슷한 규모의 태양 흑점 폭발은 약 150년마다 일어난다고 한다. 향후 10년 안에 캐링턴 사건과 같은 CME가 지구를 덮칠 확률은 12% 정도라고 한다. 만약 같은 현상이 미국 동부에서 또다시 일어난다면 주민 4000만 명이 정전 피해를 입고 길게는 2년 동안 복구가 어려울 수 있다. 경제적 피해는 2조 6000억 달러에 달할 것으로 분석됐다.

우리를 위협하는 소행성은 너무나 많다

2013년 2월 15일, 러시아 중부 우랄 산맥 인근 지역에서 번쩍이는 섬광이 관찰됐다. 곧바로 사람 몸이 흔들릴 만큼 강한 충격파가 전해졌고 일부 건물이 무너지거나 유리창이 깨지는 등의 피해가 발생했다. 사망자는 없었지만 유리 파편에 의해 1200여 명이 부상을 당했다. 지름 16.8m, 무게 1만 t에 달하는 작은 소행성이 지구 대기와 충돌하면서 상공 30km 부근에서 폭발했기 때문이다. 공교롭게도 바로 다음 날 지름 45m급 소행성인 2012DA14가 달보다 안쪽 궤도로 지구를 스쳐 지나갔다. 연거푸 일어난 사건으로 소행성과 지구의 충돌을 다룬 영화인 〈딥 임팩트〉나 〈아마겟돈〉이 실제로 일어날 수 있다는 우려가 제기되기도 했다.

러시아 상공에서 폭발한 것은 우주를 떠돌아다니는 소행성이었을 확률이 크다. 태양을 중심으로 돌고 있는 천체는 지구나 금성 같은 행성, 딱딱하거나 물렁물렁한 고체로 이루어진 소행성, 얼음과 먼지로 구성된 혜성, 소행성이나 혜성에서 떨어져 미아가 된 유성

2013년 2월 15일 러시아 중부 상공 30km 부근에서
지름 16.8m, 무게 1만 t에 달하는 작은 소행성이 지구 대기와 충돌했다.
영화 〈딥 임팩트〉나 〈아마겟돈〉이 실제로 일어날 수 있음을 보여준 사건이었다.
∨

체로 나뉜다. '별똥별'이라 불리는 유성우는 유성체가 지구 대기와 만나 타면서 밤하늘에 비처럼 떨어지는 현상을 말한다. 유성체가 지구 대기와 부딪친 뒤 타버리지 않고 남아서 땅으로 떨어진 것이 운석이다.

2017년 4월 26일 NASA에서 공개한 지구근접천체[NEO]의 개수는 1만 6046개다. NEO의 개수는 2년 만에 2000여 개가 늘어났다. NEO는 소행성과 혜성 등 지구 공전궤도를 통과하거나 지구로부터 0.3AU 떨어진 천체를 의미한다. 이들은 공전하다가 서로 부딪쳐 방향을 바꿔 지구로 향할 수 있다. 1만 6046개의 NEO 중 지구 최근접 거리가 0.05AU 이내, 지름 150m 이상인 것을 지구위협천체[PHAs]라고 하는데, 이 개수가 1714개에 달한다. 이 중 지름이 1km 이상인 것은 157개나 된다. NEO 전체로 계산하면 지름 1km 이상인 것은 876개, 지름 140m 이상인 것은 7633개에 이른다.

1990년대에는 지구위협천체에 대한 이야기가 학계 내의 논의로 그치는 경우가 많았지만, 2014년 이후 실질적인 위협이 될 수 있다는 판단하에 UN을 중심으로 다양한 연구가 이뤄지고 있다. UN은 외기권의 평화적 이용에 관한 위원회[COPUOS] 산하에 국제소행성경고네트워크[IAWN]를 설치하고 2014년 1월 첫 회의를 소집했다. NEO를 관측하는 각국 연구 기관이 참여해 소행성의 발견과 추적, 궤도 계산, 물리적 특성 규명에 나서고 있다. 현재 NASA는 km급 NEO의 90%를 발견하는 1차 목표를 달성했다. 향후에는 기한 없이 지름 140m 이상의 천체 90%를 찾기 위해 우주를 바라보고 있다. 하지만 지구를 위협하는 작고 어두운 천체를 찾는 것은 광활한 모래사장에서 바늘을 찾는 것과 같다. 현재 기술로 궤도 추적이 가능한 소행성은 전체의 10%에 불과하다.

우주 공간에서 이리저리 떠돌고 있는 작은 유성체가 지구 중력에 이끌려 대기와 부딪치는 일은 비일비재하다. 대부분 지표면까지 도달하지 못하고 대기 중에서 타버리기 때문에 모르고 있을 뿐이다. NASA에 따르면 농구공만 한 유성은 하루 이틀에 한 번꼴로, 승용차만 한 유성은 한두 달에 한 번꼴로 지구로 들어온다. 지구 대기와 충돌하는 유성체 무게는 하루 총 100t에 이르는 것으로 추정된다.

전문가들은 지름 50m짜리 소행성이라도 지구에 떨어지면 대도시 하나를 날려버릴 수 있는 파괴력을 갖고 있다고 경고한다. 특히 우리나라처럼 인구밀도가 높은 국가에 떨어지면 피해는 불 보듯 뻔하다.

만약 지름 1.5km급 소행성이 지구에 떨어지면 어떻게 될까. 100만 Mt(메가톤)급 폭발이 일어난다. 이는 히로시마 원자폭탄의 5000만 배에 해당하는 폭발력이다. 폭발이 일면 지각이 뒤틀리고 맨틀이 지면 위로 솟구친다. 소행성이 땅에 부딪칠 때 발생한 먼지와 화산 폭발로 인한 재가 성층권으로 올라가 햇빛을 차단하는 '충돌 겨울'이 찾아온다. 이로 인해 지구 표면에서는 순간적으로 엄청난 열기가 발생한다. 이 열기가 공기를 달구면 생명체는 살 수 없다. 실제로 6600만 년 전 지구에 떨어진 지름 10km의 소행성은 공룡을 멸망시켰다. 지구에 살던 생물종의 75%가 사라졌다. 다행히 공룡을 멸망시킨 지름 10km의 소행성은 1억 년에 한 번꼴로 지구로 향하는 것으로 알려졌다.

영화에서처럼 멋지게 소행성을 제거할 수 있을까. 만약 km급 소행성이 지구로 향하는 것이 밝혀진다고 해도 당장 인류가 할 수 있는 것은 아무것도 없다.

2001년 NASA는 탐사선 슈메이커호를 소행성 에로스에 착륙시켰다. 소행성에 인간이 만든 폭발물을 내려놓을 수 있는 기반 기술을 확보하기 위해서다. 2005년부터는 소행성 표면을 판 뒤 폭발물을 심는 연구도 진행 중이다. 이 밖에 고출력 레이저를 소행성에 쏘거나 솔라 컬렉터 위성을 발사해 태양빛을 소행성 한쪽 면에 집중시켜 궤도를 바꾸는 기술도 개발하고 있다. 모두 기초연구 수준의 기술만 확보한 상태다.

영화 〈아마겟돈〉처럼 핵폭탄을 발사해 떨어트리는 방안도 논의되고 있지만 위험 요인이 많다. 핵폭탄을 발사체에 태워 우주로 보내야 하는데, 인류가 갖고 있는 발사체 기술은 100% 신뢰할 수 없다. 만약 대기권 내에서 핵폭탄이 폭발하면 소행성이 충돌하기 전 지구는 방사성 물질에 오염될지 모른다. 이것도 끔찍한 일이다.

슈퍼 화산의 폭발

10만 년에 한 번꼴로, 지구에는 지름이 50km에 달하는 칼데라가 생긴다. 칼데라는 화산 폭발 이후 땅속 마그마가 분출된 뒤 비어버린 마그마방이 무너지면서 생기는 지형이다. 이 정도 규모라면 화산 폭발로 인해 마그마와 화산재가 $1000km^3$ 이상 지표와 공기로 분출된다. 이를 슈퍼 화산이라고 부른다. 지름 50km의 칼데라 속에 가득 차 있던 마그마가 분출되면 어떤 일이 발생할까.

슈퍼 화산이 터지면 어떤 현상이 나타날지 예측하기는 어렵다.

지금 옐로스톤이 폭발한다면 그랜드캐니언의 11배에 달하는 거대한 마그마가 분출된다. 폭발이 일어나면 9만 명이 목숨을 잃고 반경 1600km에 3m의 재가 쌓인다. 생명체가 살 수 없는 환경이 만들어지고, 화산재가 전자 장비 통신을 방해해 전 세계적으로 통신 네트워크가 파괴될 수 있다.

인류가 화산을 제대로 관측한 이래 큰 화산 폭발은 아직 없기 때문이다. 과거 기록을 분석한 결과 슈퍼 화산 폭발로 분류된 것은 인도네시아 토바 화산(화산 폭발 이후 칼데라에 물이 고여 현재는 호수가 되었다)이다. 토바 화산은 7만 4000년 전에 폭발했다. $2800km^3$에 달하는 마그마와 재가 분출됐다. 화산재가 대기권을 뒤덮으면서 태양빛이 차단됐다. 기온은 급격히 떨어지기 시작했다. 마그마에서 발생하는 황과 같은 유독가스가 분출되면서 화산 인근에 있던 생물들이 죽거나 이동하기 시작했다. 공중으로 떠올랐던 화산 쇄설물(암석 부스러기)은 다시 땅으로 떨어졌다. 먹이사슬은 무너졌고 생태계는 천천히 파괴됐다. 당시 화산 폭발로 인해 1000년간 겨울이 지속됐고 전 생물 종의 60%가 멸종한 것으로 알려져 있다.

과거 폭발 기록을 분석한 결과 현재 지구에는 7개의 슈퍼 화산이 존재한다. 7만 년 전 폭발한 기록을 갖고 있는 미국의 옐로스톤을 비롯해 발레스, 롱밸리, 아르헨티나의 세로 갈란, 인도네시아 토바, 일본의 아이라, 뉴질랜드의 타우포 등이다. 어느 것 하나 무시할 수 없는 수준이다.

만약 지금 옐로스톤이 폭발한다면 그랜드캐니언의 11배에 달하는 거대한 마그마가 분출된다. 폭발이 일어나면 9만 명이 목숨을 잃고 반경 1600km에 3m의 재가 쌓인다. 식수가 오염되고 화산이 폭발한 인근 지역에서는 생명체가 살 수 없는 환경이 만들어질 수 있다. 또한 화산재가 전자 장비 통신을 방해해 전 세계적으로 연결돼 있는 통신 네트워크가 파괴될 수 있다. 지금도 멕시코나 인도네시아, 칠레, 일본 등에서 발생하는 화산 폭발로 인해 항공편이 취소되거나 주민들이 급하게 대피하는 상황이 자주 발생한다.

그나마 다행인 것은 슈퍼 화산의 폭발 시점은 어느 정도 예측이 가능하다는 점이다. 화산이 폭발하기 전에는 마그마가 융기하면서 지각도 함께 움직인다. 지표의 융기 작용을 모니터링하면 폭발 시간을 대략적으로 알아낼 수 있다. 마그마방에 가득 차 있던 황이 분출되고 뜨거운 마그마에 의해 인근 지하수가 뜨겁게 달궈지기도 한다. 이를 미리 관측하면 대피소까지 뛰어가는 시간을 벌 수 있다. 하지만, 대피소에서 수년 동안 밖으로 나오지 못할 수도 있다.

지구의 마지막 날, 우리는 무엇을 할 수 있을까. 죽는 것도 인지하지 못한 채 사라질 수 있다면 그나마 행복한 일일지 모른다. 인류는 첨단 과학기술을 보유하고 있다고 자부하지만 당장 내일모레 소행성이 떨어져 대혼란이 올지 모른다. 우주의 힘 앞에, 항상 겸손해야 할 뿐 아니라 매일매일 최선을 다하며 살아야 하는 이유다.

화산 폭발

북한의 핵실험이 백두산의 잠을 깨울까

　자부심이랄까. 일본에 후지산이 있다면 우리에겐 백두산이 있다, 이런 느낌이다. 쉽게 갈 수 있는 산이 아니기에 더 웅장해 보이고 신성함이 가득 차 있을 것만 같은 백두산. 뜬금없이 백두산 이야기를 꺼내는 것이 아니다. 2000년 이후 백두산은 한국의, 정확히 이야기하면 남한의 과학자들이 당장 짐 싸서 연구하러 가고 싶은 대상이 됐다. 과거 교과서에서는 백두산을 사화산, 즉 죽은화산으로 배웠는데 백두산 내부에서 작은 지진이 일어나는 등 변화가 감지됐기 때문이다. 언론을 통해 이런 사실들이 하나둘 알려지면서 백두산에 관해 확인되지 않은 많은 이야기들이 '과학'이라는 수식어를 달고 우후죽순 번지고 있다. 백두산이 폭발하면 남한, 일본까지 큰 피해를 입는다거나 발해를 멸망시킨 것이 백두산 화산 폭발이라는 일종의 가설이 역사적 사실로 둔갑해 확산되기도 한다. 기사 하나하나에 놀라거나 안도할 필요는 없다. 과학자들은 백두산을 직접 연구할 수 없으니 추측밖에 할 수 없다고 못 박는다.

중국은 1999년부터 백두산에서 지진을 관측해왔다. 1985년 백두산 인근에서 발생한 화산성 지진(화산활동으로 발생하는 지진)은 연간 3회에 그쳤지만 2000년 102회를 기록하더니 2002년 6월 두만강 하류 인근에서 규모 7.3의 강진이 발생한 이후에는 그 수가 급격히 증가했다. 2002년은 무려 747회, 2003년에는 1139회의 화산성 지진이 일어났다. 월드컵이 한창이던 2002년 6월, 남한이 연이은 승리에 취해 있을 때 화산과 지진을 연구하는 과학자들은 백두산에 열광했다. 한 연구자의 말을 빌리면 "죽고 싶을 정도로 가서 연구하고 싶었다"고 한다.

백두산은 살아 있다

여기서 한 가지, 백두산은 사화산일까, 아니면 휴화산일까. 그것도 아니면 현재 활동하고 있는 활화산일까. 우리나라 교과서에는 지금 활동하면 활화산, 폭발할 가능성이 있으나 쉬고 있으면 휴화산, 과거에 폭발이 있었지만 이제 활동이 없으면 사화산이라고 한다. 하지만 학계에서는 이 같은 분류를 거의 쓰지 않는다. 일반적으로 사화산과 생*화산으로 구분하는데 백두산은 폭발 기록이 있고 마그마를 품고 있는 만큼 언제 폭발해도 이상하지 않은 생화산으로 보는 견해가 많다. 현재 중고등학교 교과서에서는 백두산의 활동 시기에 대한 기술이 서로 다르고 폭발 시기를 수백만 년 속에 뭉뚱 그리고 있는 만큼 재검토가 필요하다는 의견도 있다.

　백두산이 우리나라에서 이슈가 되기 시작한 것은 학술지 〈사이언스〉에 케임브리지대와 임페리얼칼리지 런던 연구진이 북한 과학자들과 합작으로 백두산 연구를 시작했다는 인터뷰 기사가 뜬 2011년 11월부터였다. 이때만 해도 논문이 나오기 전이었기 때문에 연구 내용에 대한 신뢰도는 높지 않았다. 당시 기사에 따르면 백두산 밑에는 마그마가 고여 있는 마그마방이 존재하며 이는 지하 6km 부근이라고 했다. 또한 마그마에서 발생하는 헬륨 가스의 농도를 측정했을 때 마그마가 조금씩 상승하고 있다는 의견도 덧붙였다. 일반적으로 화산 아래의 지형을 조사할 때는 자기지전류나 인공 폭발물을 터트려 발생하는 지진파를 조사한다. 자기지전류와 지진파는 고체와 액체에서 전달되는 속도가 차이 나는데, 이를 분석하면 땅속에 어떤 물질이 존재하는지 알아낼 수 있다. 〈사이언스〉는 1000도 이상의 마그마 때문에 지진파의 속도가 느려졌다고 전했다.

　2013년 〈사이언스〉는 다시 백두산을 연구하는 영국과 북한 과학자들의 이야기를 보도했다. 드디어 지진계를 설치하고 화산과 지진활동을 관측하기 시작했다는 내용이었다. 2년이나 늦어진 이유는 미국이 북한을 전략 물자 반입 금지 국가로 분류해 지진계가 북한으로 들어갈 수 없었기 때문이다. 제임스 해먼드 임페리얼칼리지 교수는 "영국과 미국 정부를 설득하는 데 2년이 걸렸다"고 어려움을 내비쳤다. 중국 지역의 백두산에서 화산과 지진에 대한 연구를 한 적은 있었지만 북한 지역에서 관련 연구를 시작한 것은 이번이 처음이었다(백두산의 3분의 1은 북한, 나머지는 중국 땅이다). 해먼드 교수 연구진은 북한 영역의 백두산에 6개의 지진계를 설치했다.

∧
한국인 과학자들이 연구하고 싶어 하는
백두산 천지의 모습.

백두산의 베일이 벗겨지다

다시 3년이 지난 2016년 4월 국제 학술지 〈사이언스 어드밴스〉에는 미국과 영국, 북한 과학자들의 이름이 실린 논문이 발표됐다. 분명 한국어 이름이 실린 논문임에도 연락해서 물어볼 수 없다는 사실이 안타까웠다. 11명의 저자 중 7명은 북한 지진부와 평양국제신기술및경제정보센터 소속 과학자들이었다. 논문에 따르면 백두산 천지 아래에는 서울 면적의 2배에 해당하는 크기의 용융 암석이 존재하는 것으로 확인됐다. 암석이 고온에 녹아 있는, 한마디로 마그마가 존재한다는 것이다.

이는 2013년 천지 인근 60km 지점에 설치한 지진계 덕이었다. 백두산에서 발생하는 아주 작은 지진이라도 이 지진계를 피해갈 수 없었다. 지진계는 지진파의 진행 속도가 딱딱한 암석에서는 빠르고 용융 상태의 마그마에는 느리게 움직이는 현상을 이용한 것이다. 연구진은 2013년 8월부터 1년간 발생한 지진의 지진파를 분석했다. 지진파에는 P파(종파)와 S파(횡파)가 있다. P파가 S파보다 속도가 빨라 지진 발생 지점(진원)에서 측정 지점(지진계)까지 도달하는 시간이 서로 다르다. 그래서 P파/S파 비율(κ)을 분석하면 지진파가 어떤 암석을 거쳤는지 추정할 수 있다.

연구 결과 천지에서 60km 떨어진 곳은 지각 두께가 35km, κ값이 1.76~1.79로 한국과 중국의 지각과 큰 차이가 없었으나 천지에서 20km 이내는 κ값이 1.9 이상으로 높아져 암석 구조에 큰 변화가 있는 것으로 나타났다. 연구진은 이를 백두산 천지 5~10km 아래에 부분적 용융 상태의 마그마가 존재하는 것으로 해석했다. 이 마그마 지대가 2002~2005년 백두산 일대에서 발생한 빈번한 지진 등 불안정한 현상과 관련이 있는 것으로 추정했다. 마그마가 있다고 추정되는 천지 주변 지역의 면적은 1256km^{2}로 서울(605km^2)의 2배가 넘는다.

8개월 뒤인 2016년 12월, 연구진은 백두산 폭발과 관련된 또 하나의 논문을 발표했다. 946년 백두산 화산 폭발로 방출된 황의 양이 1815년 일어난 인도네시아 탐보라 화산 폭발보다 규모가 컸다는 것이다. 1815년 탐보라 화산 폭발로 생긴 화산재는 상공 500km까지 뿜어져 나간 뒤 반경 600km 지역을 3일 동안 캄캄한 밤으로 만들었다. 폭발 소리는 2500km 밖에서도 들렸을 정도였다. 화산 폭발로 하늘을 뒤덮은 화산재는 햇빛이 지면에 도달하는 것을 막아 지구의 기온을 떨어트린다. 이 화산 폭발로 8만여 명이 사망했으며 지구의 평균기온은 약 1도 하락했다. 이듬해 여름이 오지 않아 미국과 유럽에서는 농업에 큰 피해를 입기도 했다.

과거에도 많은 연구에서 백두산 폭발 규모가 이보다 클 것이라는 추정이 있었다. 하지만 북극 빙하에 포함되어 있는 황의 양이 적어 이를 뒷받침하기 힘들었다. 화산이 폭발하면 대기 중으로 방출된 황이 차곡차곡 쌓이는데, 북극은 이를 관찰하기 딱 좋은 환경이다. 눈 위에 황이 쌓이고 다시 그 위에 눈이 쌓이면 분출된 황이 그대로 보존되기 때문이다. 북한과 미국, 영국 연구진은 백두산 화산 분출로 만들어진 암석을 찾은 뒤 그 안에 포함된 가스의 양을 분석했다. 그 결과 백두산 폭발로 인해 방출된 황의 양은 약 4500만 t으로 분석됐다. 기존에 알려졌던 황의 양보다 약 22배 이상 많은 수준이며 탐보라 화산 폭발로 발생한 황의 양보다도 많은 것이었다.

백두산 화산 폭발이 한 번 더 이슈가 된 것은 북한의 핵실험 때문이었다. 2016년 2월 홍태경 연세대학교 교수의 논문이 〈사이언티픽 리포트〉에 발표됐는데, 내용은 꽤 충격적이었다. 연구진은 북한 핵실험으로 발생한 지진파의 규모가 7.0에 해당할 때 백두산에 압력이 가해지면서 화산 분화를 유발할 수 있다고 밝혔다. 연구진은 북한 핵실험으로 발생한 지진파가 백두산에 미치는 영향을 알아내기 위해 1~3차 북한 핵실험 자료를 활용해 옛 소련 및 미국에서 시행됐던 핵실험의 크기와 비교 분석했다. 규모 5.0~7.6의 핵실험 수행 시 백두산 지표와 마그마방 내에서 예상되는 지진동 크기와 압력 변화량을 계산했는데 핵실험 규모가 증가함에 따라 최대지반가속도와 최대지반속도 모두 선형적으로 증가했다. 특히 규모 7.0에 해당하는 핵실험을 하면, 마그마방 내에 최대 120kPa에 해당하는 응력stress 변화가 유도돼 마그마방 내 매질 구조와 마그마 충진 정도에 따라 화산 분화를 유발할 수 있을 것으로 추정됐다. 북한 핵실험이 백두산 화산 폭발을 일으키는 트리거가 될 수 있다는 것이다. 지진으로 발생한 지진파가 화산 내부에 마그마가 놓여 있는 마그마방에 응력 변화를 유도하면 마그마에 기포가 형성되면서 분출할 수 있다는 설명이다.

　　하지만 이를 곧이곧대로 받아들이면 안 된다. 홍태경 교수 역시 "마그마방에 얼마만큼의 마그마가 있느냐에 따라 지진파로 받는 압력이 달라지기 때문에 백두산 아래 존재하는 마그마방의 정보를 먼저 파악해야 한다"고 말했다. 마그마의 양에 따라 지진파가 7 이하라도 폭발할 수 있고, 7이 초과되어도 폭발하지 않을 수 있다.

　　우리나라 과학자들도 북한과 백두산 공동 연구를 시도한 적이 있다. 2013년 2월, 한국지질자원연구원 등 국내 과학자들은 백두산을 직접 방문해 향후 화산활동 분석을 위한 현장조사를 했다. 한국인 과학자들이 백두산에서 직접 화산활동을 연구한 것은 처음이었다. 연구진은 중국과의 공동 연구를 통해 2016년까지 백두산에 시추공을 뚫고 물리적, 화학적 변화를 연구하기로 했는데 한중 관계는 물론 남북 관계가 파국으로 치달으면서 도로아미타불이 됐다. 결국 이 연구는 중국과 한국의 정상회담 당시 양해각서[MOU]가 체결됐지만 공동 연구는 상당히 더디게 진행되고 있다.

백두산이 폭발한다면

백두산이 폭발하면 어떻게 될까. 우리나라도 영향을 받을까. 윤성효 부산대학교 교수가 국민안전처(현 행정안전부)의 연구 용역을 받아 만든 자료에 따르면 백두산 화산이 폭발지수[VEI] 8단계 중 7단계로 폭발할 경우 남한에 최대 11조 1900억 원의 재산 피해를 줄 뿐 아니라 강원도와 경상북도는 화산재가 최고 10.3cm까지 쌓이는 등 남한 전역에 화산재가 떨어지는 것으로 나타났다. 제주공항을 제외한 국내 모든 공항이 최장 39시간 폐쇄되고 화산 폭발에 따른 지진으로 서울과 부산의 10층 이상의 건물은 외벽과 창문이 파손될 수도 있다는 무시무시한 내용이었다. 하지만 이 역시 가정을 잘 봐야 한다. 폭발지수 8단계 중 7단계, 즉 가장 큰 폭발이 일어날 경우다. 폭발지수가 4 밑으로 떨어지면 남한이 입는 피해는 거의 없다. 편서풍의 영향을 받기 때문에 화산재의 대부분은 일본으로 흘러들어 간다.

해동성국으로 불린 발해가 서기 926년 갑자기 멸망한 이유 역시 백두산 폭발로 알려져왔다. 하지만 최근 연구에 따르면 백두산은 926년보다 20년이나 뒤인 946년경에 폭발했다는 주장도 제기되고 있다. 《고려사》에 946년, 개성 하늘에서 커다란 천둥소리가 들렸다는 기록이 있고 일본 나라 지역의 한 사찰에서 946년 11월 3일에 "하얀 재가 눈처럼 떨어졌다"는 기록도 발견돼 발해의 멸망과 백두산 폭발과의 연관성은 조금씩 약해지고 있다.

백두산은 언젠가 폭발한다. 하지만 언제인지는 정확히 예측하기 어렵다. 헬륨 가스의 농도나 지진 등의 변화로 화산 폭발이 임박한 시점은 어느 정도 알 수 있지만 폭발 규모를 알려면 백두산을 직접 연구해야 한다. 하지만 백두산이 위치한 곳이 북한이 핵실험을 하는 풍계리 근처다 보니 마음대로 지진계를 설치할 수 없다. 지진계에서 나온 정보를 과학자들이 공유하는 과정에서 핵실험과 관련된 비밀이 노출될 수 있기 때문이다. 하루빨리 남북 관계가 개선돼 남과 북 과학자들이 자유롭게 백두산을 연구하는 날이 오길 기대한다. 〈사이언스〉〈네이처〉와 같은 국제 학술지에 남한과 북한 과학자들의 이름이 나란히 게재되는 날, 생각만 해도 소름이 돋는다.

○ 지진

한반도의
지진은
파괴력이 더 크다

한반도가 흔들렸다.

2016년 9월 12일 월요일 저녁 7시 44분. 팀원들과 회식을 하던 중 누군가 말했다. "지진 난 것 같은데?" 둔감한 기자는 아무것도 느낄 수 없었지만 곧바로 회사에서 연락이 왔다. "얼른 들어와라. 기사 막자." 그대로 끌려들어가 12가 넘도록 기사를 썼다.

그날의 지진은 1978년 기상청이 한반도에서 지진을 공식적으로 계측한 이래로 최대 규모*인 5.8을 기록했다. 경주 인근 지역에서는 건물이 흔들려 유리창이 깨지는 등의 피해가 속출했다. 전산 장애가 발생하면서 카카오톡도 잠시 멈췄다. 다행히 원자력발전소

---

* 지표상 한 지점에서 지진계로 측정한 진동의 세기를 나타내는 단위로, '리히터 규모'를 줄여 '규모(magnitude)' 혹은 이니셜 'M'으로 표현한다. 미국의 지질학자 찰스 리히터가 제안한 개념으로 그의 이름을 따서 지었다. 소수점 아래 한 자리까지 표시하며, 수치가 1이 올라갈 때마다 진폭은 10배 증가한다.

에서는 아무런 문제가 발생하지 않았다.

일주일 후인 9월 19일 오후 8시 33분, 퇴근하려고 가방을 싸고 있는데 또다시 누군가 말했다. "지진 난 것 같은데?" 역시나 둔감한 기자는 무시하고 사무실을 빠져나가려 했지만 기다렸다는 듯이 전화벨이 울렸다. "다시 들어와라. 기사 막자." 두 번째 지진의 규모는 4.8이었다. 기사를 쓰면 쓸수록 알쏭달쏭해졌다. 우리가 궁금한 것은, "그래서 다음 지진은 언제 발생하고, 대체 얼마나 큰 규모로 나는 건데?"였지만 속 시원하게 답할 수 있는 사람은 아무도 없었다. 전문가들은 언론을 통해 네 말이 틀렸네, 내 말이 맞네, 하면서 오히려 혼란을 부추겼다. 판단은 독자의 몫이라지만 어려운 용어를 써가며 서로 과학적이라는 말을 해대는 것은 무책임했다.

1년이 지난 2017년 11월 15일 14시 29분, 포항에서 규모 5.4의 지진이 발생했다. 앞으로 한반도에 어떤 지진이 발생할지, 언제 발생할지 아무도 모른다. 그런 만큼 대비가 필요하다. 뻔한 이야기이지만 한반도는 더 이상 지진 안전지대가 아니다.

한반도의 지진이 더 위험하다?

지구 표면은 거대한 땅덩어리들이 맨틀이라는 액체 위에 떠 있는 형상을 이루고 있다. 맨틀은 계속해서 움직이는데 이에 따라 지각도 미세하게 움직인다. 서로 다른 두 개의 지각이 만나거나 맞물리는 곳에서는 응력이 발생한다. 맨틀은 계속해서 움직이는데 맞닿은 지각이 이를 따라가지 못하면 지각은 쌓인 힘을 더 이상 견디지

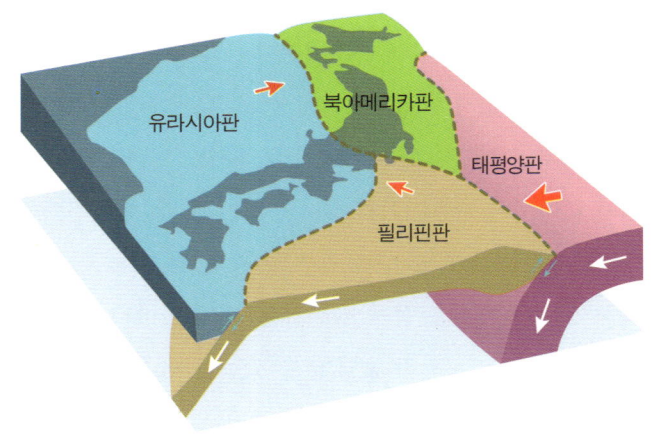

∧ '불의 고리'라고 불리는 태평양판과 유라시아판, 필리핀판, 북아메리카판 등이 만나는 판의 경계.

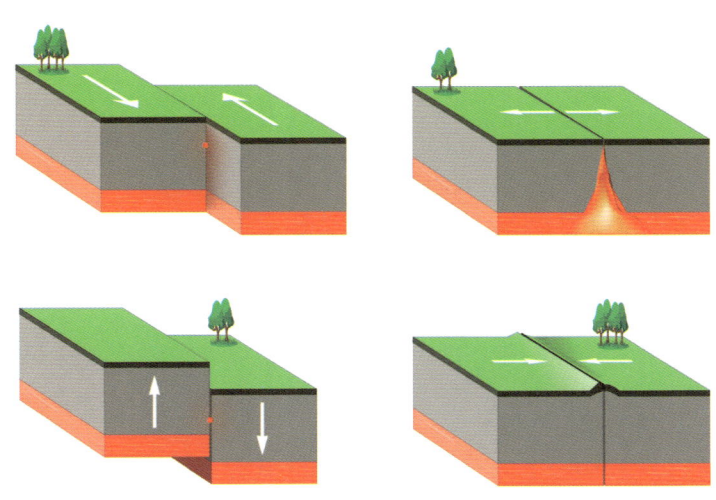

∧ 지진이 일어나는 원인.

못하고 부러지거나 균열이 발생한다. 지각에 균열이 발생하면서 그 파동이 전달되는 것을 지진이라고 한다. 한 번 지진이 발생한 곳은 지층이 갈라지면서 단층이 생겨난다. 조금만 힘이 쌓여도 바로 단층이 끊어질 수 있기 때문에 균열이 존재하는 곳은 작은 충격에도 쉽게 지진이 발생할 수 있다.

지각판은 크게 대륙판과 해양판으로 나뉜다. 대륙판은 흔히 우리가 육지라고 부르는 지역으로 한국과 중국이 속한 유라시아판, 북아메리카판 등이 있다. 해양판은 주로 바다 밑에 있는 지각으로 태평양판, 대서양판 등이 포함된다. 태평양판과 유라시아판, 필리핀판, 북아메리카판 등 네 개의 지각판이 만나는 남미 칠레 일대와 일본 등은 여러 판이 만나는 만큼 강진이 자주 발생한다. 지진이 잦은 만큼 지각이 약해 화산활동도 활발하다. 이 지역을 '불의 고리'라고 부른다.

중국에서는 쓰촨성 지역에서 많은 지진이 발생하는데 이 지역은 대륙판인 인도판과 유라시아판의 경계면이다. 일본은 대륙판인 유라시아판과 해양판인 태평양판이 충돌하는 지역이다. 대륙판과 해양판이 부딪치면 밀도가 큰 해양판이 아래로 내려가 지진이 땅속 깊은 곳에서 발생한다. 대륙판끼리 충돌하면 밀도가 비슷하기 때문에 지진 발생 지점이 비교적 얕다. 대륙판과 해양판이 만나 발생한 일본에서의 지진은 일반적으로 땅속 수백 km지점에서 일어나는 반면 대륙판끼리 만나는 지점인 중국 쓰촨성에서의 지진은 땅속 10km 정도에서 발생한다.

우리나라처럼 판의 내부에 위치한 지역은 그동안 지진 안전지대로 알려져왔다. 하지만 과거 기록을 살펴보면 판의 중앙에서도 규모 7.0 이상의 강진이 발생한 사례를 찾아볼 수 있는 만큼 안심할 수 없다. 1976년 중국 탕산에서 발생한 규모 7.8의 지진은 판의 가운데 지점에서 발생했는데 당시 23초간의 진동으로 20만여 명이 사망하는 대참사가 일어났다.

판의 중심부에서 발생하는 지진은 얕은 곳에서 일어나기 때문에 어찌 보면 더 위험할 수 있다. 규모 7.0의 지진이라도 땅속 100km에서 발생하면 사람이 느끼는 진동은 크지 않지만, 규모 5.0의 지진이 땅속 5~10km 지점에서 나타나면 큰 피해가 발생한다. 현재 우리나라 건축물의 내진설계 기준은 땅속 15km에서 규모 6.5의 지진에 견딜 수 있는 정도지만 규모 5.0의 지진이 5km 부근에서 발생한다면 무용지물이 될 수 있는 이유다. 2016년 9월 발생한 경주 지진도 땅속 15km 인근에서 발생했다.

경주 지진은 활성단층으로 꼽히는 양산단층에서 발생했다는 의견이 지배적이다. 양산단층은 경상북도 영덕군에서 시작해 낙동강 하구를 잇는 단층으로 길이만 약 170km로 알려져 있다.《삼국사기》와 같은 고서에는 과거 경주에서 집이 무너질 정도의 지진이 수십 차례 발생했다는 기록이 남아 있다. 특히 779년 발생한 지진의 규모를 추정하면 약 6.7이 나온다. 1062년, 1643년에도 규모 6으로 추정되는 강진이 있었다. 모두 양산단층이 범인으로 지목받고 있다.

활성단층이란 용어에 대한 논란도 있다. 활성단층은 250만 년 전에 생긴 단층으로 과거 지진의 흔적을 갖고 있는 것을 말한다. 여전히 지진 발생 가능성이 존재한다. 활동성 단층은 과거 5만 년 이내에 1회 이상, 또는 50만 년 이내에 2회 이상 지표면 부근에서 단층 운동이 발생했던 단층이라고 한다. 일본에서는 현재 활성단층과 활동성 단층을 같은 의미로 사용하며 한국의 활성단층의 정의는 미국에서 정한 것을 따르고 있다. 엄밀히 말하면 활성단층보다 위험한 것은 활동성 단층이다.

양산단층이 처음 주목받았던 것은 1983년 이기화 서울대 명예교수의 논문 때문이다. 양산단층 지역에서 지속적으로 작은 지진이 발생하는 것을 근거로 이기화 교수는 "양산단층은 활성단층"이라는 주장을 폈다. 인근 지역에 원자력발전소가 있었기 때문에 정부는 안일한 태도로 진화에만 신경 썼다. 당시 정부 측이 발표한 내용의 기사는 양산단층이 활성단층이 아니라고 부정할 뿐이었다. 단층조사는 수십 년이 걸리는 대대적인 작업임에도 활성단층이 아니라고 결론을 내리는 것은 성급한 판단이었다.

기자는 2017년 7월 13일, 과학자들이 양산단층을 연구하는 현장을 직접 찾았다. 이들은 양산단층에서 과거 큰 규모의 지진이 언제 발생했는지를 탐색하고 있었다. 만약 6.0 이상의 지진 흔적을 찾는다면, 지층의 시기를 분석해 "양산단층은 몇 십만 년, 혹은 몇 만 년 만에 한 번씩 규모 6.0 이상의 지진이 발생할 수 있다"는 결론을 도출해낼 수 있다.

역사상 지진 예측은 딱 한 번뿐

달에 사람이 발을 딛고 화성에 로봇을 보내는 과학기술이 지진 앞에서는 한없이 작아진다. 과학자들이 지진 예측에 성공한 것은 딱 한 번이었다. 1975년 2월 4일 오전, 중국 허베이성 지역 지표에

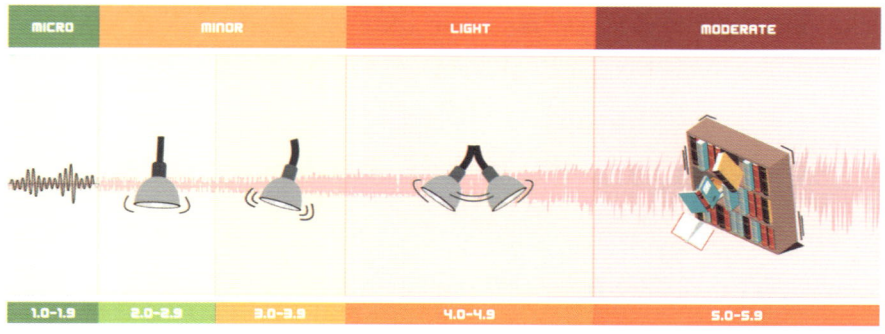
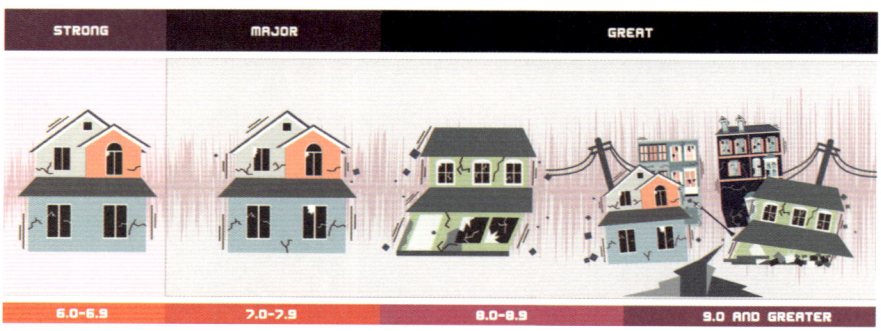

∧ 지진의 강도에 따른 피해 규모.

서 라돈 가스 방출량이 급격히 늘어났다. 지하수 수위가 변하고 겨울잠을 자던 뱀이 깨어나는 등 동물들의 이상행동이 이어졌다. 중국 정부는 지역 주민을 빠르게 대피시켰다. 주민 100만 명이 대피한 뒤인 오후 7시께 규모 7.2의 강진이 발생했다. 지구상에서 24시간 내에 지진이 일어날 것을 예측한 유일한 사례다. 하지만 거기까지였다. 1976년 7월 이 지역에서 또다시 규모 7.8의 지진이 발생했지만 예측하지 못했고, 결국 20만 명이 넘는 사망자가 발생했다.

지진 예측이 어려운 이유는 간단하다. 땅속이 너무 넓고 관측 장비를 설치하기가 쉽지 않아서다. 날씨 예보야 대기 중에서 수집한 정보를 이용해 슈퍼컴퓨터에 넣고 돌리면 된다. 하지만 땅속 지각의 움직임을 알기 위해서는 수십, 아니 수백 km 땅을 판 뒤 지진계를 설치해야 한다. 지진계로 지각의 활동을 파악하더라도 지진이 언제 일어나는지 알아낼 수 없다. 지진 발생 주기가 각양각색이기 때문이다. 일본처럼 서로 다른 두 지각이 만나는 경계에 위치한 나라에서는 지진이 자주 발생하지만 한반도처럼 지각이 안정된 곳에서는 길게는 수천 년에 한 번씩 큰 지진이 발생한다.

과학자들은 다른 방식을 이용해 지진을 예측하는 연구를 하고 있다. 2016년 초 학술지 〈사이언스〉에는 동일본 대지진과 같은 대규모 지진을 예측할 수 있다는 일본 도호쿠대학교 연구진의 논문이 게재됐다. 연구진은 대지진 발생 전 일본 홋카이도에서 도호쿠와 간토에 이르는 지역의 지각판이 천천히 움직이는 느린 단층을 관찰했다. 지진은 서로 다른 지각판이 맞닿아 있는 곳에서 단층이 어긋나는 파쇄가 일어나며 발생한다. 암석이 파쇄되는 속도는 초당 3km다. 그러나 느린 단층은 1년에 약 7cm씩 움직인다. 느리기 때문에 땅을 흔드는 지진파는 발생하지 않으며 GPS 센서로만 이동 여부를 파악할 수 있다. 연구진이 과거 28년 동안 일본 북동쪽 해안에서 일어난 지진 데이터 6126개를 분석한 결과 6년 주기로 느린 단층이 활발하게 발생한 것을 확인했다. 느린 단층이 활발히 진행되면 지각에 힘이 쌓이고 지진을 일으킬 에너지를 축적한다는 것이다.

중국에서 지진 예측에 성공할 수 있었던 원인 중 하나인 라돈을 측정하는 가스관측법도 있다. 지진이 발생할 때 암석이 쪼개지는데 이때 라돈과 같은 방사성 물질들이 튀어나와 대기로 누출된다. 평소보다 대기 중 라돈 농도가 높으면 지각에 균열이 생긴 것을 원인으로 볼 수 있다. 하지만 라돈의 양이 대기 중에서 절반으로 줄어드는 반감기는 3.8일로, 공기 중에 넓게 퍼지면 라돈 농도를 이용해 지진을 예측하는 데 한계가 있다.

마지막으로 지진광이다. 2007년 8월 15일 페루 피스코 지역 인근에서 섬광이 발견된 이후 규모 8.0의 대지진이 휩쓸었다. 지진광이 나타난 것이다. 하지만 지진광이 나타나는 원리가 밝혀진 것은 최근이다. 2014년 로버트 테리오 캐나다 퀘벡 천연자원부 연구원은 지진이 일어나기 전 암석에서 전자가 빠져나간 정공(양전하)이 공기층과 만나 섬광이 발생하는 원리를 밝혀냈다. 지각이 힘을 받으면 변형되는 과정에서 원자의 재배열이 일어난다. 그때 지표로 나온 정공이 대기와 접촉하면 공기 중에 있는 전자(음전하)와 만나 빛이 발생하는 것이다. 하지만 이 지진 예측법은 지진이 발생한 뒤에 나오는 결과물이다. 지진광이 발생했다고 해서, 언제 어떤 규모의 지진이 발생할지 예측하는 것은 불가능하다.

지진 피해를 줄이기 위해서는

지진 예보가 현실적으로 불가능에 가깝기 때문에 지진에 대비하는 가장 좋은 방법은 지진 조기 경보 시스템을 구축하는 것이다. 지진이 발생하면 곧 땅이 뒤흔들리는 파장이 발생하는데 이를 지진파라고 한다. 잔잔한 호수 위에 돌을 던졌을 때 원 모양으로 물결이 퍼져 나가는 것과 같은 원리다. 지진파는 크게 P파와 S파로 나뉜다. 초속 7km로 속도가 빠른 P파는 지진파와 같은 방향으로 진동한다. 반면 P파보다 느린 초속 4km로 이동하는 S파는 위아래로 움직이는 파장을 갖고 있기 때문에 지표면에 더 큰 진동을 발생시켜 큰 피해를 일으킨다. 1868년 제임스 쿠퍼 박사는 S파보다 먼저 도착하는 P파를 감지한 뒤 이보다 빠른 속도로 경보음을 전달하면 지진으로 인한 피해를 줄일 수 있을 거라고 생각했다. 당시 기술로는 실현 불가능했지만 지금은 지진 발생 10초 만에 경보를 울릴 수 있다. 일본은 지진이 발생하면 지진 계측기가 진동 관측에 3초, 지진파 분석에 4초, 경보에 3초가 걸린다. 미국과 대만은 20~40초 이내에 모든 경보를 울릴 수 있다. 우리나라는 현재 50초 이내에 경보가 울린다. 2020년까지 10초 이내로 끌어당긴다는 계획이다.

지진은 아는 것보다 모르는 것이 더 많다. 조금이라도 더 안전하려면 지진을 연구하는 과학자들을 응원하는 길밖에 없다. 국민의 관심이 사라질 때, 연구자의 연구비 역시 끊긴다.

신문에 실리지 않은 취재노트

한반도 지진을 둘러싼 논쟁

경주 지진이 발생한 뒤 과학자들 간 논쟁이 일어났다. 지헌철 지질자원연구원 박사와 홍태경 연세대 교수는 2011년 발생한 동일본 대지진이 한반도에 영향을 미치면서 경주지진으로 이어졌다고 말했다. 이에 이진한 고려대 교수는 "동일본 대지진으로 늘어난 지각의 양을 에너지로 환산하면 한반도 지각 파괴 강도의 0.008%에 불과하다"며 거의 영향을 미치지 않았다고 주장했다. 즉, 한반도 지진의 원인이 동일본 대지진이 아니라는 것이다. 몇몇 과학자에게 문의한 결과 대체로 지헌철 박사와 홍태경 교수의 의견에 손을 들어줬다.

2011년 3월 11일 동일본 대지진이 발생했을 때 한반도가 동쪽으로 최대 3cm가량 이동했다고 한다. 이후 지각이 원상태로 돌아가기 위해 움직이면서 작은 지진이 자주 발생했다. 실제로 2011년 3월 이후 한반도에서 발생한 지진 빈도수는 급격히 증가했다. 한반도에서 발생한 규모 2.0 이상의 지진은 1999년부터 2011년까지 평균 43.6회였으나, 2011년 52회, 2012년 56회로 늘더니 2013년은 93회로 급증했으며, 경주 지진이 있어났던 2016년에는 254회에 달했다. 그 과정에서 한반도 곳곳에 숨어 있던 단층이 영향을 받은 것이라는 주장이 힘을 얻고 있다. 하지만 2016년 경주 지진의 원인이 2011년 발생한 동일본 대지진의 영향이라고 단정적으로 말할 수는 없다.

2017년 포항 지진을 두고도 과학자들 간 의견 차이가 있었다. 이진한 교수는 "지열발전소 가동을 위해 땅속에 넣었던 물이 지진을 일으켰을 수 있다"고 이야기했지만 홍태경 교수는 "땅에 넣은 물의 양이 적어 직접적인 원인이라 볼 수 없다"고 주장했다. 안정된 지층이라 하더라도 많은 양의 물이 스며들면 지층과 지층 사이인 단층면에 가해지는 압력이 점점 커진다. 결국 불안정해진 단층이 미끄러져 어긋나면 지진이 발생한다.

2017년 7월 영국 더럼대학교와 뉴캐슬대학교가 국제 학술지 〈지구과학 리뷰〉에 발표한 논문에 따르면 전 세계에서 발생한 700건이 넘는 유발 지진을 조사한 결과, 주입한 유체(액체와 기체)의 양이나 댐의 규모 등에 따라 지진 규모에 차이가 나타났다. 지열발전소의 경우 1만 m^3의 물을 주입했을 때 발생하는 지진은 최대 규모 4.0인 것으로 조사됐다. 포항지열발전소는 1만 2000m^3의 물을 넣었지만 현재 남아 있는 양은 5000m^3이다. 논문을 근거로 보면 5000m^3의 물의 양은 규모 5.4의 지진을 일으킬 수 없다.

다만 지열발전소에 물을 넣었을 때 인근 지역에서 규모 2.0의 작은 지진이 수차례 발생한 것으로 조사되기도 했다. 물이 지층에 영향을 미친 것도 사실인 셈이다. 현재 과학자들은 지열발전소가 포항 지진에 미친 영향을 분석하고 있다. 자세한 분석 결과는 2018년 말이나 2019년은 되어야 나온다.

확실한 조사가 이뤄지지 않은 상황에서 지진의 원인을 단정 짓는 것은 또 다른 논쟁의 대상이 될 수 있다. 결국 과학자들의 의견 차이의 핵심은 어느 것 하나 확실한 것은 없는 상황이라는 것이다.

지구온난화

트럼프는 왜 지구온난화를 거짓이라고 할까

"지구온난화라는 개념은 중국 정부가 미국의 제조업 경쟁력을 떨어트리기 위한 목적으로 만들어낸 것이다."

"비경제적인 지구온난화 헛소리는 멈춰야 한다. 지구는 얼어 죽을 지경이고, 기온은 기록적으로 떨어졌으며, 지구온난화를 주장한 과학자들은 얼음 속에 갇혀 있다."

도널드 트럼프 미국 대통령은 대선 후보가 되기 이전부터 자신의 SNS에 지구온난화는 거짓이라고 주장해왔다. 온난화를 인정하지 않으면, 파리기후변화협약과 같은 조약에서 벗어나 이산화탄소 배출에 거리낌 없이 공장을 가동할 수 있다. 자국 기업에게 이득을 제공할 수 있는 만큼 트럼프 정부의 기조인 '아메리카 퍼스트'를 위해서는 지구온난화를 부정해야만 한다. 물론 힐러리 클린턴과의 대선 후보 토론회에서 "그런 말한 적 없다"고 거짓말을 했지만 말이다. 지구온난화는 그의 말마따나 거짓일까.

매년 여름마다 확실히 더워지는 것을 느끼고 있는 우리로서는 선뜻 받아들이기 쉽지 않다. 지금까지 지구온난화를 믿지 못하게끔 하는 여러 사건이 언론에 보도되어왔다. 이후 많은 도서가 '지구온난화'는 거짓이라는 주제로 출판되었고 한때 인터넷 상에서는 그것이 진실인양 받아들여지기도 했다. 문제는, 지구온난화에 생채기를 내는 여러 사건들의 결과가 어땠는지 제대로 알려지지 않았다는 점이다. 지구온난화의 굴곡을 들여다보자.

지구는 정말 뜨거워지고 있을까

기록상 지구의 온도에 가장 먼저 관심을 가졌던 과학자는 푸리에 변환으로 (이공계생 사이에서는) 잘 알려진 프랑스의 과학자 조제프 푸리에였다. 그는 1824년 발간한 논문 〈세계 지표와 행성 공간에 대한 기온의 견해〉에서 "지구에는 태양열을 흡수하는 메커니즘이 존재하며 태양복사의 일부만이 반사되고 나머지는 흡수된다"는 이론을 펼쳤다. 온실효과의 기초 개념을 제시한 것이다.

1896년 스웨덴의 화학자 스반테 아레니우스는 인간 활동으로 발생하는 이산화탄소가 지구 기온을 높일 수 있다는 연구 결과를 발표했다. 이산화탄소와 같은 온실가스는 지표면에서 우주로 방출되는 복사열을 흡수하거나 반사해 지구 온도를 점점 뜨겁게 만든다. 그는 "대기 중 이산화탄소 농도가 지금보다 2배 증가하면 세계 평균기온은 5.6도 상승할 것"이라고 주장했지만 당시만 해도 전 세

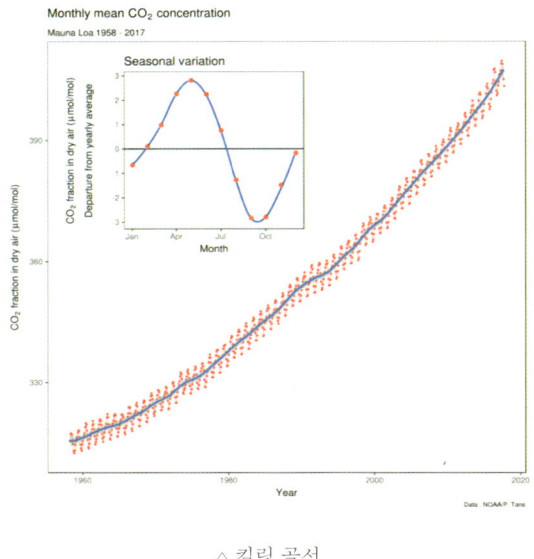

∧ 킬링 곡선

계적으로 산업화가 활발히 진행되지 않았기에 이를 뒷받침할 근거가 부족했다. 그의 이론은 크게 관심받지 못했다.

하지만 1900년대 중반 들어서면서 상황이 달라졌다. 미국의 과학자 찰스 킬링은 하와이 마우나로아 관측소에서 1958년부터 측정한 대기 중 이산화탄소량을 발표했다. 그의 조사에 따르면 315ppm에 불과하던 대기 중 이산화탄소는 꾸준한 증가세를 보였다. 사람들은 이 유명한 그래프를 킬링 곡선이라 부르기 시작했고, 이는 지구온난화에 대한 연구를 촉발하는 계기가 됐다.

1970년대 들어 지구온난화는 많은 과학자의 동의를 얻기 시작했다. 이전까지는 지구의 온도가 조금 낮아지는 결과가 관측되면서 빙하기가 도래하는 것 아니냐는 의견이 지배적이었지만 여러 과학자의 관측과 실험들이 이를 뒤집었다. 1972년 이탈리아 로마에서 열린 국제회의 로마클럽에서 "지구의 온도가 상승하고 있다"는 결과가 다시 한 번 발표되었고 1985년 세계기상기구와 유엔환경계획은 "이산화탄소 증가에 의한 온실효과가 온난화의 원인"이라고 주장했다. 이를 근거로 1988년 기후변화에 관한 정부간협의체[IPCC]가 구성되면서 이산화탄소 감축에 대한 전 세계적인 논의가 본격적으로 시작됐다. 지구온난화는 더 이상 과학적 연구 영역에 그치지 않고 경제적, 정치적, 사회적으로 확장되었다.

전 세계 70여 국 1000여 명의 전문가로 구성된 IPCC는 1990년 이산화탄소 감축과 관련된 1차 보고서를 발표했다. 1992년 6월 브라질의 리우데자네이루에서 열린 유엔환경개발회의에서 160여 개국의 서명으로 '기후변화에 관한 유엔 기본 협약'이 채택됐다. 그 유명한 리우 회의다. 리우 보고서는 1994년 3월 21일부터 공식 발효됐으며 우리나라도 1993년 12월 47번째 국가로 가입했다.

희대의 과학 스캔들, 기후 게이트

이때까지만 해도 지구온난화에 대한 회의론은 크지 않았다. 일부 과학자가 "과거에도 지구는 따듯했다. 추운 빙하기와 따듯한 간빙기는 지구 역사에서 주기적으로 나타난다"라고 주장했지만 크게 받아들여지지 않았다. 1000년 전인 중세 시대가 현재보다 더 뜨거웠다는 그들의 주장은 과학적으로 입증되지도 않았다.

지구온난화 회의론자가 득세하기 시작한 것은 2002년 이후다.

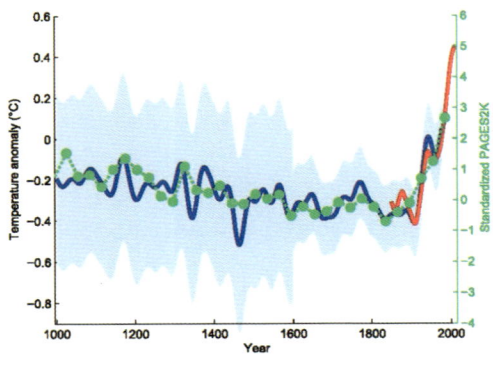

∧ 하키스틱 그래프

이를 촉발한 것은 하키스틱 그래프 논쟁이었다. 1998년과 1999년, 마이클 만이 미국 매사추세츠대학교 재직 당시 학술지 〈네이처〉와 〈피지컬 리뷰 레터스〉에 북반구 온도 변화와 관련된 논문을 발표했다. 만 교수는 온도 자료 외에 나무테, 산호충, 빙상 코어 등으로부터 얻은 자료를 토대로 지난 6세기, 10세기 간 지구의 온도 변화를 측정한 논문을 연달아 발표했다. 그에 따르면 1000년 동안 평평하던 지구의 온도 그래프는 20세기 들어 급격히 휘어져 올라가는 모양새를 보였다. 직접적인 온도 조사 외에 과거 1000년간의 온도 변화를 토대로 인간이 지구온난화를 일으키고 있음을 보여주는 상징적인 그래프, 하키스틱 그래프의 탄생이었다. 2001년 IPCC 3차 보고서에 이 그래프가 게재되면서 대중의 관심을 한 몸에 받았다.

하지만 현재 캐나다의 기후변화 컨설턴트로 활동하고 있는 스티븐 매킨타이어가 2003년 〈만 논문의 정정〉이라는 논문을 발표했다. 그래프가 수학적으로 과장됐으며 통계를 왜곡했다는 내용이었다. 맥킨타이어는 "통계론적 방법에 문제가 있으며, 이를 보정한 결과 20세기 초보다 15세기 초의 지구 온도가 훨씬 높았다"고 지적했다. 이 논문이 언론에 보도되면서 지구온난화에 대한 믿음에 균열이 생기기 시작했다. 결국 하키스틱 그래프는 2006년 국립연구협회^{NRC}의 조사를 받았다. 하지만 조사 결과 연구에 일부 오류가 있는 것은 인정되지만 결과에 미치는 영향은 적다는 판결이 나왔다.

2009년에는 그 유명한 기후 게이트 사건이 발생하기에 이른다. 11월 이스트앵글리아대학교 기후연구소의 데이터베이스가 해킹당해 연구진 간에 오고갔던 1000여 통의 이메일이 유출됐다. 메일에는 문제가 될 만한 소지의 내용이 상당수 발견됐다. 연구 자료를 왜곡했다거나, 지구온난화를 지지하지 않는 연구자의 논문은 IPCC 보고서에 넣지 말라거나, 지구온난화 회의론자와는 일을 하지 말라는 등 마치 지구온난화를 주장하는 단체가 하나의 마피아인 듯한 인상을 주기에 충분했다. 기후 게이트는 언론에 대서특필되었고, 지구온난화는 마피아가 만든 괴물처럼 비춰졌다.

설상가상으로 2010년, IPCC 4차 보고서(2007)에 실린 "히말라야의 빙하는 2035년이나 그 전까지 소멸될 수 있다"는 문장이 문제가 됐다. 과학적 근거가 없으며 히말라야의 광고 문구를 따왔다는 것이었다. 지구온난화는 한 번 더 큰 타격을 받았다.

당시 미국 과학아카데미 소속 과학자 250명은 학술지 〈사이언스〉에 실은 성명서를 통해 "매카시 같은 공격*"이 기후과학자에게

---

* 1950년대 정치가였던 매카시가 정치적 반대자이자 진보적 인사들을 공산주의자로 매도하며 매카시 선풍을 일으켰던 것을 빗대어 표현한 말이다.

가해지고 있다"며 "지구온난화에 대한 과학적 결론은 변하지 않는다"고 주장했다. 여기까지는 많이 보도됐지만 이후에 기후 게이트 사건이 어떻게 마무리됐는지를 아는 사람은 많지 않다.

영국 과학기술위원회, 미국 환경보호청, 이스트앵글리아대, 미국 상무부, 미국 국립과학재단 등이 총출동해 조사에 착수했는데 결과는 싱거웠다. "이들이 지구온난화 회의론자에게 압력을 가했다고 볼 수 없다. 데이터 조작은 없었다. 개인적 이익을 취한 사례 역시 발견하지 못했다." 기후 게이트는 단순한 스캔들로 끝이 났다.

지구온난화에 이변은 없었다

지구는 정말 뜨거워지고 있을까. 2014년부터 2016년까지, 지구는 1880년 관측을 시작한 이래 3년 연속 뜨거운 기록을 경신했다. 매해 지구의 표면 온도는 과거 평년 기온보다 1도 이상 뜨거워지고 있다. 한반도도 마찬가지로 2016년 폭염 일수는 22.4일이었다. 가장 더웠던 1994년의 29.7일 이후 최고치였다. 1994년을 제외하면 폭염과 열대야 일수가 가장 많은 해는 모두 2010년 이후다. 원인은 복합적이지만 꼭대기에는 지구온난화가 있다.

1998년부터 2000년대 초반까지 지구온난화는 주춤하는 양상을 보였다. 지구온난화 회의론자는 이를 두고 "지구온난화는 과장된 이론"이라며 역공을 펼쳤다. IPCC 역시 2014년 발간한 제5차 보고서에서 "1998년 이후 지구 평균기온 상승폭이 크게 둔해지는 이상 현상이 나타나고 있다"고 적시했다. 학계에서는 이 시기를 '지구온난화 휴지기'라 부른다.

하지만 2015년 미국 국립해양대기청 연구진이 학술지 〈사이언스〉에 발표한 논문에 따르면 해양 온도 변화에 대한 오류를 수정한 결과 2000~2014년 지구 기온은 0.116도 상승한 것으로 나타났다. 물은 비열*이 상당히 크기 때문에 많은 양의 에너지를 저장할 수 있다. 지구의 바다는 그동안 대기 중에 쌓인 열을 흡수해왔지만 이산화탄소양이 급증하면서 포화 상태에 이르렀다. 바다가 흡수할 수 있는 열이 한계에 달한 것이다. 거대한 바다가 지구의 열을 흡수하는 그 짧은 기간 동안 잠시 지구가 휴식을 취한 셈이다. 지구온난화 회의론자들은 바다가 열을 흡수하는 사이 지구의 온도 변화 상승폭이 주춤해졌다고 낙관했으나, 휴식이 끝난 뒤 지구온난화는 기다렸다는 듯이 가속화되고 있다.

트럼프는 지구온난화를 믿지 않는다고 주장하더니 결국 파리기후변화협약에서 탈퇴했고 미국의 홀로서기를 선언했다. 지구온난화는 기정사실화되었고 과학계의 압도적인 지지를 받고 있는데도 말이다. 반면 지구온난화 회의론자들의 목소리는 주춤해졌다. 기후 게이트 발발 당시만 해도 수많은 책이 서점을 점령하려는 듯 쏟아져 나왔지만 오래가지 못했다. 과학자는 과학적 사실과 증거, 그리고 논문을 통해 이야기해야 한다. 과학적 주장이 기정사실화되고 학계의 지지를 받으려면 많은 실험이 쌓여야 한다. 지구온난화 회의론자의 주장은 모래성과 같다. 과격하게 말하면, '입만 살았다.'

---

* 물질의 온도를 1도 올리는 데 필요한 열량.

신문에 실리지 않은 취재노트

한반도의 여름은 안녕한가요?

2013년 1월 호주에 기록적인 폭염과 함께 전국적으로 산불이 발생했다. 남반구의 겨울에 해당하는 7~8월의 날씨는 봄과 같았다. 2015년 5~6월 인도와 파키스탄에서는 폭염으로 4000여 명이 목숨을 잃었다. 2016~2017년 미국과 중국 등지에서도 이례적인 폭염이 발생하기도 했다. 폭염은 남반구와 북반구를 가리지 않는 전 지구적인 현상이 됐다.

한반도도 예외가 아니다. 앞으로 한반도의 여름은 폭염과 소나기가 이어지는 열대성 기후로 바뀔지 모른다. 한반도의 여름을 걱정해야 하는 몇 가지 이유가 있다. 먼저 해수면 온도다. 바다에 축적된 열은 서서히 대기로 빠져나가 공기를 데운다. 지구를 덮고 있는 모든 해수가 비슷한 상황이다. 이렇게 만들어진 뜨거운 공기가 이동하면 대륙은 더욱 뜨거워진다.

남중국해에서의 기상 변화도 한반도 폭염에 영향을 미친다. 뜨거워진 적도의 공기는 하늘 높이 상승한다. 하늘을 메운 수증기는 비가 되어 떨어진다. 남중국해에서 상승기류가 형성되면 한반도 지역에서는 위로 올라간 공기가 아래로 내려가는 하강기류가 형성된다. 대기가 하강하면 구름이 없고 맑은 날씨가 이어진다. 이 같은 대류 현상이 지속되면 한반도는 계속 달궈진다. 1994년, 2013년 한반도 폭염은 남중국해에서 발생한 상승기류가 원인이었다.

1년 내내 서쪽에서 동쪽으로 부는 강한 바람인 제트기류의 약화도 대기를 달구는 원인 중 하나다. 제트기류의 약화는 북극의 해빙과도 연관이 있다. 2014년 중국과학원 연구진이 학술지 〈네이처 기후변화〉에 게재한 논문에 따르면, 예상보다 빨리 사라진 북극 빙하로 지표면의 온도가 뜨거워지면서 제트기류를 약화시키고, 이는 중위도 지역에 더 많은 폭염을 야기시켰다. 2015년 〈사이언스〉에 실린 독일 포츠담기후영향연구소의 논문도 이를 뒷받침한다.

"빙하 면적이 줄면서 드러난 바다와 육지가 태양빛을 흡수하고, 이때 달궈진 바다와 육지는 열을 대기 중으로 방출한다. (…) 이로 인해 제트기류가 약해지면 6~8월 발생하는 이동성 고·저기압의 활동성이 떨어지고 대기의 흐름이 약화된다. 결국 바다에 있는 수증기가 대륙으로 전달되지 못하면서 중위도 지역에 폭염이 찾아온다."

제트기류가 이동하면서 날씨의 변화가 생기는데, 이 같은 현상이 약화되니 날씨의 정체 현상인 블로킹이 발생한다. 한반도에 머무르는 고기압은 수개월 동안 움직이지 않고 한반도의 기온을 달군다.

2017년 북극의 빙하 면적은 역대 최저치였으므로 중위도에 위치한 한반도의 폭염 가능성이 높았다. 예상대로 2017년 여름은 더웠다. 7월 온도는 기상청에서 한반도의 기온을 측정한 이래 네 번째로 높은 수치를 기록했다. 한반도의 여름 기온을 연구하는 과학자들은 통계만으로는 여름 기온의 높고 낮음에 대한 주기성을 찾기 어렵다고 한다. 하지만 한반도 폭염에 영향을 미치는 요인이 다양해진다는 것은 확실하다. 그 정점에는 지구온난화가 떡하니 자리 잡고 있다.

○ 바이러스

전염병의
공포에서
벗어날 수 있을까

"지구상에서 인간이 지배계급으로 영위하는 데 가장 큰 위협은 바이러스다."

1967년 아프리카 자이르(현 콩고민주공화국)에서 갑작스럽게 출현한 바이러스로 팬데믹(전염병 대유행) 공포에 빠진 상황을 그린 영화 〈아웃브레이크〉(2013)는 1958년 노벨 생리의학상을 수상한 조슈아 레더버그 전 미국 록펠러대학교 총장의 말로 시작된다. 그의 말마따나 바이러스는 인류가 집단생활을 시작한 이후 잊을 만하면 나타나 호시탐탐 인류를 위협해왔다. 인류는 이에 맞서 면역 체계를 진화시키며 대응하고 있지만 바이러스는 어김없이 빈틈을 찾아내 다시 공격해온다. 인간과 바이러스의 끊임없는 싸움, 인류는 이 전쟁에서 승리할 수 있을까.

복잡하게 진화한 인간과 비교하면 바이러스는 한낱 미물에 불과하다. 살아 있는 생물이라고 말하기조차 민망하다. 생물은 스스로 물질대사와 증식을 한다. 외부 환경 변화를 감지해 체내 환경을 일정하게 유지시키는 항상성도 갖고 있다. 가령 기온이 떨어지면 인간의 신체는 열 손실을 방지하기 위해 기초대사율을 높인다. 더운 날씨에는 모세혈관의 혈류량을 증가시켜 땀을 흘린다.

하지만 바이러스는 외부 자극에 어떠한 반응도 보이지 않는다. 스스로 물질대사조차 할 수 없다. 바이러스를 현미경으로 관찰하면 특정 유전물질의 나열만 보일 뿐이다. 과거 바이러스를 무생물이라고 본 이유다. 하지만 바이러스가 숙주를 만나면 달라진다. 인간이나 동물 등의 몸속에 들어가는 순간, 바이러스는 무섭게 자신의 수를 복제하며 늘려간다. 50개에서 3만 개까지 보유하고 있는 유전체 염기 서열은 복제 과정에서 돌연변이를 일으켜 특성이 변하기도 한다. 이럴 때는 생물의 특성을 그대로 보여준다.

학계에서는 바이러스를 "생물도 아니고 무생물도 아닌, 생물과 무생물의 접점에 위치하는 존재"라고 이야기한다. 자세히 말하면 바이러스는 유전물질인 DNA, RNA와 함께 이를 감싸고 있는 단백질로 이루어져 있다. 대부분 RNA로만 이루어져 있으며 일부 바이러스만이 DNA를 갖고 있다. RNA로 이루어진 바이러스는 DNA 바이러스와 비교할 때 돌연변이가 발생할 확률이 상당히 높다. DNA는 스스로 복구하는 기작을 갖고 있지만 RNA는 그렇지 않기 때문이다. 또한 DNA는 유전체 염기 서열이 두 가닥으로 이루어져 있지만 RNA는 한 가닥에 염기 서열이 나열되어 있다. 그만큼 안정적이지 않다. 대표적인 RNA 바이러스가 독감을 일으키는 인플루엔자 바이러스다. 사람의 몸에 들어와 끊임없는 돌연변이를 일으키기 때문에 "독감을 비롯해 감기를 유발하는 바이러스를 완벽하게 치료하는 약은 현재로서는 없다."

생물인 듯 생물 아닌 바이러스는 기원도 아리송하다. 정상적인 세포가 퇴화해 유전체와 단백질만 남아 만들어졌다는 세포 퇴화설, 세포 유전체 일부가 밖으로 탈출했다는 세포 탈출설, 세포와 바이러스가 독립적으로 진화했다는 독립 기원설 등의 가설들뿐이다.

세포 퇴화설은 천연두처럼 DNA로 이루어진 바이러스의 존재를 증거로 든다. 세균보다 큰 바이러스가 있는 만큼 정상적인 세포가 퇴화를 거쳐 지금의 바이러스가 됐다는 설명이다. 하지만 이 같은 설명은 DNA 바이러스보다 많은 RNA 바이러스를 설명하기 힘들다. 이를 뒷받침하는 이론이 세포 탈출설이다. 세포 내에서 정상적인 작동을 하던 RNA와 단백질이 어떤 이유에서 세포 밖으로 나갔고, 그 과정에서 생존을 위해 진화해갔다는 설명이다. 또 한 가지 가설인 독립 기원설은 기자가 만난 과학자 중 대다수가 가장 유력하게 보고 있었다. 이는 바이러스 역시 인류가 진화해온 것처럼 독립적인 생물로 존재해왔다는 것이다. 물론 3가지 기작 모두 바이러스가 출현하고 진화하는 데 어느 정도 역할을 했을 수 있다.

바이러스의 진정한 무서움, 돌연변이

인류 곁에서 수백만 년 이상 살아온 바이러스는 20세기에 들어 본격적으로 존재감을 드러내고 있다. 대표적으로 1918년 세계적으로 5000만 명 이상의 목숨을 앗아간 스페인 독감이 있다. 계절마다 유행하는 독감(인플루엔자)의 일종이다. 사람은 물론 조류나 다른 포유류에도 존재하는 바이러스로 돌연변이가 자주 일어난다. 스페인 독감도 처음에는 치명적이지 않았지만 변종이 발생하면서 치사율이 높아졌다고 한다. 아시아 독감, 홍콩 독감 등이 연달아 출현하며 인류와 치열한 사투를 벌였다. 바이러스가 출현할 때마다 인류는 전염을 막기 위해 감염자를 격리시키고 백신을 개발해왔다. 세계보건기구(WHO)는 매년 전 세계에서 유행하는 독감을 분석해 다음 해에 출현할 수 있는 바이러스 예방 접종을 권고하고 있다.

바이러스의 변이는 여전히 현재진행형이다. 동물이 갖고 있던 바이러스가 돌연변이를 일으켜 인간에게 전염된 것이 그 시작이었다. 중국에서 발생한 신종 조류인플루엔자(AI)인 H7N9 타입이 대표적이다. 주로 칠면조나 오리 등에게서만 발견되던 바이러스였지만 2013년 중국에서 사람에게 감염된 첫 사례가 보고됐다. AI 바이러스는 일반적으로 사람에게 전염되지 않는다. 호흡기를 통해 체내로 들어온 바이러스는 인간 세포 표면에 있는 수용체와 모양이 맞아야 결합해 증식하면서 감염을 유발한다. 그래서 숙주의 종 차이가 클수록 감염은 잘 일어나지 않는다. 이를 종간 장벽이라고 한다. 천연두, 홍역은 사람에게만 감염이 될 뿐 이외의 동물은 바이러스에 노출되어도 건강에 큰 문제가 없다.

문제는 종간 장벽이 언제든 깨질 수 있다는 점이다. 바이러스는 수시로 돌연변이가 일어나기 때문이다. 사람에게는 아무 문제가 없던 바이러스가 어느 순간 돌연변이를 거쳐 치명적으로 작용할 수 있다. 이는 사람이 바이러스에 많이 노출되면 노출될수록 확률이 높아지는 시나리오다. 이처럼 바이러스가 종간 장벽을 건너뛰어 전염되는 현상을 스필오버라고 한다.

특히 같은 포유류에 속해 종간 장벽이 낮은 박쥐나 원숭이 등을 숙주로 하는 바이러스는 돌연변이를 일으켜 인간에게 전염될 확률이 높다. 대표적인 것이 에볼라 바이러스다. 1970년대 원숭이나 박쥐에게서 전염된 것으로 추정되는 에볼라 바이러스는 한때 치사율이 90%에 이르러 공포에 떨게 했다. 1980년대에는 후천면역결핍증후군AIDS를 일으키는 인간면역결핍바이러스HIV가 나타났다. 이후 발생한 헨드라 뇌염, 메낭글 바이러스, 니파 뇌염, 중증급성호흡기증후군SARS 역시 박쥐가 원인이었다.

2011년 12월 미국 생물 안보를 위한 국가과학자문위원회NSABB는 〈네이처〉와 〈사이언스〉에 네덜란드 에라스무스메디컬센터와 위스콘신대 연구진의 논문 일부를 삭제하고 출간해달라는 요청을 했다. 두 논문은 1997년 홍콩에서 발견된 AI인 H5N1에 약간의 변형을 가해 공기 중 전염이 가능하도록 만든 연구 결과가 담겨 있었다. 만약 이 방법이 전 세계에 공개된다면 생물 테러나 팬데믹이 발생할 수 있다고, NSABB는 경고했다. H5N1은 치사율이 60%에 이르는 고병원성 바이러스이지만 다행히 전염력은 약했다. 연구진은 바이러스에 있는 5개 유전자를 변이시킨 뒤 족제비에 감염시켰다. 그 뒤 족제비 체내에서 배양된 바이러스를 다시 채취해 다른 족제비에게 투여했다. 이 과정을 세 번 거치자 바이러스는 스스로 돌연변이를 일으키며 공기 중으로도 전염되는 특성을 갖게 됐다. 사람에게도 같은 일이 일어나지 말란 법이 없다. 돌연변이는 언제든 가능하다.

H7N9가 2009년 전 세계를 공포에 떨게 했던 신종 인플루엔자와 마찬가지로 여러 바이러스가 숙주의 몸 안에서 재조합을 거쳐

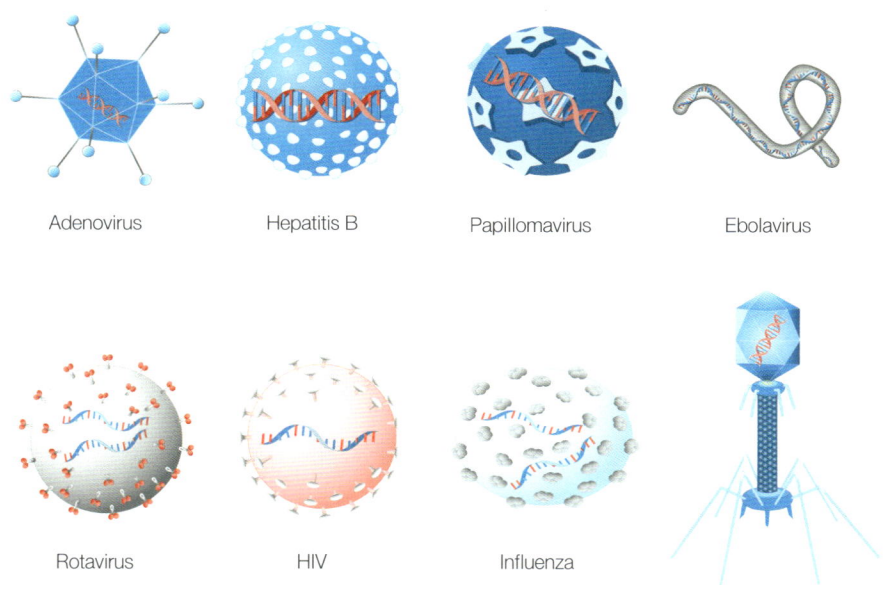

∧
인플루엔자, HIV, 에볼라 바이러스 등 다양한 바이러스의 모습들.
그중 감기 등의 호흡기질환을 일으키는 아데노 바이러스,
B형 간염 바이러스hepatitis B, 유두종 바이러스papillomavirus,
세균을 먹고 사는 박테리오파지 등이 DNA 바이러스임을 알 수 있다.

발생한 모자이크 바이러스일 가능성도 있다. WHO 중국국립인플루엔자센터 조사에 따르면 H7N9의 게놈(유전체) 분석 결과 3가지 AI 바이러스와 비슷한 염기 서열을 갖고 있는 것으로 확인됐다. 만약 치사율과 전염력이 강한 두 바이러스가 변종을 일으켜 합쳐질 경우, 좀비 시나리오 이상의 재앙이 발생할 수 있다. 치사율이 높은 H5N1과 전파 속도가 빠른 H1N1의 결합이 가능성이 높다.

그럼에도 바이러스는 정복될 수 있다

지구상에는 인류의 노력 끝에 사라진 바이러스도 존재한다. 우리에겐 마마라는 이름으로 잘 알려져 있는 천연두가 대표적이다. 에볼라 바이러스보다는 치사율이 낮지만 천연두도 한때 치사율 30%에 달하는 무서운 바이러스였다. 전 세계 사망 원인 중 10%를 차지할 정도였다. 천연두를 없애는 데 큰 공을 세운 사람은 우두법을 발견한 영국 의사 에드워드 제너 박사다. 그는 1773년 소에 존재하는 천연두 바이러스를 사람에게 주사해 천연두에 대한 항체를 만들어냈다. WHO는 1970년대 아프리카에서 유행한 천연두를 잡기 위해 대규모 예방접종을 시작했고, 결국 1977년 소말리아에서 마지막 환자가 발견된 뒤 지구상에서 자취를 감췄다. 현재 국제협약에 따라 미국 질병통제예방센터[CDC]와 러시아 벡터연구소에서 천연두 바이러스 샘플을 보관하고 있을 뿐이다. 1980년 WHO는 "지구상에서 천연두는 사라졌다"고 발표했다. 공식적으로 인류가 바이러스를 정복한 첫 사례다.

최근 정복을 앞두고 있는 바이러스는 소아마비를 일으키는 폴리오 바이러스다. 5세 이하 어린이가 많이 감염되는 폴리오 바이러스는 1950년대 백신이 개발되기 전까지 매년 50만 명의 목숨을 앗아갔다. 1988년 WHO가 폴리오 바이러스 박멸을 선포한 후 2014년 감염자는 200여 명으로 급감했다. 1979년 이후 미국에서는 더 이상 환자가 발생하지 않고 있으며, 우리나라도 1960년대 백신이 소개된 이후 1984년부터 자취를 감췄다. 하지만 여전히 아프리카 일부 국가와 파키스탄 등에서는 환자가 보고되고 있다. 천연두와 폴리오가 백신으로 인해 쉽게 잡힐 수 있었던 것은 모양이 좀처럼 변하지 않는 DNA 바이러스이기 때문이다.

바이러스를 연구하는 과학자들은 "아직 인류가 아는 바이러스는 1% 미만"이라고 말한다. 환경 파괴가 계속될수록 인류는 그동안 접하지 못했던 수많은 바이러스에 노출될 가능성이 높다. 산림이 줄고 습지가 사라지면서 박쥐나 원숭이 등이 농장으로 건너와 먹이를 찾고 배설물을 남기고 간다. 배설물에 숨어 있던 정체 모를 바이러스가 인류에게는 치명적인 바이러스가 될 수 있다. 인간의 무분별한 세력 확장이 신종 바이러스 출현이라는 새로운 사회문제를 낳고 있는 셈이다.

"그럼에도 불구하고 어디든 희망은 있다. 다만 그 길을 찾는 것은 당신 몫일 뿐."

페스트 창궐을 다룬 알베르 카뮈 소설 《페스트》의 문장을 되새겨봐야 할 때다.

신문에 실리지 않은 취재노트

잠재적 위험,
조류독감

AI 유행은 전 세계적인 현상이 됐다. 우리나라에서도 잊을 만하면 한 번씩 조류독감이 사회문제로 떠오른다. H7N9, H5N8, H5N6* 등 이름 외우기도 상당히 까다롭다. AI를 이해하려면 3가지만 알면 된다. 위험한 H5N8, 이상한 H7N9, 그리고 무서운 H5N6다.

학술지 〈사이언스〉에 따르면 2016년 11월부터 AI 때문에 독일에 있는 오리와 닭이 살처분됐다. 유럽의 다른 지역과 북아프리카, 중동 지역에서도 AI가 출몰했다. 이 모든 사건의 원인은 H5N8이었다.

H5N8은 인간을 감염시키지 않는 것으로 알려졌다. 하지만 조류에게는 빠른 전파와 함께 치사율이 상승하고 있어 전문가들을 혼란스럽게 하고 있다. 바이러스는 치사율이 높을수록 전파력이 떨어진다. 반대로 전파력이 강하면 치사율이 낮다. 치사율이 높으면 바이러스가 감염시킨 숙주(조류)가 힘을 못 쓰기 때문에 바이러스를 멀리 전파하기 어렵다. H5N8이 위험해 보이는 이유는 이례적인 치사율과 전파 속도 때문이다. H5N8이 이처럼 전 세계적으로 영향을 미친 것

---

* A형 인플루엔자는 헤마글루티닌(hemagglutinin)과 뉴라미니다아제(neuraminidase)라는 단백질이 표면에 돌기처럼 나 있는 것이 특징이다. 이니셜을 따서 종류에 따라 번호를 붙여 바이러스의 종류를 구분하는데, HA는 18종류, NA는 11종류가 있어 총 198개의 조합을 만들 수 있다.

은 2014년에 이어 두 번째다. 2014년에는 한반도에서 출발한 철새들이 러시아로 퍼뜨린 뒤 유럽과 북미까지 영향을 미쳤다. 2017년 현재 이 바이러스는 2년 전보다 빠른 속도로 퍼지고 있으며 더 많은 종을 감염시키고 있다. 대표적으로 붉은머리오리의 경우 2014년에는 H5N8에 끄떡없었지만 2017년에는 맥을 못 추고 있다.

H7N9의 위협도 심각한 수준이다. H7N9은 중국에서 주로 생닭이나 생오리 시장에서 노출된 것으로 알려지고 있다. H7N9이 이상한 이유는 가금류에게는 경미한 증상만을 유발하지만 사람은 목숨을 잃을 수도 있기 때문이다. 가금류에게 이상 증세가 발견되지 않으니 가금류 사이에 바이러스가 얼마나 퍼져 있는지 현실적으로 알 수 없다. 이러한 패턴을 보인 것은 1918년 5000만~1억 명의 목숨을 앗아간 H1N1밖에 없다.

다음 위협은 H5N6가 될 가능성이 있다. 최근 학술지 〈셀 호스트와 마이크로브〉에 실린 중국과학원 연구진의 논문에 따르면 H5N6는 인간에게도 감염될 수 있으며 중국 가금류 사이에 널리 퍼져 있는 것으로 나타났다. 연구진이 2014~2016년 중국 16개 지역에 퍼져 있는 생닭과 생오리 시장에서 AI 양성 반응을 보인 3174개 샘플을 분석한 결과 H5N6가 지배적으로 자리 잡고 있는 것으로 확인됐다. 언제든 세상 밖으로 뛰쳐나올 준비가 된 셈이다. H5N6가 유행한다면 인간 감염 우려도 있어 AI 감염이 새로운 국면을 맞이할 수 있다. 전문가들은 이러한 추세가 당분간 계속될 것으로 보고 있다.

○ 방사능

우리는 지금도 방사능에 노출되고 있다

"너 미쳤니?"

2011년 4월 1일, 아침부터 많은 지인에게 연락을 받았다. 대부분 정신 상태를 의심하거나 질타하는 내용이었다. 이날 신문에는 방사선량 계측기를 들고 있는 기자의 모습이 대문짝만하게 나왔다. 이야기는 3일 전으로 거슬러 올라간다. 일본 후쿠시마 원전이 폭발하고 한 달이 조금 안됐던 3월 29일, 더 이상 기삿거리가 없던 팀장은 기자에게 말했다.

"방사선을, 직접 맞아보자."

두 귀를 의심했다. 하지만 잘못 들은 것이 아니었다. 3월 28일 서울 대기에서 0.0000343mSv(밀리시버트)의 방사선량이 검출됐고 비까지 내리자 방사능비가 내린다고 난리가 났다. 휴교를 한 학교도 있었다. 전문가들은 건강에 아무 영향을 미치지 않으니 걱정하지 않아도 된다고 했지만, 방사선에 대한 공포는 상당히 컸다. 그러니 안전하다는 기사를 쓰는 데 멈추지 말고 우리가(아니 내가) 직접 맞아보자는 것이었다. 미쳤다고 생각했다(선배, 미안합니다).

다행히 대책 없이 꺼낸 이야기는 아니었다. 갑상샘암에 걸려 갑상샘을 절개한 환자들은 남아 있는 암세포를 죽이기 위해 180~200mCi(밀리퀴리)의 방사성 요오드를 복용한다. 이를 Bq(베크렐)로 환산하면 약 66억 6000만 Bq이고 환자가 받는 방사선량은 약 400mSv다. 그러니까 갑상샘암 환자가 요오드를 섭취하고 격리되기 전까지 그 옆에 방사선량 계측기를 들고 서 있으라는 것이었다. 수습이 끝난 지 얼마 안 되었던 때였다. 시키면 했다. 이튿날, 곧바로 서울 공릉에 위치한 원자력병원을 찾았다.

그래서 방사선을 맞아보았다

갑상샘암을 제거한 환자들은 방사성 요오드를 먹고 격리되기 전 의사로부터 주의사항을 듣고 있었다. 그 옆에 기자도 어리바리한 표정을 한 채 꿔다 놓은 보릿자루처럼 앉아 있었다. 설명이 끝나자 환자들은 격리실로 들어갔다. 이후 문을 열고 방사성 요오드를 기다렸다. 병원 직원이 카트를 밀며 나타났다. 카트 위에는 보온병처럼 생긴 차폐 용기가 있었다. 그 안에 방사성 요오드가 들어 있었다. 병실 앞에 섰다. 환자가 나왔고, 그는 차폐 용기 속에 있는 요오드를 꺼냈다. 손에 들고 있던 방사선량 계측기의 수치가 급격히 치솟았다. 환자가 요오드를 먹은 뒤에도 계측기는 0.033mSv를 가리

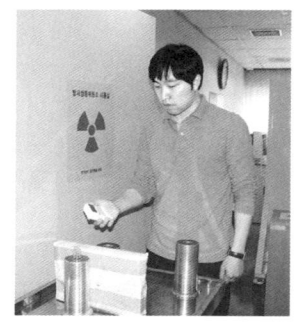
컸다. 자연에서 나오는 평균 방사선량인 0.00015mSv의 220배에 달하는 양이었다. 서울 하늘에서 검출된 방사선량의 1000배였다. 환자가 병실 안쪽에 있는 차폐막 너머로 가자 방사선량 계측기의 수치는 낮아지기 시작했다. 병실 문을 닫자 0.00026mSv로 떨어졌다.

환자 옆에 서 있던 기자 역시 그 방사선을 오롯이 몸으로 받아냈다. 한마디로 피폭된 것이다. 침을 꼴깍, 하고 삼킬 수밖에 없었다. 의사들은 걱정하지 말라고 했다. 그래도 방사선이었다. 방사성 요오드를 먹은 환자들은 2박 3일 동안 격리된다. 퇴원한 뒤에는 일주일간 어린이나 임신부와의 접촉을 피해야 한다. 혹시 모를 2차 피해를 막기 위해서다. 일주일이 지나면 환자 몸에서 방사선은 거의 나오지 않는다.

환자들이 생활하는 격리실의 평균 방사선량은 0.00026mSv다. 자연에서 나오는 방사선량보다 1.7배가량 높지만 인체에 미치는 영향은 없는 수준이다. 병실에 있는 담당 간호사들은 누적되는 방사선량을 측정할 수 있는 개인선량계를 가슴에 차고 있었다. 3개월마다 누적된 방사선량을 조사하고 기준치(분기당 30mSv)를 초과하지 않는지 살핀다. 10년 넘게 갑상샘암 환자들이 먹는 방사성 요오드 캡슐을 관리한 직원도 괜찮다고 했다. 방사선량은 거리의 제곱에 반비례하기 때문에 2~3m만 떨어져 있으면 문제없다고 했다. 그렇게 취재를 마치고 기사를 작성했다. 이튿날 기사를 데스킹하던 선배는 읽다 말고 말했다.

"너, 괜찮은 거냐."

약간 피곤한 느낌도 있었지만 괜찮다고 했다. 6년이 지난 지금까지, 멀쩡히 살아 있다. 암에 걸리지도 않았다.

담배가 낮은 방사선보다 더 위험하다?

아무리 안전하다고 해도 무서운 건 사실이다. 눈에 보이지 않아서 더 그렇다. 치과에 가는 것이 다른 병원보다 더 무섭게 느껴지는 것과 같다. 치과 의사가 입안 어디를 어떻게 다루는지 우리는 아무것도 볼 수 없다.

방사능에 많이 노출될수록 암이나 백혈병 등이 발생할 확률은 당연히 높아진다. 문제는 미량의 방사능이다. 선형가설에 따르면 상당히 낮은 방사능에 노출된다 하더라도 인체는 영향을 받는다. 방사능은 사람에 따라, 노출되는 부위에 따라 미치는 영향이 다르므로 "1mSv의 방사선을 맞았다면 당신은 암에 걸립니다"라고 이야기할 수 없다. 단지 몇 %의 확률로 암에 걸릴 위험성이 높아진다고 이야기할 수 있을 뿐이다.

보수적으로 접근해야 하는 예방의학에서는 당연히 "미량의 방사선도 영향을 미칠 수 있다"고 말하지만 실제 많은 조사 결과는 그와 다르게 나타났다. 과거 원폭 피해 생존자나 원전 종사자 집단에 대한 연구 결과 100mSv 이상 피폭된 사람들에게서 암 발생률이 선형적으로 증가하는 것으로 나타났지만 그 이하의 방사능에 노출됐을 때는 추가적인 암 발생률을 알기 힘들었다. 영향이 있다는 연구도 있었고, 반대로 아무 문제가 없다는 연구도 있었다. 통계학적으로 관련 논문을 비교해보면 작은 방사선량은 신체에 미치는 영향이 거의 없다고 본다. 차라리 담배 1개비를 폈을 경우 우리 몸의 DNA는 미량의 방사선에 노출됐을 때보다 더 많은 변이를 일으킨다.

암 발생률이 나타나기 시작하는 방사능 피폭값을 문턱값이라고 하는데 일반적으로 0~60mSv까지는 암이 발생하지 않는다고 본다. 2006년 미국 국립과학원NAS에서 문턱값을 검토한 결과 큰 문제가 없어 이를 기준으로 방사능과 관련된 기준 법안을 만들고 있다. 간혹 "자연방사선과 원자력발전소 등에서 발생하는 방사선은 다르다"고 이야기하는 사람들도 있지만 인간이 받는 방사선은 그 양에 차이가 있을 뿐 기본적으로 같다.

방사선은 단위를 계산하는 것도 복잡하다. 무서움에 복잡함을 더했다. 적분을 처음 배운 사람이 삼중적분을 봤을 때의 느낌이랄까. 베크렐Bq은 국제 표준 단위로 방사성 물질에서 뿜어져 나오는 방사선량을 뜻한다. 1초당 하나의 원자핵이 붕괴한 만큼의 방사선량을 1Bq로 표현한다. 물질 자체가 갖고 있는 방사선량이 Bq이라면, 인체에 미치는 방사선량은 시버트Sv로 표현한다. Sv는 표준인의 전신이 노출됐을 때 피폭되는 양을 의미한다. 방사선 노출을 측정하고 인체에 미치는 영향을 연구한 스웨덴의 물리학자 롤프 막시밀리안 시버트의 이름에서 유래됐다. Sv는 방사성 물질에서 나오는 방사선의 종류는 물론 신체 각 부위가 받는 영향을 포함해 계산한다.

그리고 신체 부위별 가중치가 달리 적용된다. 손이나 얼굴 등 신체 일부가 노출됐을 때는 더 적은 양을 받은 셈이 된다. 신체 내부도

기준 성인 여성 160cm / 54kg
       성인 남성 171cm / 68kg

단위 : mSv

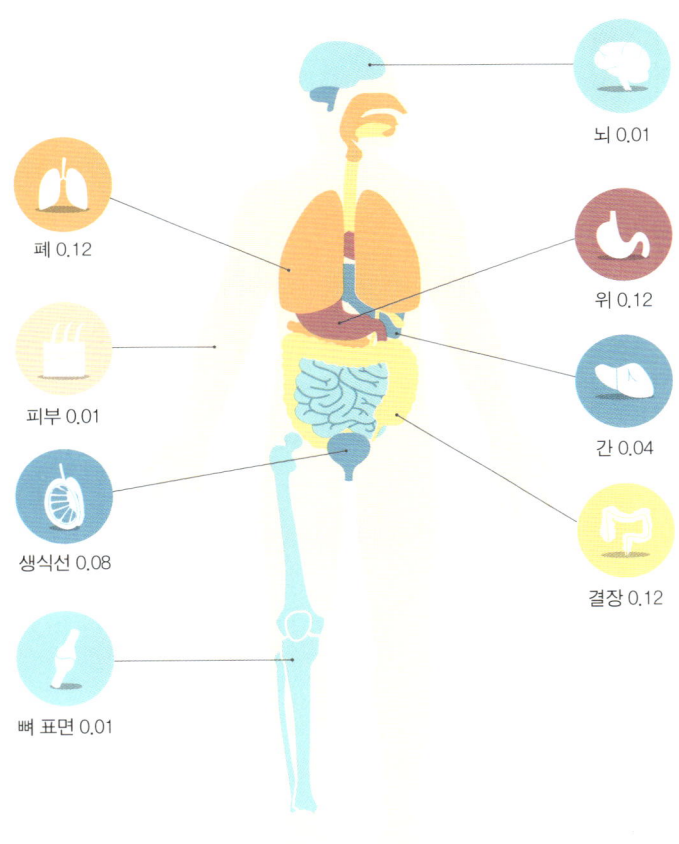

국제방사선방호위원회에서 권고한 방사선 가중치.
부위별 방사선 민감도를 나타낸다.

장기별로 방사선 영향이 다르게 나타난다. 가장 민감한 생식기관이 0.08, 비교적 영향을 덜 받고 노출 위험이 적은 뼈의 표면은 0.01이다. 전체 가중치를 합친 전신 값이 1이 된다.

일반적으로 1년 동안 몸에 누적되는 방사선량이 1mSv를 넘어서는 안 된다고 한다. 연간 피폭 허용치인 1mSv는 각 부위의 민감도를 합쳐 온몸에 고루 퍼진 방사선 영향을 나타낸다. 한국 성인 남성의 경우 171cm에 68kg, 성인 여성은 160cm에 54kg이 기준이다. 어릴수록 같은 방사선량에 노출되더라도 더 많은 영향을 받는다. 여성의 경우 유방암이나 자궁암 등 방사선 피폭으로 인한 암 발생률이 남성보다 약 30% 높은 것으로 알려져 있다.

일반적으로 X선 1회 촬영에 받는 방사선량은 0.1~0.3mSv, 가슴 컴퓨터단층촬영CT 1회에는 6.6mSv다. 시간당 100mSv의 방사선량에 노출돼도 인체에는 큰 영향이 없다고 한다. 시간당 150mSv의 방사선량에 노출되면 가벼운 헛구역질이 나온다.

위험을 제대로 알고 피하자

너무 낮은 방사선에 대해서만 이야기했다. 방사선은 위험한 것이 확실하다. 사람이 시간당 1000mSv 이상의 방사선에 노출되면 식욕감퇴, 헛구역질, 피로 등의 전조 증상이 나타난다. 1~3주 정도 잠복기를 지나면 방사선 피폭량에 따라 중추신경계 장애, 소화관 출혈, 조혈기관 기능 저하 등으로 사망에 이를 가능성도 있다. 시간당 1만 mSv 이상의 방사선량에 노출되면 의식을 잃고, 5만 mSv를

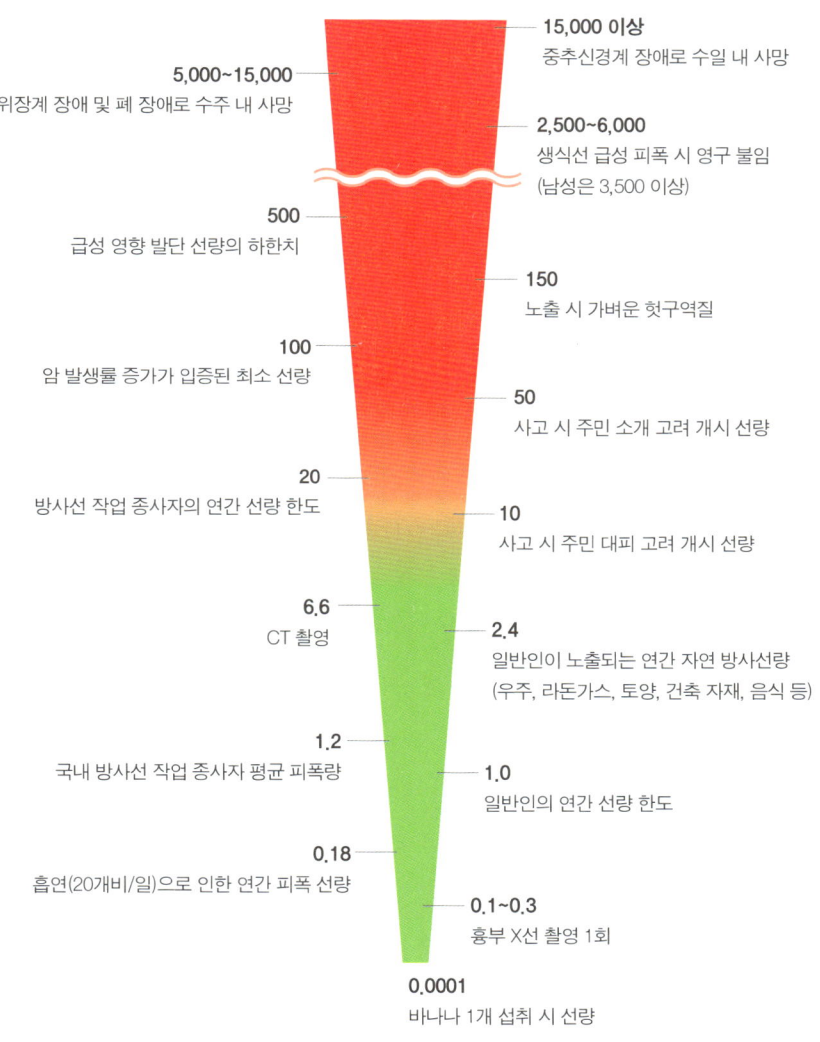

∧ 일상생활에서 접하는 방사선량과 피폭된 방사선량에 따른 영향.

쐬면 48시간 내 숨진다.

만약 태아가 방사선에 노출되면 세포 분화가 정상적으로 진행되지 못하도록 악영향을 미칠 수 있다. 그 결과 팔다리나 장기 등 신체 일부가 정상적으로 갖춰지지 않은 아기가 태어나는 것이다. 생식세포인 정자나 난자에 영향을 줄 수도 있다.

방사선은 에너지를 갖고 있다. 방사선을 맞은 세포는 이 에너지를 흡수해 전리*가 발생한다. 세포에 있는 물 분자가 분해되면서 활성산소가 발생해, DNA에 변형을 일으킬 수 있다. DNA는 일정 수준 이상의 방사선에 노출됐을 때 불완전한 염색체를 만든다. 방사선에 피폭된 사람들을 조사할 때 염색체를 들여다보는 이유다. 불완전한 염색체 개수가 많을수록, 방사선 피폭량이 많은 것이다.

이러다 보니 어디서 방사선만 검출됐다고 하면 두려움에 떠는 것은 당연하다. 2013년 국내 수산물에서 방사성 물질인 세슘이 검출됐다. 당시 국내 수산물에서는 방사성 세슘이 적게는 1kg에 1Bq, 많게는 98Bq까지 검출됐다. 다행스럽게도 이 양은 모두 수입 허용 기준인 kg당 100Bq에 미치지 못했지만 사람들은 수산물 소비를 줄이기 시작했다.

계산을 해보면 370Bq 세슘이 검출된 식품 1kg을 먹으면 우리 몸에 미치는 영향은 0.0048mSv에 불과하다. 이 같은 기준은 국제방사선방호위원회^{ICRP}가 권고한 사항으로 생물학자, 핵물리학자 등 세계 각국의 전문가가 참여해 정한 값이다. 국내 원자력발전소 인근 숭어에서는 kg당 4~6Bq의 세슘이 검출됐는데, 숭어만 100만 kg 이

---

* 원자나 분자에서 전자가 떨어지는 현상.

상 먹어야 CT 촬영을 했을 때의 피폭량과 비슷한 값을 갖는다.

기자는 방사선에 크게 노출된 이후 2011년 방사능비가 온다고 했을 때 비를 맞았고, 2013년 국내 수산물에서 방사능이 검출됐을 때도 개의치 않고 생선을 먹었다. 이 정도 방사선량은 크게 문제가 되지 않는다는 것을 여러 논문을 통해 접했기에 개의치 않았다. 이들의 논문과, 이를 피어리뷰한 과학계의 시스템을 믿기 때문이다.

지금도 인간의 유전자는 방사선에 의한 돌연변이를 거듭하고 있다. 핵폭탄이나 원자력발전소에서 발생하는 방사성 물질만이 방사능을 갖고 있는 것은 아니다. 우리 주변 환경도 끊임없이 방사능을 내뿜으며 우리 몸에 영향을 미친다. 자연에서 발생하는 방사선은 1~2mSv로 방사능 측정기로도 측정될 만큼 꽤 많은 양이다. 생물은 지구와 함께한 지난 수십억 년 동안, 땅과 하늘에서 쏟아지는 방사능에 노출되며 끊임없이 유전자 변형과 함께 진화해왔다. 원자력발전소의 방사성 물질이 문제되지 않는다는 것은 아니다. 기자 역시 위험한 원자력발전소의 수는 줄이는 것이 좋다고 본다. 하지만 인터넷을 중심으로 퍼지고 있는 뜬소문의 대부분은 과학적 근거는 무시한 '카더라'인 경우가 많다. 조금은 냉정하고 이성적으로 받아들일 필요가 있다.

그래도 방사선 노출에는 주의를 기울여야 한다. X선 촬영을 하루에 2회 이상 하지 말라는 이유도 마찬가지다. 어지간하면 방사선에 노출되지 않는 것이 좋다. 그렇다고 미량의 방사선이 노출됐을 때 호들갑을 떨 필요는 없다. 이처럼 방사선은 애매하고 또 어려운 문제다.

신문에 실리지 않은 취재노트

당신이 모르는
방사선의 이로움

    방사선은 독이 맞지만 잘 쓰면 약이 되기도 한다. 1988년부터 캐나다원자력공사AECL 연구원 사이에서는 재미있는 이야기가 떠돌았다. 골프공을 전자빔가속기에 넣었다 빼면 비거리가 약 10% 이상 늘어난다는 것이었다.

    1992년, 실제로 AECL은 3명의 프로 골퍼 선수들에게 방사선을 쪼인 골프공 12개와 일반공 12개를 무작위로 주고 드라이브를 치도록 한 뒤 얼마나 멀리 나가는지 실험했다. 결과는 방사선을 쪼인 공이 10% 이상 비거리가 늘어났다. 전자빔가속기에서 방출된 방사선이 골프공 내부의 분자 구조를 치밀하게 바꾸어 골프공의 탄성이 향상된 것이다. 방사선을 쪼였다고 해서 골프공에서 방사선이 뿜어져 나오는 것은 아니다. 방사선은 골프공을 스쳐 지나갔을 뿐이다. 물론 방사선을 쪼인 공은 정식 대회에서 사용할 수 없다.

    방사선은 이밖에 전선 피복, 타이어, 항공기용 고강도 경량 재료 등에 이미 활용되고 있다. 전선 피복에 전자빔을 쪼이면 내열 특성이 향상된다. 방사선이 갖고 있는 에너지가 물질의 구조를 바꿈으로써 특성을 변화시키는 것이다.

    생활하수에서 발견되는 항생제와 항생제 내성 미생물도 방사선을 이용하면 제거 가능하다. 사람이 항생제를 먹으면 대부분의 약물은 배출돼 생활하수로 흘러간다. 병원에서 흘러나오는 하수에도 항생제를 비롯한 의약 물질과 항생제에 저항성을 가진 DNA를 보유한 미생물이 상당량 함유돼 있다. 기존 하수처리 장치로는 항생제나 특정한 미생물을 걸러내는 것에 한계가 있다. 하천에 미생물과 DNA가 쌓이면 생물 간 전이 현상이 발생해, 상당히 많은 미생물이 항생제 내성과 같은 특성을 갖게 될 우려가 존재한다. 그러면 하천을 생활용수로 사용하는 사람은 방사능에 오염된 미생물이나 바이러스에 감염될 확률이 높아지는 것이다.

하지만 생활하수에 전자빔을 쏘이면 항생제를 포함한 의약 물질, 병원성미생물과 항생제 저항 유전자를 가진 미생물을 동시에 처리할 수 있다. 물에 전자빔을 쏘이면 자연에 존재할 가능성이 매우 낮지만 불안한 물질인 라디칼이 만들어지는데, 이 라디칼이 안정된 물질로 변하는 과정에서 오염 물질이나 미생물을 파괴한다. 식물에 인위적인 돌연변이를 일으킬 때도 방사선이 활용되곤 한다.

방사선을 우리 사회에서 완전히 없애는 것은 불가능하다. X선, CT 촬영 역시 방사선 때문에 가능하다. 독이 되지 않도록 잘 관리하는 수밖에 없다.

○ 전자파

스마트폰
너마저

"휴대전화를 많이 사용하면 뇌종양에 걸릴 수 있나요?"

2010년 아이폰4의 등장 이후 휴대전화는 내 손안의 작은 컴퓨터로 인식이 바뀌었고, 휴대전화에 대한 의존도는 더욱 높아졌다. 휴대전화 사용량이 많아질수록 전자파에 대한 고민은 커진다. 단편적으로 발표되는 연구 성과에 따라 기사 역시 자극적으로 쏟아진다. 휴대전화 전자파가 뇌종양에 영향을 미친다든지, 어지러움을 유발한다든지, 어린이에게 영향을 미친다든지 하는 부정적인 내용의 기사가 많다. 하지만 곧 기억력이나 인체에 거의 영향을 끼치지 않는다는 내용으로 바뀌기도 한다. 커피의 장단점에 관련된 수많은 연구 성과가 나올 때마다 기사 제목이 바뀌는 것처럼 휴대전화 전자파 역시 이래저래 말이 많다.

인류가 쌓아온 과학은 전자파에 대해 어떤 답을 내놓고 있을까.

아이폰으로 대변되는 스마트폰 이전에도 휴대전화 전자파에 대한 논란은 꾸준히 있었다. 1993년 〈연합뉴스〉 기사에 따르면 미국에서 뇌종양으로 사망한 한 여성의 남편이 휴대전화 제조사를 상대로 손해배상 소송을 제기했다.

하지만 소송 결과는 원고 패소였다. 법원은 "뇌암과 휴대전화 전자파 간의 인과관계를 증명할 수 없다"는 이유를 들었다. 이후 미국에서 관련 소송이 줄을 이었지만 모두 원고가 패소했다. 휴대전화 전자파가 건강에 악영향을 미친다는 여러 연구들은 대부분 쥐를 대상으로 짧은 기간 조사했거나, 사람을 대상으로 했다 하더라도 모집단 수가 적어 학계에서 인정받기 어려웠다. 그래서 암과 전자파의 상관관계를 명확히 증명할 수 없었다.

전자파와 커피, 살충제의 공통점

2000년대 들어 휴대전화 사용량이 급증하면서 전자파에 대한 우려 역시 덩달아 높아졌다. 2011년 5월 31일, WHO는 휴대전화 사용이 뇌종양을 일으킬 가능성이 있다며 발암 위험 평가 기준 2B로 분류했다. 2B는 유력한 암 유발 물질을 의미하는 2A의 다음 단계이다. 살충제, 납, 배기가스 등 270여 개의 물질이 같은 단계에 포함되어 있다. 당시 WHO 산하 국제암연구소IARC는 14개국 31명의 전문가로 구성된 위원회의 조사 결과를 토대로 이 같은 결론을 내렸다. 전문가들은 지금까지 발표된 휴대전화 전자파 관련 논문 수백 건을 분석했으며 "휴대전화가 암을 유발한다는 충분한 근거가 있는 만

남녀노소 스마트폰을 사용하는 시간이 점점
늘어남에 따라 전자파에 대한 우려 또한 커지고 있다.

큼 향후 면밀히 관찰할 필요가 있다"고 밝혔다.

2B로 분류된 발암물질에는 커피도 포함되어 있다. 즉, 너무 많이 쓰지 않으면 걱정하지 않아도 된다는 의미다. 지금까지의 역학조사를 보면 10년 동안 매일 30분씩, 한쪽 귀로 휴대전화 통화를 할 경우 악성 뇌종양의 일종인 신경교종의 발병률이 높아졌다고 한다. 전문가들은 WHO의 평가를 "보다 정확하고 객관적인 근거를 찾기 위해 심층 연구가 필요함을 뜻한다"고 해석한다.

그렇다면 전자파는 왜 위험할까. 전자파는 전자기파의 줄임말이다. 자석 주변에 철가루를 떨어트리면 자석을 중심으로 타원 모양을 이루는 것을 기억할 것이다. 철가루가 흩뿌려져 있는 자리는 자기장이 형성된 공간이다. 전자기파 역시 마찬가지다. 전자기장에 의해 공간으로 퍼져나가는 에너지장을 의미한다. 전자기파가 인체에 가장 큰 영향을 미치는 것이 바로 열작용이다. 휴대전화나 전자레인지 등에서 나오는 주파수가 높은 전자기파는 세포의 온도를 상승시킨다. 휴대전화를 오랫동안 사용하면 얼굴 체온이 1.5도에서 심하면 4도까지 올라간다. 이 열이 뇌까지 영향을 미쳐 종양을 일으킬 가능성이 있다는 것이다.

미국, 전자파의 유해성을 파헤치다

2016년 5월 26일, 미국 국립보건원[NIH]을 비롯한 여러 정부 기관이 참여한 국립독성프로그램[NTP]의 연구 논문이 공개되면서 휴대전화 전자파가 논란에 휩싸였다. 휴대전화 방사선(전자파)에 노출된 숫쥐가 희귀 뇌종양과 심장종양에 걸릴 가능성이 높다며 인간의 건강 역시 위협할 수 있다고 결론을 내렸기 때문이다. 예상했듯이 논문 내용은 "휴대전화 전자파가 뇌종양의 원인"이라는 제목으로 일파만파 퍼져나갔다. 연구 결과의 신뢰성에 의문을 제기하는 과학자도 많았지만 연구진은 "휴대전화 전자파가 암을 일으키는 메커니즘의 단서를 찾았다"고 주장하고 있다.

NTP 연구진의 연구 결과는 2017년 최종 발표를 앞두고 있지만 대중의 관심이 높은 것을 감안해 2016년 일부 데이터를 먼저 공개했다. 대체 NTP는 어떤 연구를 했을까.

NTP 연구진은 휴대전화에 사용되는 유럽 이동통신 규격GSM과 코드분할다중접속CDMA 방식을 각각 적용한 900MHz의 전자파에 쥐를 노출시켰다. 10분간 노출하고 10분간 차단하는 방식으로 하루에 9시간씩 2년 동안 연구를 진행했다. 이처럼 휴대전화 전자파에 노출된 쥐의 뇌에서는 악성 신경교종이, 심장에서는 신경초종이 각각 발견됐다. GSM 방식으로 실험한 숫쥐에서는 최대 3.3%가 뇌에 신경교종이 확인됐고, CDMA 방식에서도 숫쥐에서 최대 3.3%가 발병했다. 반면 암쥐에서는 각각 1.1%, 2.2%로 수컷보다는 비율이 낮은 것으로 확인됐다.

이번 연구 결과를 신뢰하는 그룹은 과거 논문을 근거로 든다. 인간을 대상으로 한 비슷한 연구에서도 휴대전화 전자파가 신경교종과 신경초종을 일으킬 수 있다는 결과가 나온 적이 있었기 때문이다. 또한 고용량의 전자파에 노출될수록 숫쥐의 암 발생률은 높아졌다. 이 역시 기존 이론과 같은 결과였다. 실험에 참여한 NTP 연구진 중 70~80% 가량은 휴대전화 전자파와 종양 사이에 관련성이 있다는 의견을 보였다. 하지만 휴대전화 전자파가 어떻게 암을 일으키는지에 대한 명확한 메커니즘은 아직 밝혀지지 않았다.

방사선은 이온화방사선과 비이온화방사선으로 나뉜다. 그중에서도 휴대전화 전자파는 비이온화방사선에 속한다. 이온화방사선은 강력한 에너지를 갖고 있어 우리 몸에 닿을 경우 세포의 구성 성분을 이온화시킨다. 원자로부터 전자를 떼어버린다는 의미다. 이 정도로 강한 에너지를 갖고 있는 방사선에는 X선, 감마선 등이 있다. 이온화방사선에 지속적으로 노출되면 생체를 구성하는 단백질, 세포막, DNA 등이 이온화될 수 있다. 또한 신체에 있는 물이 이온화되면 과산화물이 생성되는데 역시 단백질이나 DNA에 좋지 않은 영향을 미친다. 세포 돌연변이는 물론 사멸 등을 야기한다. 하지만 휴대전화 전자파는 비이온화방사선으로, 에너지가 낮아 원자에서 전자를 뗄 수 없다고 알려져 있다. 하지만 NTP 연구진은 휴대전화 전자파가 DNA를 손상시킬 뿐 아니라 DNA 복구를 억제하는 것을 발견했다며 이 결과가 최종 논문에 포함된다고 밝혔다. 결론은 조금 더 기다려야 할 듯하다.

전자파 차단, 가능할까

2018년이 되면 이외에도 휴대전화 전자파와 관련된 다양한 연구 성과가 나올 것으로 기대된다. 유럽에서는 쥐가 아닌 사람을 대상으로 5년간 휴대전화 사용 습관과 두통, 수면 장애, 심장 질환 등을 모니터링하는 연구가 진행되고 있다. 스페인 바르셀로나에 있는 환경역학연구센터CREAL에서는 뇌종양 환자와 건강한 사람을 대상으로 휴대전화 사용 습관을 비교하고 있다. 앞선 연구에 참여한 사람은 30만 명 정도이며, 후자 실험에는 3000여 명이 참여하는 만큼 휴대전화 전자파와 관련된 보다 신빙성 있는 연구 결과가 나올 것으로 기대되고 있다.

현재까지 과학이 밝힌 바는, 휴대전화 전자파는 위험할 수도 있고 위험하지 않을 수도 있다는 것이다. 이런 상황에서는 최대한 휴대전화를 몸에서 멀리 두는 것이 안전하다. 통화할 때는 가급적 이어폰을 활용하고 자기 전에는 침대에서 멀리 떨어뜨려 두는 것이 좋다. 실험 방법에 여러 문제가 제기되긴 했지만, 휴대전화 사용이 정자의 운동을 떨어뜨린다는 연구도 있었다. 밑져야 본전이다. 2세를 계획하고 있다면 휴대전화와 지금보다는 덜 친해지는 게 좋다.

하나 더, 전자파 차단을 위해 선인장이나 숯을 사 놓거나 전자파 차단 스티커를 부착하는 사람도 많다. '전자파가 흡수되니 괜찮겠지'라고 생각하는 사람이 있을 것 같아 2013년 국립전파연구원에서 실험한 내용을 소개하려고 한다. 국립전파연구원의 연구 결과에 따르면 시중에서 판매되는 전자파 차단 필터는 효과가 전혀 없었다. PC에 부착하는 것도 효과가 없다는 결과가 나왔다. 숯이나 선인장이 전자파를 흡수한다는 것도 근거가 없을 뿐 아니라 실험 결과 아무짝에도 쓸모없었다.

전자파가 걱정된다면 전자 기기를 몸에서 멀리 떨어뜨리는 것이 가장 좋다. 전자파는 거리의 제곱에 반비례한다. 지금보다 2배만 멀리 두고 생활한다면 우리가 받는 전자파는 4분의 1로 감소한다.

신문에 실리지 않은 취재노트

일상에서 접하는 유해 화학물질

일반인은 하루에 얼마나 많은 화학물질과 접촉할까. 전문가들은 우리 주변에 4000여 가지의 화학물질이 있다고 이야기한다. 침대, 책상 등의 나무에서는 접착제로 사용한 포름알데히드가 뿜어져 나온다. 포름알데히드는 암이나 호르몬 분비 장애 등을 일으킬 수 있는 화학물질이다. 노트북과 PC, 프린터 등도 화학물질을 가득 머금고 있다. 특히 여기서 발생하는 먼지에는 발달 장애, 불임 등을 유발할 수 있는 독성 화학물질 테트라브로모비스페놀A^{TBBPA}가 포함돼 있다. TBBPA는 플라스틱을 제조할 때 불에 잘 타지 않도록 첨가하는 내연성 물질이다. 전자 기기가 작동하면 코팅돼 있던 독성물질이 공기 중으로 퍼져 먼지와 결합해 쌓이는 것이다.

2011년부터 법정 싸움이 벌어져 2016년 크게 이슈화된 옥시 사태는 화학물질에 대한 사람들의 관심을 높이는 계기가 되었다. 화장품이나 세제를 살 때 성분 표시를 확인하거나, '천연'이 들어간 샴푸나 세제, 비누 등의 판매량이 증가했다. 직접 만들어 쓰는 사람도 늘고 있다. 하지만 천연 제품에도 화학물질은 들어간다. 종류나 숫자가 달라질 뿐이다.

이처럼 화학물질이라고 하면 거부감부터 든다. 하지만 인류는 화학물질 덕분에 문명을 발달시키고, 질병을 극복하고, 수명을 늘려왔다. 일례로 수돗물은 염소 살균을 하는데 이때 발생하는 발암물질의 양은, 평생 마셨을 때 10만 명당 2명 정도가 암에 걸릴 수 있는 수준이다. 하지만 이 때문에 살균을 하지 않는다면, 전염병으로 인해 더 많은 목숨을 잃을 수 있다. 화장품의 파라벤 성분도 마찬가지다. 적게 사용하면 화장품을 오래 사용할 수 있도록 돕는 보존제 역할을 하지만, 많이 포함됐을 경우 호르몬 분비 교란을 일으킬 수 있다.

그러니 소비자 입장에서도 관련 제품을 사용할 때는 신경을 쓰는 것이 좋다. 탈취제는 공기를 깨끗하게 만드는 것이 아니라 순간적으로 좋은 향을 퍼트려 후각 기능을 교란시키는 것이다. 그리고 탈취제에는 프탈레이트라는 유해 화학물질이 포함되어 있다. 그러니 과하게 사용하거나 몸에 직접 뿌리는 것은 좋지 않다.

플라스틱 장난감에도 발암물질인 염화비닐을 비롯해 다양한 화학물질이 포함돼 있다. 장난감을 태우거나 할 경우에는 발암물질에 직접적으로 노출될 가능성이 있다. 플라스틱에서 발생할 수 있는 발암물질은 DNA 돌연변이나 중추신경계 이상을 유발할 수 있다. 되도록이면 아이들이 플라스틱 장난감을 입에 물지 않게 하는 것이 좋다.

일상의 필요악인 화학물질을 완전히 차단하고서는 살아갈 수 없다. 전 세계적으로 유통되는 화학물질은 10만여 종, 일상생활에서 사용하는 제품에 포함된 화학물질은 4만여 종으로 알려져 있다. 그러니 제품을 쓸 때는 화학물질이 들어 있다는 것을 염두에 두고 사용하는 것이 좋다.

상상력은 종종 이전엔 결코
존재하지 않았던 세계로 우리를 이끈다.
그러나 상상력 없이는 어디에도 갈 수 없다.

-칼 세이건

창조과학

종교를 과학이라 부를 수 있을까

"한국이 창조론자들의 요구에 무릎을 꿇다."

2012년 6월 5일, 이른 아침 〈네이처〉 뉴스 사이트를 보고 깜짝 놀랐다. 도발적인 제목의 기사였다. 한국의 창조론자들이 고등학교 과학 교과서의 진화론과 관련된 내용이 과학적 사실과 다르다며 삭제 혹은 수정을 요구했는데 정부가 이를 받아들였다는 내용이었다. 〈네이처〉는 아래와 같이 덧붙였다.

"미국의 몇 개 주에서는 교과서에 창조론을 넣어야 한다는 청원이 받아들여진 적이 있지만 한국의 진화론 반대론자(창조론자)들이 거둔 승리와 비교하면 별 거 아니다."

사실 한국에서 보도된 것 이상의 내용이 없는 단순한 기사였지만, 〈네이처〉였다. 파급력은 컸다. 한 달이 지난 7월 9일에는 〈사이언스〉가 이 사건을 또 보도했다. 한국의 진화론 논란은 전 세계적인 조롱거리가 됐다. 이 기사를 처음 쓴 한국 언론사의 기자는 이달의 기자상을 받았고, 창조론자의 주장을 무시하던 한국 과학자들은 기자회견을 열어야 했다. 정부는 부랴부랴 진화에 나섰다. 이덕환 서강대학교 교수, 황의욱 경북대학교 교수 등 국내 과학자들의 주도로 교과서에 실릴 진화론 가이드라인이 만들어졌다. 교과서에서 진화론이 삭제되는 일은 일어나지 않았다. 2012년 9월 6일, 〈네이처〉는 "한국에서 과학이 창조론에 승리를 거두다"라는 기사를 실었다.

종교 단체가 과학 교과서를 바꾸다

교과서진화론개정추진회(줄여서 '교진추')는 창조과학을 믿는 기독교 단체다. 이들은 이미 2011년 12월, 교육과학기술부(줄여서 '교과부', 현재는 교육부)에 "시조새는 파충류와 조류의 중간종이 아니다"라며 교과서에 있는 시조새 내용을 삭제할 것을 요청했다. 이후 이 단체는 교과서를 만드는 출판사로부터 수정 또는 삭제를 하겠다는 답변을 받았다. 교진추는 2012년 3월, 말의 진화 계열은 상상의 산물이라는 2차 청원서를 제출해 일부 교과서에서 이 내용을 삭제하는 일이 벌어졌다. 그리고 2012년 5월, 교진추가 또다시 교과부에 "진화론을 근거로 한 시조새와 말과 관련된 내용이 사실 관계에 오류가 있으니 삭제해달라"는 내용의 청원을 제출했다. 당시만 해도 이 일은 단순한 해프닝으로 여겨졌을 뿐 심각하게 받아들인 사람은 없었다.

미국 역시 창조론을 '지적 설계론'이라 부르며 과학이라고 내세

∧
드렉셀대학교의 자연과학아카데미에
전시되어 있는 시조새의 뼈 구조물(위)과
워싱턴 국립자연사박물관에 전시된 말의 조상으로 알려진
하이라코테리움(에오히쿠스)의 뼈 구조물(아래).

우는 자들에 의해 골머리를 앓은 적이 있다. 1980년대 이후부터 미국 공립학교에서 교과서에 지적 설계론을 가르쳐야 한다며 목소리를 높였던 이들은 2005년 펜실베이니아에서 법정 소송을 하기에 이르렀다. 펜실베이니아 연방 지방법원은 "지적 설계는 과학이 아니라는 결론을 내렸다"라며 불허하는 판결을 내렸다. 이어 판결에 대해 "과학이 수백 년 동안 쌓아온 기본 규칙들을 위반하고 있다. 지적 설계는 피어리뷰를 거친 출판물을 발표한 적도 없고, 검증과 연구의 대상이 된 적도 없다"라는 근거를 들었다.

이 사건 이후 버락 오바마 전 미국 대통령은 2008년 후보 시절 학술지 〈네이처〉와의 인터뷰에서 진화론과 창조론에 대한 입장을 명확히 밝히기도 했다.

"나는 진화론을 믿는다. 진화가 과학적으로 입증됐다는 과학계의 강력한 합의를 지지한다. 지적 설계처럼 실험적 검증이 불가능한 비과학적 이론을 가지고 과학적 논의를 흐리는 것은 학생들에게 도움이 되지 않는다."

2017년, 새 정권 출범과 함께 한국에서는 창조과학이 다시 수면 위로 떠올랐다. 부처 장관 후보로 창조과학을 지지하던 인물이 지명된 것이다. 중소벤처기업부 장관 후보자로 지명된 박성진 포항공과대학교 교수는 결국 사퇴를 했고, 유영민 과학기술정보통신부 장관 후보자는 인사청문회에서 창조과학을 부정하는 발언으로 논란을 피해갔다(씁쓸하게도 두 부처 모두 과학기술과 연관된 정부 부처다). 창조과학에 대한 논쟁은 이처럼 잊을 만하면 한 번씩 수면 위로 올라와 사람들을 혼란에 빠트리곤 한다. 창조과학은 대체 왜 자꾸 '과학'의 이름으로 자신들을 포장하려고 할까.

그들은 왜
진화론을 부정할까

　기독교 근본주의적 시각에서 성경에 쓰인 창조론을 과학적으로 입증하고자 하는 '창조과학회'라는 단체가 있다. 이들은 구약성서에 기록된 대홍수와 노아의 방주가 실존했고, 창조론에 입각해 공룡 시대에 인간이 존재했다고 주장하며, 이를 위한 지질학적, 화석학적 증거를 찾는 활동을 하고 있다.

　그들에게 40억 년 전 원시 지구의 유기물에서 생명체가 출현해 자연선택설을 거쳐 진화해왔다는 진화론은 당연히 부정의 대상이다. 성경에 기록된 대로 지구는 6000년 전에 창조되었으며, 모든 생물은 '누군가'(지적 설계자)에 의해 만들어졌다고 주장하기 때문이다. 하지만 창조론자들은 그들의 주장에 대한 증거는 대지 않는다. 이들은 단지 진화론이 틀렸음을 이야기한다.

　창조론자들이 진화론을 공격할 때 가장 많이 하는 이야기는 다음과 같다. '종의 중간 단계가 존재하지 않는다' '눈처럼 복잡한 구조는 진화로 만들어질 수 없다' '종의 분화는 과학적으로 발생하지 않는다' 등이다. 당장 인터넷 검색만 해봐도 진화론에 대한 설명보다 창조론을 주장하는 사람들의 글이 훨씬 더 많이 보인다. 간단명료한 만큼 일반인 입장에서 받아들이기 쉬운 측면도 있다.

　창조론자들의 주장을 조금 살펴보면 그들이 진화론을 '믿고 싶어 하지 않음'을 알 수 있다. 대표적인 예가 시조새 논쟁이다. 그들은 시조새가 그저 새일 뿐 중간종이 아니라고 주장한다. 1861년 발견된 1억 5000만 년 전의 지층에서 보인 시조새 화석은 긴 꼬리뼈와 앞 발톱 등을 가지고 있는 육식 공룡의 형태를 띠었지만 온몸이

깃털로 덮여 있었다. 날개 뼈까지 존재했다. 공룡에서 조류로 진화하는 중간종의 상징으로 받아들여졌다. 이후 시조새 외에 공룡과 새를 연결하는 화석이 발견되면서 시조새의 위상이 떨어졌지만, 여전히 시조새는 계통발생학적으로 수각류 공룡과 현생 조류 모두와 밀접한 관계를 갖고 있는 생물이라는 점에는 변함이 없다.

반면에 창조론자들은 여전히 '중간종'을 이야기한다. 공룡과 새의 중간종이 시조새라고 이야기하면, "공룡과 시조새의 중간종은 어디 있느냐"고 묻는 식이다. 파충류와 조류는 현재의 생물학적 기준으로 종을 구분한 것일 뿐, 전체 진화의 입장에서 보면 하나의 흐름에 불과한데도 말이다. 또한 진화는 직진이 아닌 수많은 가지 형태로 뻗어 나가며 진행된다. 시조새는 이 과정을 보여주는 상징적인 화석일 뿐, 과거에 살았던 모든 파충류가 단지 시조새라는 하나의 종을 거쳐 조류로 진화한 것이 아니다.

또한 창조론자들은 그럴듯한 말로 대중을 호도한다. 2012년 교진추는 "1985년 국제시조새학술대회에서 시조새가 멸종한 조류임이 공식 선언됐다"고 주장한다. 하지만 학술대회에서 논쟁이 됐던 것은 시조새의 비행 능력이었을 뿐, 과학자들은 수각류 공룡으로부터 진화한 조류일 가능성이 높다고 결론 내렸다.

창조론자들은 진화론에 '론'이 붙었다는 것을 이유로 가설이라고 주장한다. 하지만 과학적 방법론에서 이야기하는 이론은 증명된 사실을 뜻하며, 이를 토대로 여러 가설에 적용시킬 수 있음을 의미한다. 생명체는 진화론이 이야기하는 자연선택설대로 유전자를 후대에 전달하며 진화해왔다. 화석에 의존하던 진화론은 DNA 발견 이후 더욱 분명해지고 정교해졌다.

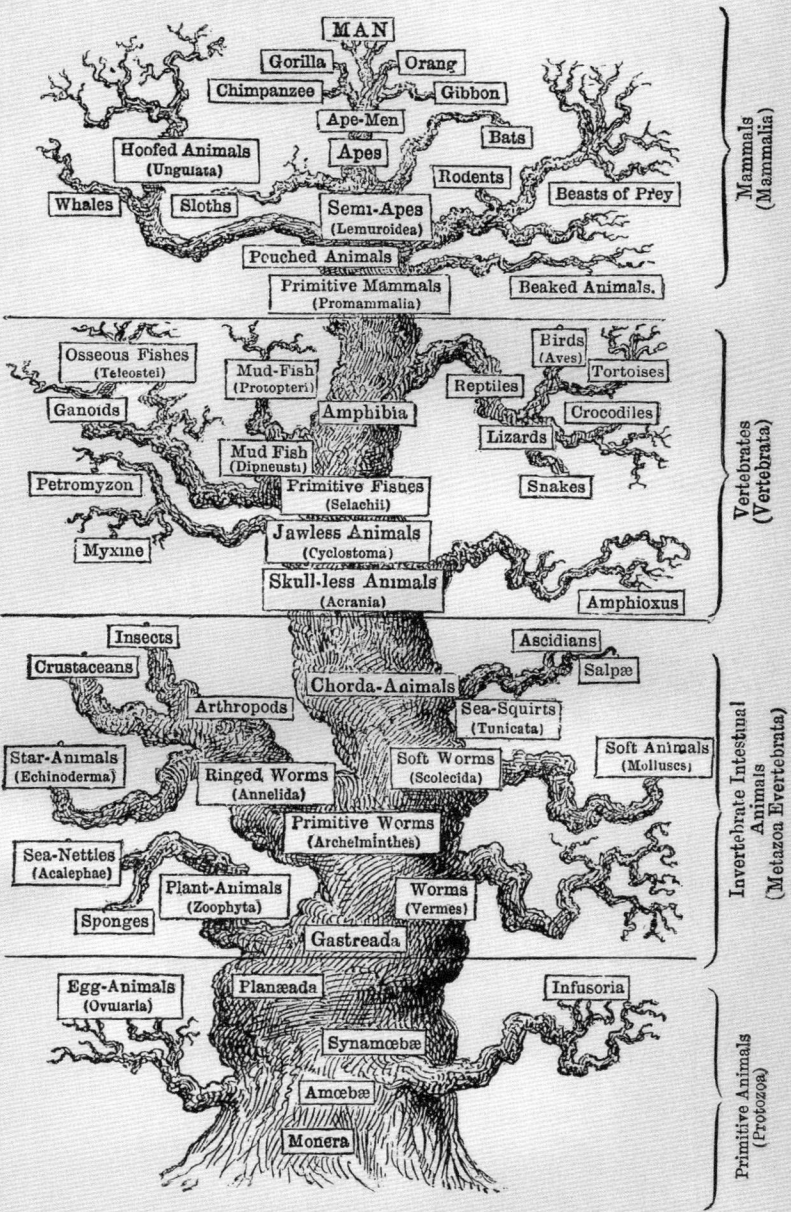

에른스트 헤켈의 책 《인간의 진화》(1879)에서 묘사되는 생명의 나무를 보면, 19세기에 이미 진화론의 관점이 정립되었음을 알 수 있다.

창조과학은 과학이 아니다

과학은 수없이 관찰된 어떤 결과물을 토대로 공통적으로 적용할 수 있는 이론 또는 방정식을 만들어낸다. 거꾸로 이론을 먼저 만들어놓은 뒤 실제 현상에서 이를 찾아내기도 한다. 진화론은 화석과 DNA라는 강력한 증거들이 있다. 화석의 형태가, 찰스 다윈이 갈라파고스 군도에서 관찰한 핀치의 부리가 이를 증명한다. 또한 진화론을 뒷받침하는 과학적 근거를 설명하는 많은 논문들이 있고, 피어리뷰를 통해 인정받았다. 그 과정에서 잘못된 논문은 철회되기도 했다. 사실이 아닌 것으로 밝혀진 화석도 있다. 진화론은 과학이 발전해온 과정을 그대로 보여준다.

과학자들은 창조론자들에게 요구한다. 과학이 되고 싶다면 증거를 갖고 오라고 말이다. 국내에서 진화론을 연구하는 한 과학자는 이런 말을 했다.

"정말 지적 설계자가 생물을 설계했다는 것을 입증하는 증거가 있다면 논문으로 발표했으면 좋겠다. 그 논문이 출간된다면 난 당장에라도 창조론자가 될 준비가 되어 있다."

인류는 과학을 통해 진보해왔다. 그런 의미에서 신앙을 근거로 과학적인 주장을 배척하는 것은 중세 시대로 돌아가자는 말이나 다름없다. 모두가 진화론자일 수는 없다. 하지만 합리적인 가치관을 가질 필요는 있다. 진화론과 창조론의 싸움은 이성과 비이성적 가치관의 싸움일 뿐 학술적 가치를 토론하는 일이 절대 아니다.

인류세

치킨이
인류를
상징한다면

"치킨 시켜줄까?"

어렸을 적 운동회나 시험이 끝나는 날 어머니가 이 말을 해주길 얼마나 기다렸는지 모른다. 국민학교 시절, 집 앞에서 파는 치킨 한 마리의 가격은 6000원이었다. 양념 한 마리, 후라이드 한 마리 시키면 누나와 간단히 '1인 1닭' 했다. 남은 양념은 은박지에 곱게 잘 싸서 냉장고에 뒀다가 다음날 아침 밥에 비벼 먹는 게 또 별미였다. 시간이 지나 치킨은 이제 '치느님'이 됐다. 야구장을 가도, 한강을 가도, 친구들과 간단히 술을 한잔할 때도 치킨은 빠지지 않는다.

현재 치킨은 너무 많이 소비되고 있고 그로 인해 닭 뼈는 어딘가에 쌓이고 있을 터다. 그러면 100만 년 뒤의 사람들이 우리가 남긴 닭 뼈를 시대의 표상으로 바라볼 수 있지 않을까. 허황된 이야기가 아니다. 2015년부터 언론에 자주 등장해서 이슈가 됐던 새로운 시대의 이름, 인류세^{Anthoropocne}를 지지하는 과학자들은 닭 뼈를 인류세 출범의 원인 중 하나로 꼽았다.

인류세라는 용어가 처음 등장한 것은 2000년 5월, 오존층 파괴의 메커니즘을 밝힌 공로로 1995년 노벨 화학상을 수상했던 네덜란드의 화학자 파울 크뤼천에 의해서다. 2000년 〈국제지권생물권연구^{IGBP}〉 뉴스레터에서 크뤼천은 인류가 지구에 막대한 영향을 끼쳐 지질과 대기가 크게 변했고, 예전과 다른 지질 시대에 돌입했다고 썼다. 그리고 처음으로 '인류세'라는 단어를 언급했다.

이후 인류세는 '인류에 의한 지구 파괴'를 뜻하는 광범위한 용어로 사용돼왔다. 공인된 지질 시대의 이름은 지질학자들만 사용하는 데 반해 인류세는 인문학자, 사회학자, 고고학자 등 많은 연구자들이 거리낌 없이 사용했다. 2011년 영국 주간지 〈이코노미스트〉에서 "웰컴 투 더 인류세"라는 제목의 기사를 쓴 적이 있는데 그만큼 일반 사람들에게도 친숙한 용어로 자리 잡았음을 보여준다. 기자 입장에서도 인류세가 매력적인 단어임은 두말할 나위 없다.

2016년 8월 29일, 남아프리카공화국에서 열린 국제지질학연합 국제지질학회^{IGC}의 과학자로 구성된 인류세워킹그룹^{AWG}은 '1950년대를 인류세의 시작으로 봐야 한다'는 투표 결과를 발표했다. 전 세계 언론이 이 소식을 대서특필했다. 인류세는 인류가 지구에 남긴 생채기를 공식화한다는 점에서 의미가 있다. 그럼 여기서 다시 처음의 이야기로 돌아가, 인류세를 이야기하는 데 왜 치느님이 등장한 것일까.

지금은 신생대 4기 홀로세

지질 시대는 크게 선캄브리아대, 고생대, 중생대, 신생대로 나뉜다. 지구가 처음 만들어지고 여러 다세포생물이 번성한 선캄브리아대, 최초의 육상 생물이 출현한 고생대, 공룡 등 파충류가 번성한 중생대, 포유류가 번성한 신생대 등 시대마다 다른 특징이 있다.

과학자가 지질 시대를 나누는 방법은 상당히 까다롭다. 지질 시대는 화학자가 만든 주기율표에 비견된다. 수세기에 걸친 층서학 작업을 통해 전 세계 주요 암석을 비교하여 이를 시간대별로 배열한 뒤 같은 형상이 전 지구에서 발견되는 것이 검증되어야 한다. 그래서 지질 시대를 정하기 위해 수많은 과학자가 전 세계를 돌아다니며 각 시대를 구분할 수 있는 특징을 찾는다. 중생대 트라이아스기의 경우 독일, 스위스 등의 지층에서 과거 같은 시기 비슷한 화석이 대거 발견되어 인정되었다. 이 지층을 초기, 중기, 후기로 나눴을 때 초기에는 원시 포유류가, 중기에는 파충류가, 후기에는 공룡이 번성했던 것이 확인됐다. 이 같은 현장 조사를 기반으로 시대를 구분한 뒤 전 세계의 과학자에게 이 시기를 구분 지어야 하는 이유를 설명하고 납득시켜야 한다.

이러한 과정을 거쳐 국제층서위원회가 지질 시대를 구분한 가장 최근 사례는 2008년 홀로세의 인정이다. 대代는 기紀로 구분되고, 기는 다시 세世로 구분된다. 신생대는 공룡이 멸종한 6600만 년 전 이후의 시기를 말한다. 신생대 4기에서 첫 번째 세가 플라이스토세이며, 홀로세는 1만 7000년 전 지구의 마지막 빙하기가 끝나고 난 뒤 인류가 등장한 시기부터 현재까지를 이른다.

∧
미국지질조사국USGS의 지질 연대표를
기준으로 만들어진 다이어그램.
나선형의 연도는 연령 추정치에서 반올림된 것이다.

지구의 역사를 구분하는 기준이며, 큰 과학적 발견인 만큼 시대의 이름은 그 시대를 가장 잘 나타내는 단어를 선별해 붙인다. 중생대의 트라이아스기$^{Triassic\ Period}$는 이 시대를 나타내는 지층이 3개^{tri}로 구분되기 때문에 지어졌으며, 지금의 홀로세^{Holocene}는 '현세^{現世}'를 뜻한다.

홀로세를 구분 짓는 것 역시 상당히 힘든 작업이었다고 한다. 홀로세를 결정짓는 연구를 이끌었던 마이클 워커 영국 웨일스 트리니티세인트데이비드대학교 교수 연구진은 그린란드 부근 땅속 약 1.5km에서 채취한 얼음에서 온난화의 화학적 징후를 찾아냈다. 이와 유사한 흔적이 전 세계 호수, 바다 퇴적층 등에서 발견되면서 홀로세가 인정받았다. 워커 교수는 이렇게 말한다.

"지질 시대는 인류사의 위대한 업적 중 하나다."

이쯤 되면 과학자들이 왜 흔쾌히 인류세를 받아들이지 않는지 이해할 수 있다. 하지만 홀로세가 인정받았을 때부터 일부 과학자는 "홀로세가 아닌 인류세로 불러야 한다"고 주장했다. 미국지질학회지 〈GSA 투데이〉에 "지질 시대를 다시 생각하자"는 성명서를 내기도 했다.

우리는 새로운 시대에 살고 있다

얀 잘라시에비치 영국 레스터대학교 교수는 2008년 국제층서위원회에서 지질 시대에 관한 제안을 공식적으로 심의하는 임무를 맡고 있었는데, 위원장을 맡고 있던 필립 기버드 케임브리지대 교수의 제안에 따라 의장으로 선출되어 AWG를 이끌게 됐다.

지질학자, 기후학자, 고고학자 등으로 구성된 35명의 AWG 연구진은 인류세의 개시 시점을 두고 다양한 의견을 내놓았다. 인류가 농경을 시작하면서 논이 늘어난 7000년 전이 첫 번째 안이었다. 경작지를 넓히느라 숲이 줄고 이산화탄소 농도가 높아진 시기다. 납제련을 시작해 땅이 오염된 3000년 전을 기점으로 해야 한다는 의견도 나왔다. 또 신세계의 꽃가루가 유럽에 나타난 1610년, 산업혁명이 시작된 1800년대 초 등이 인류세의 시작 시기로 제시됐다. 하지만 투표에서 가장 많은 득표를 얻은 것은 1950년대 중반이었다. 제시된 모든 시기가 인류세가 되기에 충분했지만 과학자들은 거대한 변화가 시작된 시기에 손을 들었다. 이를 '거대가속'이라고 한다. 거대가속이란 플라스틱, 알루미늄, 화학비료, 콘크리트, 석탄재 fly ash 등이 환경에 쌓이면서 퇴적층에 다양한 흔적을 남긴 현상을 말한다.

AWG가 1950년대 중반에 인류세가 시작됐다고 이야기하는 이유는 크게 3가지다. 먼저 플라스틱 사용량의 급증이다. 1950년대 초부터 플라스틱이 대량으로 사용되면서 지구 곳곳에 흔적을 남기고 있다. 플라스틱은 잘 썩지 않기 때문에 바다나 지층 등에 공통적으로 남아 있다. 전 세계 71군데 호수 바닥에서 검출된 석탄재도 근거 중 하나다. 산업화로 석탄과 석유가 연소되면서 발생한 석탄재가 지구 지질층에 공통적으로 쌓이고 있다. 마지막은 핵실험으로 발생한 방사성 낙진이다. 1963년 핵확산금지조약NPT으로 대기 중 핵실험이 금지됐지만 1950년대 행해진 핵실험으로 발생한 플루토늄은 지구 곳곳의 토양에 쌓여 있다. 플루토늄은 앞으로 10만 년 동안 지층에 흔적을 남긴 채 머무를 것이다.

그리고 추가로 언급된 것이 바로 닭 뼈다. 2017년 현재 지구에서 1년에 소비되는 닭은 600억 마리다. 지구상의 인구를 70억이라고 하면 1년에 평균 9마리 이상을 먹는 셈이다. 닭의 수가 늘어난 것 역시 1950년대의 일이다. 1945년 미국 정부와 가금류 기업인 A&P가 잘 자라고 살찐 품종을 육성하기 위한 행사를 개최한 이래 닭 생산량과 소비량, 판매량은 모두 기하급수적으로 증가했다. 20세기 초까지만 해도 닭은 특별한 음식에 속했다. 한국 역시 '사위 오는 날 씨암탉 잡는다'는 말이 있을 정도로 귀한 음식이었다. 치킨으로 닭이 소비되는 양을 생각하면 한국이 인류세에 미치는 영향이 제일 클 것 같지만 그렇지만도 않다. 2014년 기준으로 한국에서는 1년에 평균 12.6kg의 닭이 소비됐는데, 일본 15.7kg, 브라질 39kg, 미국 44.6kg과 비교하면 적은 양에 속한다. 아무튼 이렇게 많이 소비되는 닭은 분명 흔적을 남긴다. 닭 뼈가 플라스틱, 방사성 낙진 등과 함께 인류세를 구분 짓는 원인이라는 것도 말이 되는 듯하다.

하지만 닭 뼈 언급으로 인류세 이슈를 널리 알렸던 잘라시에비치 교수는 "닭 뼈가 표준화석*이 될 것이라는 내 인터뷰는 조금 과장됐다"고 하면서도, 여러 가축과 함께 닭 역시 인류세를 나타내는 동식물 중 하나가 될 수는 있다고 밝혔다. 닭 뼈는 잘라시에비치 교수가 인류세를 홍보하기 위해 언론에 던진 떡밥이 아니었을까. 이를 《가디언》과 같이 이름 있는 언론사들이 그대로 받아쓴 것을 보면 어느 나라든 기자가 갖고 있는 속성은 비슷한 듯 보인다.

---

* 특정 시기에만 살아 있어, 다른 시대와 구별 지을 수 있도록 하는 대표 화석.

왜 인류세여야 할까

인류세를 비판하는 사람도 적지 않다. 2015년 3월 〈네이처〉에는 환경주의자들로 인해 인류세가 포퓰리즘으로 변질되고 있다는 글이 게재됐다. 환경주의자를 중심으로 인간의 파괴적인 활동을 강조하기 위해 인류세를 사용하면서 이를 마치 신앙처럼 떠받들고 있다는 비판이다. 이를 받아들이지 않으면 마치 환경보호에 관심이 없거나 양심 없는 과학자로 비춰지고 있다는 점도 문제 삼았다.

2012년 휘트니 오틴 미국 뉴욕주립대학교 지구과학과 교수와 존 홀브룩 텍사스크리스천대학교 에너지환경공학과 교수는 〈GSA 투데이〉에 "인류세는 층서학적 이슈인가, 대중문화 이슈인가"라는 제목의 사설을 게재했다. 지질 시대의 구분은 철저하게 과학적으로 접근해야 하는데, 여론의 지지가 높다는 이유로 인류세를 인정하는 것은 문제라는 의견이었다. 일부 지질학자들은 AWG와 같은 단체가 언론 플레이를 통해 여론 몰이를 하고 있다며 비난을 퍼붓기도 한다(닭 뼈만 봐도 확실히 AWG는 언론 플레이를 잘하는 것 같다). 스탠피니 캘리포니아주립대 교수는 〈네이처〉에 이렇게 언급했다.

"그들(인류세 지지자)이 무슨 말을 하든 그것은 신문 기사가 된다. 그들이 말하는 것은 정치적 성명에 가깝다."

과학자들이 제기하는 문제점은 다음과 같다. 1950년 이후 70년간 바닷속에 쌓인 퇴적층이 고작 1mm 미만인데 인류세라 부를 만큼의 흔적을 찾을 수 있을 것인가. 퇴적층이 축적되지 않은 상황에서 새로운 지질 시대로 나누고 거기에 이름을 붙이는 것이 과연 타당한 일인가. 또한 플라이스토세와 홀로세를 명명하며 인간의 출현을 언급했는데 인류세에 똑같은 이유를 사용할 수 있는가. 모두 AWG가 답해야 하는 어려운 질문들이다. AWG 내에서도 이 같은 비판이 존재했는데 결국 한 교수는 2015년 "인류세를 지질 시대로 만들려는 움직임이 가속화되고 있는 현실에 우려를 표한다"며 그룹을 탈퇴하기도 했다.

지질 시대는 전 세계 과학자들이 사용하는 용어인 만큼 학계의 압도적인 지지를 받아야만 한다. 국제층서위원회, 국제지질학연합의 표결을 거칠 때마다 권고안은 개정이 반복되면서 원안 자체가 사라질 수도 있다. 현재까지 분위기를 보면 인류세가 쉽게 통과될 것 같지 않다. 만약 AWG의 권고안이 통과하지 못하면 인류세는 비공식적으로만 사용할 수 있다.

인류의 탐욕을 상징하는 시대의 이름

2017년 7월 11일, 국제 학술지 〈국립과학원회보[PNAS]〉에 게재된 스탠퍼드대와 멕시코국립자치대학교 연구진의 논문에 따르면 인간에 의해 진행되고 있는 생물 대멸종의 속도가 생각보다 빠른 것으로 나타났다. 연구진이 2만 7600여 종의 척추동물의 개체 수, 서식 면적을 조사한 결과 32%인 8851종의 개체 수가 최고 절반까지 줄어든 것으로 나타났다. 개체 수가 감소하고 있는 조류는 지구 전반에 걸쳐 분포하며 파충류는 약 30%, 양서류는 약 15% 가량 줄어든 것으로 확인됐다. 10~20년 전에는 멸종동물에 속하지 않던 종들이 대거 멸종동물로 분류됐다. 연구진은 생물 다양성의 감소 원인으로 서식 환경 감소, 남획, 기후변화 등을 꼽았다.

학계에서는 현재 진행되고 있는 생물 대멸종을 여섯 번째로 넣어야 한다는 의견도 조금씩 지지를 받고 있다. 인류 출현 전에는 포유류 한 종이 멸종하는 데 평균 50만 년이 걸렸지만 인류가 등장한 이후엔 한 달에 한 종꼴로 사라지고 있다. 과거에는 생물 대멸종이 100만 년에 걸쳐 진행됐지만 현재는 이보다 100배 이상 빠르게 진행되고 있다. 앞선 논문의 저자 중 한 명인 헤라르도 세바요스 멕시코국립자치대 교수는 "아주 강한 용어를 사용하더라도 연구 윤리에 벗어나지 않을 정도로 생물 멸종 상황이 심각하다"고 말했다.

지구의 생태계가 빠르게 파괴되고 있는 이유는 인간 때문이다. 인류세를 주장하는 과학자들은 "인류세의 지질 시대 편입은 단순히 홀로세와의 지층 구분에만 머무르지 않는다"고 이야기한다. 인류에 의해 자연에 새겨진 흔적을 인정한다는 것은, 그 흔적이 생채기가 되어 지구를 병들게 하고 있는 것 또한 인정하는 셈이다. 인류세라는 용어가 단순히 학술적 가치 이상의 의미가 담겨 있는 이유다.

아직 인류세는 홀로세처럼 공식적으로 받아들여지지 않았다. AWG는 2019년 내에 표준층서 구역 후보군을 선정해 최종 보고서를 만든다는 계획이다. 이 보고서를 국제층서위원회, 국제지질학연합이 통과시켜야만 공식적으로 지질 시대를 인정받을 수 있다. 적어도 2~3년, 길게는 5~6년의 시간이 필요하다.

인류세가 지질 시대 중 하나로 인정받는다면 1만 년 후의 후손들은 과연 인류세의 특징을 어떤 말로 요약해 교과서에 실을까. 탐욕? 파괴? 폭탄? 아무리 생각해도 좋은 말이 떠오르지 않는다.

신문에 실리지 않은 취재노트

인류, 대멸종의 원인이자 피해자

지구에 살고 있는 생물의 80~90%가 사라지는 대멸종은 과거에 5번 발견됐다. 지층을 연구하다 보면 어느 시기에 화석이 급격하게 사라지는 일이 발생한다. 예를 들어 3억만 년을 전후로 한 지층에는 삼엽충 화석이 무수히 많이 발견되다가 갑자기 2억 5000만 년의 지층부터 전혀 발견되지 않는다. 그 사이 어떠한 이유로 삼엽충이 사라졌다고 추정할 수 있다. 과학자들은 짧은 시기에 생물의 상당수가 사라졌을 때 이를 생물 대멸종이라고 부른다.

원인은 다양하다. 4억 5000만 년 전 있었던 첫 대멸종의 원인은 화산 폭발설이 유력하다. 대륙의 이동(맨틀 대류)으로 동물이 살던 지역이 극지방에 위치했다는 추론도 나온다. 두 번째 대멸종은 3억 7000만 년 전이다. 운석 충돌도 거론되고 있지만 워낙 옛날인 만큼 결정적인 단서는 아직 찾지 못했다. 2억 5000만 년 전 발생한 페름기 대멸종은 역대 가장 심했던 대멸종으로 알려져 있다. 전체 생물 종의 80%가 말 그대로 멸종했던 것으로 추정된다. 화산 폭발, 산소 부족, 물 부족 등 다양한 원인이 복합적으로 작용했다. 이후 2억 500만 년 전, 그리고 공룡을 사라지게 한 6600만 년 전 등이 지구에 나타났던 대멸종 시기다. 6600만 년 전에는 소행성 충돌과 화산 폭발로 인한 급격한 기후변화가 대멸종의 원인으로 꼽힌다.

2015년 영국 헐대학교 연구진은 2억 6000만 년 전 노르웨이 지역의 화산 폭발로 인해 대멸종이 한 번 더 존재했다는 연구를 발표하기도 했다. 중국 어메이산의 지층을 관찰하던 중 2억 6000만 년 전 번성했던 유공충*이 갑자기 사라진 것이 확인됐기 때문이다.

안타깝게도 인류세로 상징되는 현 시점의 멸종 속도는 그 어떤 대멸종 시기보다 빠르다는 연구가 연이어 발표되고 있다. 2020년에는 동물종이 현재의 3분의 1에 불과할 것이라는 경고까지 나오고 있다. 생물의 다양성이 건강한 생태계를 의미하는 만큼, 생물 종의 감소는 생태계 파괴를 의미한다. 결과적으로 인간도 영향을 받을 수밖에 없다. 과거엔 자연의 급격한 변화에 의해 멸종이 일어났다면 지금은 인간 스스로 멸종을 자초하고 있다. 이에 대한 가장 강력한 증거는 바로 공룡이다. 대멸종 시대에 먹이 피라미드에서 가장 꼭대기에 있던 동물은 항상 멸종했다. 공룡이 대표적이다. 지금 지구의 생태 피라미드에서 가장 꼭대기에 있는 존재는? 바로 사람이다.

---

* 바다에서 살며 껍데기가 있는 원생동물.

○ 특허전쟁

미래 의료 시장의 주인은 누가 될까

"특허전을 앞두고 이전투구 양상을 보이고 있다. 연구소끼리 서로 앙심을 품은 것이 이례적이다."

삼성과 애플이 스마트폰 특허를 두고 싸움을 벌였을 때, 전 세계 언론은 이를 약속이나 한 듯 크게 보도했다. 누가 이기느냐에 따라서 스마트폰 시장의 판도가 바뀔 수 있어서다. 애플은 삼성에게 카피캣이라는 말을 서슴지 않았고 삼성 또한 이에 뒤질세라 변리사, 변호사를 총동원해 애플에 맞섰다.

최근 과학기술계에서도 이 같은 일이 벌어지고 있다. MIT와 하버드대가 연합한 브로드연구소, 그리고 UC 버클리 연구진의 특허소송전이다. 명석한 두뇌들만 모였다는 과학계에서 벌어지는 특허전은 고상하게 진행될 것 같지만 천만의 말씀이다. 그들 역시 서로를 비방하고 증인 신청을 방해하기도 한다. 무엇이 최고의 과학자들을 이렇게 만들었을까.

생명공학계의 혁명으로 불리는, 〈네이처〉나 〈사이언스〉 등 저명한 과학 저널이 앞다퉈 최고의 과학 성과로 꼽는, 3세대 유전자 가위 크리스퍼^{CRISPR}의 주인을 가리는 특허전이기 때문이다. 장담하건데 브로드연구소와 UC 버클리의 특허전은 삼성과 애플의 그것보다 파급력이 크다. 앞으로 10년 뒤, 수조 원대의 시장이 열릴 유전자 가위 기술의 주도권을 건 전초전이 바로 이 특허전이다. 이번 소송전에 관심을 갖고 주시해야만 하는 이유다.

DNA를 자르는 3세대 유전자 가위

2012년 세상에 모습을 드러낸 크리스퍼 유전자 가위는 과학자들을 깜짝 놀라게 하기에 충분했다. 생명체의 기본이 되는 4개의 DNA 염기를 정교하게 떼어내거나 붙일 수 있는 능력을 갖고 있어서다. 인간을 비롯해 지구상에 있는 모든 생물은 A, G, C, T의 무한한 나열이 기본이다. DNA의 특정 염기 서열은 RNA로 전사되고, 이것이 생명체를 이루는 단백질을 형성한다. 만약 염기 서열에 고장이 나거나 있어야 할 것이 없으면 단백질이 제대로 만들어지지 못한다. 영화 〈X맨〉에서 볼 수 있는 돌연변이는 이 같은 DNA 염기 고장으로 발생한다(물론 현실에서는 영화처럼 능력이 발현되지 않는다. 돌연변이는 열성 유전자이므로 도태되기 쉽다).

과학자들이 염기 서열을 바꾸는 노력을 안 했던 것은 아니다. 1970년대부터 유전자의 일부를 자를 수 있는 제한효소를 이용한 유전자 조작 기술이 존재했다. 일반적으로 제한효소는 4~8개의 염기를 자를 수 있는데 4개의 염기가 4~8번 반복한다면 4^4~4^8개의 염기만을 구분해낼 수 있다. 하지만 최대 염기 4^8, 즉 4096개를 구분하는 효소로는 정밀한 유전자 조작이 불가능하다. 이후 등장한 것이 징크 핑거 뉴클레아제ZFN(줄여서 '징크 핑거')와 탈렌TALENs으로 불리는 단백질이다. DNA에 달라붙어 염기를 제거할 수 있는데, 인식할 수 있는 염기가 10개 내외였다. 이들로는 정밀한 조작이 어렵다 보니 관련 분야에서 오랫동안 연구를 해왔던 과학자만이 유전자 가위를 다룰 수 있었다. 이 같은 어려움을 순식간에 극복하게 한 것이 바로 2012년 개발된 크리스퍼 유전자 가위다.

크리스퍼의 뜻을 번역하면 '일정 공간 안에서 회문 구조가 간격을 띄고 규칙적으로 반복되는 서열'이라고 할 수 있다. 복잡해 보이지만 크리스퍼의 발견 역사를 살펴보면 조금은 이해가 간다. 크리스퍼는 세균이 갖고 있는 DNA 염기 조각이다. 1987년 이시노 요시즈미 일본 오사카대학교 박사팀이 대장균의 유전자를 연구하던 중 발견했다. 특이하게 이 유전자 염기는 일정한 간격을 두고 회문 구조가 반복되고 있었다. 회문 구조란 DNA 분자 상의 염기 서열이 역순으로 배치되는 구조를 말한다. 즉, 염기가 AGCC로 배열되면 곧바로 GGCT가 이어지는 구조다(A는 T와 연결되고 G는 C와 연결된다). 이후 세균의 유전체 서열을 확인하던 과학자들은 이 회문 구조의 사이사이에 특정 염기가 있음을 알아냈다. 그렇게 넘겼던 연구가 2007년 들어 재조명받기 시작했다(기초과학을 연구해야 하는 이유가 여기에 있다. 어디에서 세기의 발견이 이루어질지 모르니까).

덴마크의 효소 관련 바이오 기업인 다니스코의 연구자들은 부

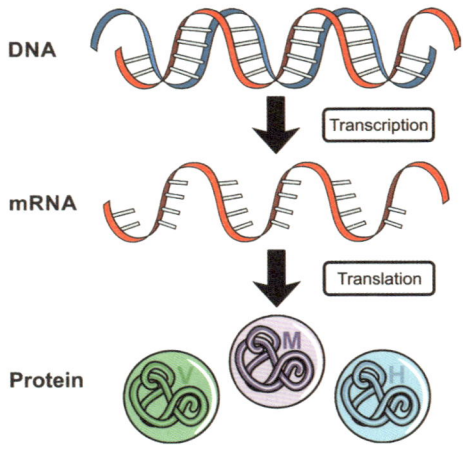

∧
유전자의 발현 과정을 단순화하면, DNA가 RNA로 유전 정보를 복사하는 것을 전사transcription라고 하며, RNA가 생명 유지에 필요한 단백질protein로 바뀌는 과정을 번역translation이라고 한다.

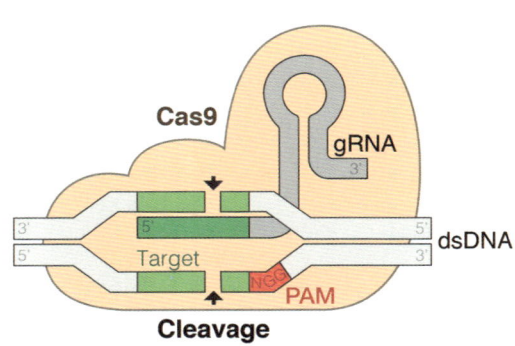

∧
Cas9는 크리스퍼 DNA가 RNA로 전사됐을 때 외부에서 침투한 DNA를 자르는 역할을 한다. Cas9에 결합하는 RNA를 원하는 염기 서열로 바꿔주면 다양한 유전자를 자르거나 넣을 수 있다.

패한 유산균 사이에서 살아남은 유산균이 내성을 갖고 있음을 밝혀냈다. 이 면역 작용에 큰 역할을 한 것이 바로 크리스퍼였다. 크리스퍼는 외부에서 침입한 DNA의 일부를 기억해뒀다가 재침입 시 이를 잘라냈다. 예방 접종과 같은 역할을 한 셈이다.

2012년, 제니퍼 다우드나 UC 버클리 교수와 에마뉘엘 샤르팡티에 스웨덴 우메오대 교수 공동 연구진이 크리스퍼에서 Cas9이라 불리는 단백질을 찾아냈다. Cas9는 크리스퍼 DNA가 RNA로 전사됐을 때 외부에서 침투한 DNA를 자르는 역할을 한다. Cas9에 결합하는 RNA를 원하는 염기 서열로 바꿔주면 다양한 유전자를 자르거나 넣을 수 있는 것이다.

잘라 붙인 유전자의 무한한 가능성

2013년 들어서면서 UC 버클리의 크리스퍼를 이용해 다양한 동물의 DNA를 잘라내는 연구가 봇물 터지듯이 쏟아지기 시작했다. 징크나 탈렌을 이용했을 때보다 간편하고 가격이 저렴했다. 과장 섞인 말이긴 하지만 "생명공학 지식이 있는 사람이라면 누구나 손쉽게 유전자 가위를 활용할 수 있게 됐다"는 말까지 나왔다.

이전에 유전자 조작 쥐를 만들려면 유전자가 조작된 줄기세포를 만든 뒤 이를 쥐의 수정란에 넣고 이 수정란을 다시 쥐의 자궁에 착상시켰다. 이렇게 태어난 키메라*를 교배시켜야 유전자 조작 쥐

---
* 한 개체에 서로 다른 유전자가 겹쳐 있는 생물.

를 얻을 수 있었다. 크리스퍼를 활용하면 이 과정이 단순해진다. 수정란에 크리스퍼 유전자 가위를 적용해 원하는 DNA를 제거한 뒤 착상만 시켜주면 된다. 1년 걸리던 일이 몇 개월로 단축됐다.

식물도 마찬가지다. 유전자재조합생물체^{GMO}는 바이러스를 이용해 외부 유전자를 식물에 주입하는 방식이다. 물이 없어도 잘 견디는 선인장의 특정 유전자를 벼에 넣어 가뭄에 견디는 벼를 만드는 식이다. GMO가 소비자들의 외면을 받는 이유는 외부의 유전자가 삽입된다는 점에 있다. 하지만 유전자 가위를 이용하면 특정 DNA 염기 서열을 빼거나 더해 조작이 가능해진다. 식물 내부의 유전자를 변형시키기 때문에 GMO 규제에서도 자유롭다. 미국 FDA는 유전자 가위를 활용한 버섯은 GMO 규제에서 제외하겠다고 밝혔다. 이에 힘입어 유전자 가위를 이용해 특정 질병에 저항성을 가진 밀이나 상추 등이 개발됐다.

간편해진 유전자 가위는 슬슬 인간 적용에 문을 두드리고 있다. 인간 적용도 앞서 언급했던 동물 적용과 같은 방식이다. 유전자 가위로 수정란을 조작한 뒤 자궁에 착상시키면 된다. 근본적으로 치료가 어렵던 유전병을 이러한 방식으로 고칠 수 있다.

크리스퍼 유전자 가위가 화두가 되면서 맞춤형 아기에 대한 우려도 나왔다. 결국 2015년 3월, 미국 과학자들은 학술지 〈네이처〉에 "인간 배아를 유전자 가위로 교정하는 연구를 중지하자"라는 모라토리엄을 선언했다. 안정성이 입증되지 않았을 뿐 아니라 윤리적 문제가 존재하기 때문이다.

이를 비웃듯 한 달 뒤인 2015년 4월, 황쥔주 중국 중산대학교 교수 연구진은 크리스퍼를 활용해 인간 배아에서 베타 지중해성 빈혈에 관여하는 유전자를 잘라내는 데 성공했다고 밝혔다. 중국 연구진은 불임 클리닉에서 얻은 생존 불가능한 배아 86개를 유전자 가위로 자른 뒤 48시간 동안 지켜봤다. 71개 배아가 생존했으며 이중 54개를 대상으로 유전자 검사를 진행했다. 이중 28개의 배아에서 유전자 가위가 제대로 작동했음이 확인됐다. 절반 정도의 확률이지만 인간 배아에 처음으로 적용했다는 것에 의의를 두어야 할까.

사실 미국 과학자들이 〈네이처〉에 연구 모라토리엄을 선언한 이유도 중국에서 배아를 갖고 연구한다는 소문 때문이라고도 한다. 중국 연구진은 이 논문을 〈사이언스〉와 〈네이처〉에 보냈지만, 학술지에서 윤리적 문제를 내세워 논문 게재를 거부했다고 한다.

1년 뒤 중국 광저우대학교 의대 연구진은 인간 배아에 HIV에 대한 저항력을 갖춘 유전자를 주입하는 연구를 진행했다고 밝혔다. 연구진은 26개의 배아 가운데 4개에서만 유전자 변이를 일으키는 데 성공했다고 밝혔지만 의도치 않은 돌연변이도 발견됐다고 덧붙였다. 이러한 연구가 더 진행돼 완성도가 높아지면 돈 있는 사람들은 우월한 유전자만을 보유한 아기를 낳게 하는 데 돈을 쏟아부을 수 있다. 이처럼 간편한 유전자 가위인 크리스퍼가 가져올 산업 파급력은 계산도 되지 않는다.

1차 특허전의 승자는 누구?

이제 앞서 언급한 특허전이 등장할 차례다. UC 버클리 연구진은 2013년 3월, 자신들이 개발한 크리스퍼 유전자 가위를 원핵세포에 적용한 내용을 미국 특허청에 특허 신청했다. 한편 2013년 10월, MIT와 하버드대 연합인 브로드연구소가 원핵세포보다 한 단계 더 나아간 진핵세포에 크리스퍼를 적용할 수 있음을 입증하고 특허 출원했다. 브로드연구소의 장평 교수가 특허와 관련된 지식이 조금 더 뛰어났던 것 같다. 그는 가속심사 절차를 이용해 특허권을 먼저 획득했다.

UC 버클리 연구진은 2015년 4월, 미국 특허청에 브로드연구소를 상대로 특허 소송을 제기했다. 미국 특허청은 특허 권리 재검토에 들어갔다. 양측 모두 자신들의 특허가 정당하다고 주장했다. 브로드연구소는 "UC 버클리의 특허는 세균과 같은 원핵세포에 적용하는 것으로, 쥐나 인간 세포와 같은 진핵세포에 대한 내용이 불충분하다"고 지적했다. 크리스퍼 유전자 가위 활용 분야 중 가장 수익성이 높을 것으로 예상되는 분야가 의학인 만큼 브로드연구소는 절대 이를 놓치지 않겠다는 의지를 보였다. 반면 UC 버클리는 원핵세포에서 성공한 크리스퍼 유전자 가위를 진핵세포에도 적용할 수 있다는 것은 너무나 명백한 일이기 때문에 진핵세포에 해당하는 특허권도 자신들의 소유라고 주장했다.

크리스퍼 유전자 가위와 관련된 특허는 여러 가지가 있지만 두 팀의 특허는 기술의 핵심을 포함하고 있는 만큼 한 치의 양보가 없었다. 이전투구 양상은 더 심화되었다. 2016년 9월 〈네이처〉 기사에 따르면, UC 버클리는 2011~2012년 브로드연구소에 방문했던 학생의 이메일을 미국 특허청에 제출했다. 이메일에는 "장평은 독자적으로 유전자 가위를 개발한 것이 아니라 UC 버클리의 논문을 읽고 난 뒤 영감을 얻은 것이었다"라는 내용이 포함되어 있었다. 브로드연구소는 "이 학생은 UC 버클리 연구소에 취직하기 위해 말도 안 되는 소리를 한 것"이라고 반박했다. 특허전이 이처럼 진흙탕 싸움이 된 이유는, 결국 돈이었다.

"처음에는 양측이 과학기술계의 관행대로 화해할 것으로 예상했다. 하지만 많은 회사들이 크리스퍼 유전자 가위와 관련된 특허권에 상당한 비용을 부담한다는 사실을 알고 생각이 바뀌었다."

2017년 2월, 미국 특허청은 "브로드연구소의 특허와 UC 버클리의 특허는 서로 다르다"라며 두 특허 모두 유효하다고 인정했다. 업계에서는 사실상 브로드연구소의 승리로 여긴다. 두 특허가 다르다면, 인간세포에 유전자 가위를 적용해 활용도가 더 높은 브로드연구소가 이득이기 때문이다. 판결 직후 브로드연구소의 특허 라이선스를 갖고 있는 바이오 벤처기업 에디타스 메디신의 주가는 폭등했다. UC 버클리가 이 판결에 이의를 제기할지 여부는 아직 밝혀지지 않았지만 UC 버클리의 다우드나 교수는 의미심장한 말을 남겼다.

"브로드연구소는 녹색 테니스공에 대해 특허권을 보유할 것이다. 하지만 우리는 모든 색깔의 테니스공에 대해 특허권을 보유할 것이다."

이를 두고 이번엔 산업계가 발칵 뒤집혔다. 두 연구 기관이 특허권을 두고 싸우는 만큼 크리스퍼 유전자 가위를 활용하려는 기업은 양쪽 모두에게 특허 라이선스를 받아야 하는 상황이 발생할 수 있어서다. UC 버클리 측 변호사는 판결 직후 "크리스퍼 유전자 가위를 사용하는 업체들은 브로드연구소뿐 아니라 UC 버클리로부터 라이선스를 취득해야 한다"고 말하기도 했다. 이 상황이 지속된다면 유전자 가위를 활용하려는 업체가 부담해야 하는 비용은 천문학적으로 늘어날 수 있다.

2017년 2월 미국 특허청의 판결 이후 UC 버클리나 브로드연구소는 특별한 움직임을 보이지 않고 있다. 당장 이를 활용해 수익을 얻는 업체가 아직 없기 때문이다. 하지만 언제든 특허 소송은 다시 발발할 수 있다. 유전자 가위가 갖고 있는 파급력은 멸종 동물 복원부터 유전병 치료까지 광범위하다.

한국에도 숨은 선수가 있다

우리도 이 싸움을 눈여겨봐야 하는 이유가 있다. 한국도 크리스퍼 유전자 가위와 관련해 석학으로 불리는 연구자와 연구진이 존재하기 때문이다. 김진수 기초과학연구원 유전체교정연구단장은 서울대 교수 시절부터 1세대, 2세대 유전자 가위를 연구해왔는데 3세대인 크리스퍼 유전자 가위가 등장하자마자 관련 분야 석학으로 불리고 있다. 김진수 단장이 만든 유전자 가위 기술 전문 기업 툴젠은 브로드연구소보다 먼저 미국에 유전자 가위 진핵세포 적용에 관한 특허 출원을 신청했다. 현재는 기회를 엿보고 있다는 표현이 맞을 듯싶다.

3세대 유전자 가위를 둘러싼 특허전은 바이오산업 전반을 뒤흔드는 강력한 지진과 같다. 돈이 걸려 있는 상황에선 형이고 아우고 없다. 한낱 스마트폰이 누가 누구 것을 베꼈네 하며 싸우던 모습을 아옹다옹이라는 표현으로 갈음할 날이 머지않았다.

신문에 실리지 않은 취재노트

4세대 유전자 교정기의 등장

2017년 10월 26일, 학술지 〈네이처〉와 〈사이언스〉에는 각각 하버드대와 MIT 연구진의 논문이 게재됐다. 모두 브로드연구소 소속 과학자들이다. 〈네이처〉의 논문 공개 날짜는 26일이고 〈사이언스〉는 27일이었지만, 〈사이언스〉는 MIT 연구진의 논문을 〈네이처〉 논문이 발표되는 날 함께 공개했다.

하버드대는 유전자 가위를 이용해 DNA를 잘라내는 대신 염기 하나만을 바꾸는 기술을 개발해 〈네이처〉에 발표했다. 아데닌^{A}이 놓여 있는 자리에 유전자 가위를 넣으면 효소가 이를 구아닌^{G}으로 바꾸는 방식이다. 기존 유전자 가위가 DNA 특정 염기 서열, 즉 AGGT를 통째로 바꿀 수 있었다면 이번 기술은 단 하나의 염기만 골라낼 수 있었다. 보다 간편한 방식으로 DNA 교정이 가능해진 셈이다. 기존 크리스퍼 유전자 가위 역시 정교하지만 종종 얘기치 않은 DNA 삽입이나 결실이 일어나는 단점이 존재했다.

MIT가 〈사이언스〉에 실은 논문은 DNA가 아닌 RNA에서 이뤄진다. 장펑 MIT 교수는 RNA에서 아데닌을 구아닌으로 바꾸는 데 성공했다. DNA 대신 RNA를 교정하면 유전체를 영구적으로 변화시키지 않으면서도 질병을 초래하는 유전자 교정이 가능해진다.

DNA 염기 하나 바뀌는 것으로 질병을 일으키는 돌연변이는 3만여 개에 달한다. 그중 절반이 아데닌과 구아닌이 바뀐 형태다. 간질, 파킨슨병 등이 이에 해당한다. 연구진의 성과가 실제 적용된다면 간단한 교정만으로 질병 치료가 가능해질 수 있다.

물론 아직 가야 할 길이 멀다. 〈네이처〉와 〈사이언스〉에 실린 논문은 사람의 세포를 비커에 옮겨서 실험했을 뿐, 체내에 직접 넣은 것은 아니다. 하지만 크리스퍼 유전자 가위가 세상에 모습을 드러낸 지 불과 5년 사이에 유전자 가위는 또다시 진화했다. 과학기술의 발전이 무섭도록 빠르게 진행되고 있다.

○ NASA

그들은 왜 중대발표를 할까

    2010년 11월 29일, NASA가 홈페이지를 통해 "12월 2일 우주생물학 발견에 대한 뉴스컨퍼런스를 진행하겠다"고 발표했다. NASA의 발표 선언에 전 세계 언론이 들끓었다. 외계 생명체가 발견된 것이라는 둥, 우주에서 발견된 새로운 미생물에 관한 내용이라는 둥 추측성 기사가 나돌았다. 당시 수습이었던 기자는 흥분된 마음을 감출 수 없었다. NASA의 발언이었다. 전 세계 어린이에게 우주에 대한 꿈과 동경을 선사하고 화성에 탐사선을 착륙시킨, 그 NASA다. 허튼 소리를 할 조직이 아니었다.

    NASA에 있는 한국인 연구자에게 연락을 시도했다. 별다른 답변을 얻지 못했다. 외신에는 어떤 내용이 등장하는지 10초 간격으로 새로고침을 하며 확인했다. NASA의 보안은 꽤나 엄격해서 단서조차 찾을 수 없었다. 국내 과학자에게도 알고 있는 것은 없는지 끊임없이 문의했다. 그러던 중 문득 한 선배가 이런 말을 던졌다.

"오전 4시면 〈사이언스〉 엠바고가 풀리는 시간이잖아요. 이거 혹시 〈사이언스〉에 실린 NASA 논문을 말하는 거 아닐까요?"

하필 NASA가 뉴스 컨퍼런스를 열겠다고 한 시간이 〈사이언스〉에 실린 논문이 공개되는 시간과 일치했고, 〈사이언스〉에는 새로운 미생물 발견과 관련된 NASA의 논문이 한 편 올라와 있었다. 내용은 생명체의 필수 원소인 탄소, 수소, 질소, 산소, 인, 황 외에 독성물질로 알려진 비소를 이용하는 생물이 존재한다는 것이었다. 재미있는 내용이었지만 우주생물학을 언급할 정도는 아니었다.

팀장은 고심했다. 이 논문이 NASA의 발표 내용과 같다고 여기기에는 근거가 부족했다. 신문 마감 상황을 고려했을 때 전날 미리 지면에 써놓고 새벽 시간에 진행되는 NASA의 발표를 봐야 했다. 만약 NASA가 발표하려는 내용이 이 논문이 아니라면 오보를 내는 셈이다. 결국 팀장은 발표를 보고 기사를 쓰자고 결론 내렸다.

NASA, 전 세계를 낚다

NASA의 발표가 있기 하루 전날, 영국 타블로이드 신문 《더 선》은 NASA의 발표가 〈사이언스〉에 실린 논문과 같은 새로운 미생물 발견에 대한 내용이라고 보도했다. 그때까지도 믿지 않았다. 실제 논문에는 외계, 우주 등의 단어는 나오지도 않았기 때문이다.

NASA의 발표가 있던 날, 미국 CNN과 폭스 뉴스 등 외신은 NASA의 발표를 생중계하며 기대감을 키웠다. 하지만 《더 선》의 보도가 맞았다. NASA는 〈사이언스〉에 실린 논문 내용을 설명하기 시작했고 발표를 생중계하던 방송들은 10분 만에 종료됐다. 허탈했다. 속된말로 전 세계가 NASA에 낚였다. 그 논문이 대체 뭐길래, NASA는 우주생물학 운운했던 것일까.

지구상에 있는 모든 생물은 앞서 언급했듯이 탄소, 수소, 질소, 산소, 인, 황 등 6가지 원소로 이루어져 있다. 6가지 원소가 생명 유지에 필요한 단백질은 물론 DNA를 만들어낸다. 이외에 다른 원소가 침투하거나, 균형이 깨지면 생명체는 살 수 없다.

그런데 NASA가 캘리포니아 주 동부에 위치한 모노 호수에서 발견한 신종 박테리아(GFAJ-1)는 독성 물질인 비소를 생존에 활용한다고 했다. 모노 호수의 침전물 속에는 비소가 다량 들어 있었는데, GFAJ-1은 이런 극한 환경에서도 살아남았을 뿐 아니라 DNA에서도 비소 성분이 검출됐다는 것이다. 이 내용이 흥미로운 이유가 바로 여기에 있다. 인과 당은 DNA의 척추 같은 역할을 한다. NASA가 발견한 GFAJ-1은 인이 빠지고 비소가 그 역할을 하고 있다고 했다. 인은 우리 몸속에서 에너지를 만들어내는 ATP에도 관여할 뿐 아니라 세포를 단단하게 고정시켜주는 세포막에도 존재한다. 그런 역할을 독성 물질인 비소가 대체하다니!

NASA의 논문은 생명에 필요한 6가지 필수 원소가 적용되지 않는 새로운 생물의 존재를 밝힌 것이었다. 우리가 기대했던 방향과 달랐던 것만 빼면 생물학 교과서가 바뀔 만한 대단한 발견이었다. 생명체의 범위를 넓혀줄 의미 있는 내용이었다.

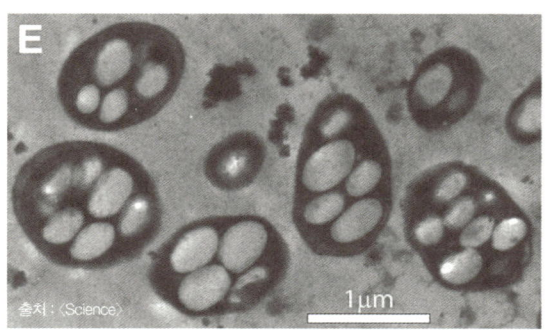

비소가 포함된 DNA로 구성된 박테리아(GFAJ-1)가 발견됐다는
모노 호수의 모습(위)과 NASA가 발견한 GFAJ-1의 모습(아래).
박테리아 안에 가득 차 있는 것이 비소라고 한다.

NASA는 왜
무리수를 두었나

NASA의 설레발로 전 세계 유명 과학자들의 관심이 이 논문에 집중됐다. 곧이어 반박이 나오기 시작했다. 박테리아 세포 안에 비소가 농축되어 있을 뿐이지 이를 생명활동에 사용한 것은 아니라는 주장이었다. 이듬해 〈사이언스〉에는 NASA의 논문을 정면으로 반박한 논문 2편이 게재되었다. 아무리 재현을 해봐도 비소가 풍부한 환경에서 박테리아가 증식되거나 살아남을 수 없었다는 내용이었다. 또한 DNA에서 인 대신 비소가 검출되지 않았다. 결국 이 박테리아는 사실이 아닌 것으로 결론 났다(하지만 2017년 현재까지 〈사이언스〉는 NASA의 논문을 철회하지 않았다). 허무하지만 DNA에서 인을 비소로 대체한 새로운 박테리아는 없었던 셈이다.

전 세계가 NASA에게 낚인 이후 "NASA는 중대발표라 한 적이 없는데 언론이 설레발을 쳤다"라든가, "NASA는 꾸준히 기자 간담회를 열어왔다"처럼 언론의 과대 해석을 비판하는 글들이 올라왔다. 언론 입장에서도 할 말은 많다. NASA가 "우주생물학"이라고 언급했기에 확대해석할 수밖에 없는 상황이었다.

이후로도 NASA의 중대발표는 계속되고 있다. 대부분 태양계 외부에서 새로운 행성을 발견했다든지, 화성에서 유기물의 흔적이 발견됐다든지 하는 내용이었다. 2017년 4월 11일도 마찬가지였다. NASA는 "지구 외의 행성에서 바다가 발견됐다는 내용"과 관련된 발표가 있을 것이라 이야기했고, 예상했듯이 이는 4월 14일자 〈사이언스〉에 실린 "토성의 위성인 엔셀라두스의 바다에서 생명체의 원인이 될 수 있는 수소분자를 발견했다"는 논문이었다. 이 역시 대단한 발견은 맞지만 전 세계가 깜짝 놀랄 만한 일은 아니었다.

　많은 과학자가 NASA의 이 같은 행동을 연구비 삭감 때문이 아니냐고 분석한다. 버락 오바마 전 미국 대통령은 재임 기간 동안 NASA의 연구비를 20% 삭감했다. NASA가 연구하는 분야는 수십억에서 수천억 달러의 예산이 투입된다. 하지만 이들의 성과가 모두 실질적인 이익으로 연결되지는 않는다. 2011년에는 탐사로봇 큐리오시티를 화성에 안착시켰고, 5년 동안 탐사를 이어가고 있지만 바로 돈이 되지는 않는다. 정부 입장에서는 가뜩이나 빠듯한 예산을 무리하게 쏟아붓기가 어려웠을 테다.

　언론의 속성상 어쩔 수 없이 앞으로도 NASA의 발표에 앞서 "이번엔 외계 생명체 발견되나"라는 자극적인 제목을 쓸 수밖에 없다. 이것 하나만은 기억하자. 정말 외계 생명체가 발견됐다면 NASA가 아닌 백악관에서 발표할 가능성이 크다. NASA의 연구원이 배석하겠지만, 이처럼 중대한 발표는 도널드 트럼프 미국 대통령이 하는 것이 더 폼 나 보일 텐데, 누가 그 자리를 뺏기고 싶겠는가.

신문에 실리지 않은 취재노트

메모리폼은 NASA의 발명품

1915년 3월 3일, 미국 의회는 비행체 연구개발을 위해 국가항공자문위원회NACA를 만들었다. 비군사적 목적으로 자문과 연구개발을 주로 담당하는 기관이었다. 그로부터 42년 뒤인 1957년, 옛 소련이 세계 최초로 인공위성 발사에 성공해 미국인은 충격의 도가니에 빠졌다. 이른바 '스푸트니크 충격'이었다. 미국 정부는 NACA와 관련 연구 기관들을 하나로 통합해 NASA를 설립한 뒤 우주 개발에 사활을 걸기 시작했다. 아폴로 우주선의 인류 최초 달 착륙, 우주왕복선 실현 등의 업적을 이룬 NASA의 출발이었다. 이후 NASA는 소련과 치열한 우주전쟁을 치르면서 성장해왔다.

NASA는 이후 수조 원의 예산을 쓰며 잘나갔다. 오바마 행정부가 예산을 대폭 줄이는 바람에 분위기는 전체적으로 가라앉았지만 여전히 NASA의 위상은 대단하다. 게다가 NASA가 개발한 기술들은 다른 분야에서 활용되는 스핀오프가 이루어지며 우리 삶에 지대한 영향을 미치고 있다. NASA의 말대로, "당신이 생각하는 것보다 더 많은 우주가 당신의 삶 속에 존재하고 있다."

NASA는 2017년 기준 2000여 개의 스핀오프 상품을 내놓았다고 밝혔다. 대표적으로 메모리폼이 있다. 메모리폼은 NASA가 우주인을 보호하기 위한 목적으로 개발한 것이었다. 유인 우주선을 발사할 때 탑승자는 로켓 추진력으로 인해 물리적 충격을 받는다. 엄청난 추진력으로 솟구쳐 오르는 발사체 안에서 느끼는 압력은 상상을 초월한다. 자동차가 급격히 가속될 때 우리 몸이 뒤로 향하는 것과 같다. NASA는 우주인 보호를 위해 스펀지와 같은 소재의 패딩을 만들었고 이것이 메모리폼으로 재탄생했다. 메모리폼은 충격흡수성과 복원성이 좋아 현재 매트리스, 베개 등에 사용되고 있다.

병원에서 자주 볼 수 있는 적외선 귀 체온계도 NASA의 발명품이다. 열에너지가 전자기파로 방출되는 현상인 열복사를 통해 체온을 측정하는 것이다. NASA는 우주 탐사에서 별과 행성의 지표 온도를 측정하는 방식을 응용해 귀 체온계를 만들었다. 기존 체온계와 달리 콧속이나 입안 등 점막에 체온계를 직접 접촉하지 않고도 체온을 측정할 수 있어 체온계를 통한 교차 감염의 위험이 줄어든다. 게다가 이 체온계 덕분에 신생아나 움직일 수 없는 환자들을 대상으로 빠른 체온 측정이 가능해졌다.

무선 청소기도 우주개발의 산물이다. NASA는 인류를 달에 보내겠다는 야심찬 목표를 세우고 아폴로 계획을 추진했다. 유인 달 탐사를 위해서 꼭 필요한 것은 달에서 사용할 각종 실험 도구들이었다. NASA는 달에서 월면토 샘플을 채취할 수 있는 휴대용 드릴 개발을 계획했다. 배터리로 작동돼야 했고 휴대하기 편하게 크기가 작으면서도 굴착 능력이 좋아야 했다. NASA는 드릴 개발에 성공한 뒤 이 기술을 적용해 휴대용 무선 청소기를 선보였다.

요리 시간이 부족할 때 바로 조리해 먹을 수 있는 냉동건조식품도 NASA의 연구로 탄생했다. 아폴로 계획에 투입된 우주인들이 우주 공간에서 먹을 식량을 준비하는 것은 또 다른 난제였다. 우주선에 식료품을 그대로 싣자니 부피가 너무 컸다. NASA는 이 문제를 해결하기 위해 식품을 냉동건조하기로 했다. 냉동건조식품은 냉장하지 않아도 장기간 보관이 가능했고 원래 식품 무게의 20%밖에 되지 않으면서도 영양분 손실은 2%에 불과했다.

안전 용도로 쓰이는 제품들도 있다. 산소가 없는 우주 공간에서 우주선 안 우주인들을 보호하기 위해 일산화탄소 탐지기가 만들어졌다. 이 탐지기는 가정과 산업용으로 널리 활용되고 있다. 군에서는 이 기술을 활용해 각종 화학무기를 찾아내는 탐지기를 개발하기도 했다.

NASA는 과학기술 외에도 큰 가치를 남겼다. 어린이에게 꿈을 심어줬다. 2013년 10월 미국 의회 예산안 처리 결렬로 정부 홈페이지가 셧다운됐을 때 미국 초·중학교에서 "NASA 홈페이지 폐쇄로 학생들이 과학 숙제를 할 수 없다"는 아우성이 빗발쳤다는 후문도 있다.

"아폴로 11호 발사 장면을 보고 영감을 받았다."

지난 2015년 9월, 아마존 창업자 제프 베조스는 "2020년 우주선을 발사하겠다"는 발표를 하며 아폴로 이야기를 꺼냈다. NASA가 남긴 것은 비단 과학기술뿐만이 아니다. 1969년 아폴로 11호의 달 착륙과 함께 시작된 우주를 향한 NASA의 도전은 전 세계의 수많은 어린이에게 꿈과 상상력을 안겨줬다. 어쩌면 이 꿈과 상상력이 NASA가 남긴 가장 위대한 유산이 아닐까.

○ **학술지**

과학자는
NSC를 꿈꾼다

"이번 연구 결과는 세계적 과학 학술지 〈네이처〉에 게재됐다."

지면이나 인터넷, 방송 등에서 논문을 근거로 한 과학 기사를 보면 내용의 신뢰도를 높이는 장치로 학술지 이름이 등장한다. 그중에서도 효과가 높으며, 세계적이라는 수식어가 붙는 학술지가 있는데, 대표적으로 〈네이처Nature〉 〈사이언스Science〉 〈셀Cell〉이다. 세 학술지의 이니셜을 따서 NSC라고 부르기도 한다.

왜 하필 이 세 저널일까. 과학자들은 논문으로 자신의 성과를 이야기한다. 연구 성과가 뛰어날수록 다른 과학자들이 이를 인용해 추가 실험을 하거나 새로운 발견을 하는데 이럴 때마다 해당 논문의 인용지수는 올라간다. 인용지수란, 과학자의 논문이 얼마나 많이 인용됐는가를 의미한다.

2016년을 기준으로 〈네이처〉 〈사이언스〉 〈셀〉의 인용지수는 각각 40.13, 37.20, 30.41이다. 적은 숫자 같지만 인용지수가 1에도 미치지 못하는 국제 학술지가 수두룩한 점을 미루어보면 큰 수치다. 학술지 인용지수는 평균이기 때문에 논문마다 편차가 존재하지만 상당히 높은 수준의 연구 결과물이 실리는 것은 부인할 수 없다. 한 예로 2016년 3월, 한국은 물론 전 세계를 뜨겁게 달군 알파고의 로직을 담은 논문이 〈네이처〉 2016년 1월 28일자에 게재됐는데, 1년 만에 인용지수가 3047을 기록했다.

〈네이처〉〈사이언스〉〈셀〉에 논문을 게재한 과학자들은 교수 임용은 물론 정부의 연구비 심사 때도 가산점을 받을 수 있다. 지금은 한국 과학자들의 실력이 출중해 매주 1~2명씩은 세 학술지에 이름을 올리곤 하지만 2000년대 초반까지만 해도 저자 중 한국인 과학자를 찾기 어려웠다고 한다. 당시 이 세 저널에 논문이 실리면 신문 1면에도 이름을 올릴 수 있었다.

누가 그들에게 왕관을 씌웠나

무엇이 세 학술지에게 이 같은 권위를 부여했을까. 과학자는 물론 일반 대중이 가장 많이 찾는 학술지가 바로 〈네이처〉다. 영국의 네이처출판그룹이 발행하는 〈네이처〉는 전 세계 구독자 400만 명, 월 평균 홈페이지 방문자 수 700만 명을 자랑한다. 물론 홈페이지에는 〈네이처〉에 실린 논문 이외에도 과학 기자들이 다양한 논문을 기사화하고 있다. 〈네이처〉는 1869년 만들어져 역사가 깊고, 과학자들이 논문을 게재하고 싶은 학술지 일순위로 꼽힌다.

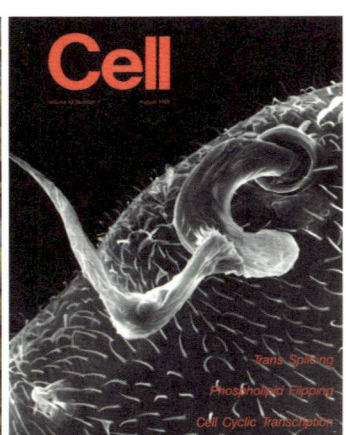

네이처출판그룹은 1953년부터 〈네이처〉에 논문을 게재하려면 동료 과학자들에게 검증을 받아야 한다는 피어리뷰 제도를 도입했다. 현재는 대부분의 학술지가 이 방식을 따라 논문의 게재 승인 여부를 결정한다. 1990년대 이후에는 〈네이처 면역학〉〈네이처 지오사이언스〉 등 특정 분야의 논문만을 다루는 자매지를 다수 만들어 해당 분야의 발전을 이끌기도 했다.

미국 과학진흥협회AAAS('트리플에이에스'라고 부른다)가 발간하는 〈사이언스〉는 〈네이처〉와 함께 학술지의 양대 산맥으로 불린다. 1880년에 창간된 〈사이언스〉는 전문적인 느낌의 저널보다 대중적인 이미지를 위해 잡지라고 부른다. AAAS가 과학 대중화를 위한 기관인 만큼 〈사이언스〉는 일반인에게 조금 더 쉽게 다가갈 수 있는 논문이 실리는 경우가 많다. 〈사이언스〉는 이 같은 요건을 만족시키기 위해 편집자와 과학자, 두 그룹이 논문을 심사한다. 과학자 외에 과학 대중화에 초점을 맞춘 편집자 그룹이 심사에 참여하는 만큼 기초과학뿐만 아니라 응용 분야인 기술과 관련된 논문이 종종 게재되기도 한다. 이로 인해 일반 대중에게 친숙하게 다가서는 데 성공했다는 평가를 받는다.

〈사이언스〉에는 경제학과 관련된 논문도 심심치 않게 발견된다. 2014년 3월에는 2000년 노벨 경제학상 수상자인 제임스 헤크먼 미국 시카고대학교 교수의 논문을 게재하기도 했다.

매주 발행되는 〈네이처〉나 〈사이언스〉에는 과학자의 논문 외에도 신문 사설 형식의 글이나 기자의 취재 기사도 볼 수 있다. 이곳에 실린 글들이 때로는 논쟁을 불러일으키기도 하며, 비과학적인 주장에 대한 과학계의 반응이나 반박글을 싣기도 한다. 기후 게이트 사건으로 인한 마녀사냥을 비판한다거나 유전자 연구에 대한 모라토리엄을 선언했던 일이 대표적이다. 2017년 들어서는 도널드 트럼프 미국 대통령이 주장하는 '백신 무용론'에 대한 반박 기사를 싣기도 했으며 "과학자들은 트럼프 대통령이 주장하는 백신 무용론에 맞서 싸워야 한다"는 내용의 공격적인 사설을 싣기도 했다.

〈네이처〉나 〈사이언스〉보다 대중적이지는 않지만 생명과학 분야에서 최고의 저널은 〈셀〉이다. 〈셀〉은 1974년 1월, MIT의 후원으로 만들어졌다. 1986년 셀 프레스를 세워 독립했으나 1999년 의·과학 전문 출판사인 엘세비르에 매각됐다. 매주 발행되는 〈네이처〉〈사이언스〉에 연간 1000여 편의 논문이 게재되는 것과 달리 2주마다 발간되는 〈셀〉은 1년에 380여 편의 논문만 실린다. 게재 논문을 선택하는 기준도 대중적인 관심보다 '학술적으로 얼마나 가치가 있는가'에 초점을 두어, 논문 심사가 상당히 까다롭다고 알려져 있다. 대중적이지 않음에도 불구하고 〈셀〉 홈페이지 방문자가 매달 85만 명에 달하는데, 그만큼 생명과학 분야에서의 영향력은 두 학술지 못지않다는 평가다.

독점은
독을 만든다

〈네이처〉〈사이언스〉〈셀〉이 과학계에 미치는 영향이 점점 커지자 10여 년 전부터 이를 지적하는 목소리도 높아지고 있다. 대표적인 학자가 랜디 셰크먼 UC 버클리 교수다. 2013년 노벨 생리의학상을 수상하고 한 달여가 지난 11월 9일, 그는 영국 일간지 《가디언》

에 "〈네이처〉〈셀〉〈사이언스〉가 어떻게 과학을 망치는가"라는 다소 선정적인 제목의 기고글을 게재했다. 셰크먼 교수는 개별 논문이 갖고 있는 연구의 질이 다름에도 불구하고 〈네이처〉〈사이언스〉〈셀〉에 실렸다는 이유로 높이 평가받는 것은 잘못이라고 지적했다. 또한 어느 저널에 논문이 실렸는지에 따라 연구 기금과 임용이 결정되는 상황도 꼬집었다. 셰크먼 교수는 호기롭게 이후로는 세 학술지에 논문을 발표하지 않겠다고 했다.

기자는 운 좋게도 2016년 10월, 셰크먼 교수를 만날 기회가 있어 〈네이처〉〈사이언스〉〈셀〉에 대한 그의 의견을 물었다. 그의 대답은 확고했다. 인용지수가 높은 학술지에 논문을 제출해야 한다는 압박감이 창의적이고 도전적인 연구를 막는다는 것이다. 또한 〈네이처〉〈사이언스〉〈셀〉의 경우 편집인은 논문의 화제성과 인용 정도를 기준으로 논문 게재 여부를 결정하는데, 자칫 과학계에 연구 유행을 만들 수도 있다고 했다. 세 학술지에 논문을 싣기 위해 데이터를 조작하는 일도 수시로 발견된다고 덧붙였다.

많은 과학자가 문제점을 알고 있음에도 세 학술지에 논문을 게재하고 싶어 한다. 과학 기자 역시 매주 월요일 아침마다 이해할 수 없는 논문을 끙끙거리며 해독하고 관련 전문가를 찾아 헤맨다. 독자들이 이것만 알아줬으면 좋겠다. 〈네이처〉〈사이언스〉〈셀〉이 최고의 학술지인 것은 맞지만 여기에 실리지 않았다고 논문의 질이 떨어지는 것은 아니다. 전문가들의 엄중한 평가를 거쳐 게재된 논문에는 과학자가 수년간 피땀 흘려 실험해온 과학적 지식이 담겨 있다. 모두가 인류의 지식을 확장시키고 있는 귀중한 성과들이다.

○ 노벨상

지옥의 상인이
남긴 유산

"지옥의 상인이 사망했다. 사람을 빨리, 많이 죽이는 방법을 개발해 부자가 된 알프레드 노벨 박사가 어제 사망했다."

1888년 4월 13일, 프랑스의 한 신문에 실린 부음 기사의 시작이다. 안타깝게도 파리 인근에 살고 있던 노벨은 멀쩡히 살아서 이 기사를 읽고 있었다. 노벨의 형인 루드비 노벨이 지병으로 사망했는데 기자가 이를 헷갈려 오보를 낸 것이다.

8년 뒤인 1896년 12월, 진짜 노벨이 죽었을 때 "내 재산을 성별 국적에 상관없이 물리학, 화학, 생리의학, 문학, 평화 등의 분야에서 인류에 큰 공헌을 한 사람에게 상금으로 수여한다"는 내용의 유언장이 세상에 알려졌다. 유언을 토대로 1900년 노벨 재단이 설립됐고 1901년부터 5개 분야에서 노벨상이 수여됐다. 하지만 노벨상이 처음 재정됐을 때부터 잡음과 논란은 끊이지 않았다. 노벨상은 어떤 고비들을 넘어 인류 최고의 가치 있는 상으로 자리매김할 수 있었을까. 그리고 매년 10월마다 언론을 장식하는 제목, 한국은 언제쯤 노벨 과학상을 받을 수 있을까.

노벨상에 수학 분야가 없는 이유

노벨이 자신을 '지옥의 상인'이라고 표현한 기사 제목 때문에 재산을 기부해 노벨 재단을 설립했다는 이야기가 많다. 하지만 어떤 자료에도 "오보 때문에 노벨 재단을 설립했다"는 말이 남아 있지 않다. 사실 여부는 노벨 자신만이 알고 있을 뿐이다.

다만 그를 기록한 많은 글에 따르면 노벨은 평화주의자였으며 시를 쓸 정도로 감수성이 풍부했다고 전해진다. 다이너마이트를 개발해 돈을 많이 벌었지만 사람의 목숨을 앗아가는 데 사용됐던 만큼, 그는 아마 사회에 일종의 부채감을 갖고 있었을지 모른다.

1833년 10월 21일, 스웨덴 스톡홀름에서 태어난 노벨은 17세에 영어, 프랑스어, 독일어, 러시아어 등 모국어를 포함해 5개 국어를 했을 정도로 머리가 좋았다. 1860년 그는 니트로글리세린을 만들어 특허를 받은 뒤 이를 이용해 다이너마이트를 만드는 데 성공했다. 1867년과 1868년 영국과 미국에서 다이너마이트 관련 특허를 등록했다. 1886년 노벨 다이너마이트 트러스트라는 회사를 세운 노벨은 9개 국가에 93개 공장을 지었고, 천문학적인 재산을 벌어들였다. 노벨이 죽었을 당시 그의 재산은 약 3300만 크로나였는데, 지금 돈으로 환산하면 2500억 원 정도라고 한다. 그는 협심증을 앓다

∧
노벨상을 만든 알프레드 노벨의 사진(왼쪽)과
노벨상 메달의 앞면 모습(오른쪽).

가 1896년 12월 10일 뇌출혈로 사망했다. 이후 스톡홀름 은행에 보관되어 있던 그의 유언장을 근거로 노벨 재단이 설립됐다.

노벨 재단 설립 과정이 매끄러웠던 것은 아니다. 노벨은 3300만 크로나 중 500만 크로나만 가족에게 물려주고 나머지 2800만 크로나를 재단 설립에 써달라고 유언장에 남겼지만 그의 가족은 법적 대응을 고려했을 정도로 반발했다고 한다. 또한 스웨덴 국민 중 일부도 노벨상 상금이 '국부 유출'이라며 비판했다고 전해진다.

노벨 수학상이 없는 이유를 두고도 말이 많다. 당시 유명 수학자인 미타그 레플러와 한 여인을 두고 삼각관계였기 때문이라는 설이 대표적이다. 수학상을 만들 경우 미타그 레플러가 노벨상을 받을 가능성이 높았기 때문에, 이것이 싫었던 노벨이 수학을 노벨상 수상 분야에서 제외했다는 '썰'이다. 이후 미타그 레플러는 노벨 수학상이 만들어지지 못한 원인을 제공했다고 알려지면서 많은 비난을 받기도 했다. 하지만 이 같은 이야기가 사실일 가능성은 거의 없다. 노벨이 미타그 레플러와 접촉이 거의 없었을 뿐 아니라 삼각관계였음을 뒷받침하는 어떤 근거도 존재하지 않는다. 오히려 미타그 레플러는 스톡홀름대학교의 전신인 스톡홀름 호그스콜라 원장을 지내면서 노벨이 남긴 재산을 기금으로 유치하려 노력하기도 했다. 둘 사이에 앙금이 있었다면 이런 시도가 가능했을까. 노벨의 첫 번째 유언장에는 스톡홀름 호그스콜라 역시 상속 대상에 포함되어 있기도 했다(두 번째 유언에서 모두 재단에 위임한다고 남기면서 노벨의 재산은 호그스콜라에 상속되지 않았다). 이처럼 둘 사이가 나빴음을 나타낼 만한 것이 발견되지 않았다.

무엇보다 노벨이 지목한 5개 분야는 평소 그가 관심을 보이던 분야일 뿐 아니라 발명가 특성상 수학을 실용적인 학문이라고 생각하지 못했을 수 있다.

노벨상을 잘못 줬다니!

노벨상의 역사가 긴 만큼 훗날 잘못된 수상이었다는 평가를 받는 경우도 있다. 대표적인 예가 바로 DDT다. 화학자 파울 뮐러는 1940년, 유기염소제인 DDT를 특허 출원하고 1942년 시장에 출시했다. 말라리아, 모기 등을 박멸한 공로를 인정받아, 1948년 뮐러는 노벨 생리의학상을 수상했다. 하지만 DDT가 생태계 파괴는 물론 인체에도 악영향을 미친다는 것이 알려지면서 여러 국가에서 사용 금지 처분을 받았다. 1949년 전두엽 절제술로 노벨 생리의학상을 수상한 에가스 모니스의 시술 역시 현재는 금지됐다. 모니스는 정신질환에 걸린 사람의 뇌를 일부 절제하는 시술로 노벨상을 받았지만 큰 효과가 없었을 뿐 아니라 비인도적이라는 비난을 받았다.

이후 노벨 위원회는 수상 후보자의 연구 결과에 대해 오랜 기간의 검증을 거치고 있다. 1970년대 노벨 과학상 수상자는 업적을 내고 수상까지 평균 10여 년이 걸렸지만, 2000년 이후에는 이 기간이 25년 정도로 길어졌다.

마리 퀴리는 2번이나 노벨상을 받았지만, 이를 제외하고 여성이라는 이유로 수상에서 제외됐다는 논란은 여러 차례 있었다. 우라늄의 핵분열을 발견한 독일의 오토 한 박사는 1944년 노벨 화학상을 수상했다. 하지만 함께 연구했던 여성 과학자가 있었다. 바로 리제 마이트너 박사였다. 두 사람은 독일에서 수십 년간 우라늄 연구를 함께했지만 히틀러의 유대인 탄압이 심해지자 오스트리아계 유대인이었던 마이트너 박사는 스웨덴으로 떠나야 했다. 혼자 독일에서 실험을 하던 한 박사는 우라늄 분열을 발견했지만 이를 설명할 수 있는 이론적 근거를 찾지 못했다. 한 박사는 마이트너 박사에게 편지를 보냈다. 마이트너 박사는 우라늄 핵의 분열 가능성을 제시했고 이를 실험으로 증명한 한 박사는 노벨 화학상을 수상했다. 하지만 마이트너 박사는 수상에서 제외됐다. 마이트너 박사는 당시 "오토 한이 노벨상을 받는 것은 의심의 여지가 없지만, 난 그의 보조 연구원이 아니었다"고 말했다.

중성자별인 펄서를 발견한 여성 과학자 조셀린 벨 버넬도 수상자에서 제외된 경우다. 그녀는 대학원생이던 24세, 연구 중 자전하는 중성자별을 발견해 지도 교수였던 앤터니 휴이시에게 알렸다. 휴이시는 1974년 노벨 물리학상을 받았지만 버넬의 기여는 인정받지 못했다.

2013년에는 노벨 물리학상 수상 발표가 한 시간이나 지연됐다고 〈네이처〉에 실렸다. 그해 물리학상은 힉스입자를 예견한 3명의 과학자가 수상할 예정이었는데, 실제 실험을 했던 유럽입자물리연구소^{CERN} 소속 과학자들의 기여도도 따져야 하는 것 아니냐는 토론이 벌어진 것이다. 또한 힉스입자의 이론을 만드는 데 기여한 과학자 6명 중 5명이 생존하고 있었는데, 위원회는 결국 마지막에 나온 논문을 쓴 과학자 3명을 제외하고 2명에게만 노벨상을 수여하기로 결정했다. 이러한 논란의 이유는 노벨상의 수상 조건에 있다. 평화상을 제외하고는 기관에게 수여하지 않으며, 3명을 넘지 않는다는 관례를 따르고 있기 때문이다. 많은 사람에게 상을 줄 경우 상의 가치가 떨어진다며 옹호하는 의견이 있는 반면, 최근에는 공동 연구가 많이 이뤄지고 있는 만큼 수상자 수의 제한을 풀어야 한다는 지적도 나온다.

'살아 있는 사람에게만 수상한다'는 조건도 지적의 대상이다. 2017년 노벨 물리학상은 중력파 발견에 기여한 3명의 과학자가 받았다. 그중 한 명은 영화 〈인터스텔라〉의 자문을 맡아 유명한 킵 손 칼텍 교수로, 중력파 검출에 대한 이론을 세우는 데 공헌을 했으며, 로널드 드레버와 함께 중력파 실험 그룹을 구성한 공로를 인정받았다. 그 외에 LIGO 검출기의 설계와 분석에 공헌한 라이너 바이스 MIT 교수와 LIGO 2대 책임자인 배리 배리시 칼텍 교수가 함께 수상했다. 드레버 역시 유력한 노벨 물리학상 후보였지만 2016년 세상을 떠나 수상자 명단에 이름을 올리지 못했다. 또한 LIGO를 만들어 중력파 발견에 기여한 1000여 명의 과학자들(한국인 과학자도 포함됐다!) 역시 수상자에 포함될 수 없었다.

2017년 생리의학상도 마찬가지다. 생체시계를 발견한 3명의 과학자가 이름을 올렸지만, 정작 1970년대 생체시계 관련 유전자를 처음 발견한 시모어 벤저와 그의 제자인 로널드 코놉카는 안타깝게 수상자에 이름을 올리지 못했다. 벤저는 10년 전에, 코놉카는 2년 전 타계했기 때문이다.

반면 타계한 뒤에 수상한 경우도 있긴 하다. 2011년 노벨 생리의학상 수상자로 랠프 스타인먼이 선정됐다. 하지만 수상자가 발표되기 이틀 전, 그가 췌장암으로 숨졌다는 사실이 알려졌다. 노벨 위원회는 스타인먼을 예외로 인정하기로 했다. 이외에 사후 수상자는 노벨 평화상의 다그 함마르셸드 전 UN 사무총장과 노벨 문학상 작가인 에릭 칼펠트뿐이며, 1974년부터 사후 수상자는 없었다.

　노벨 과학상은 전 세계의 과학자 중 추려서 후보자 추천 요청 서한을 발송하고 이들의 추천을 받아 후보자를 접수한다. 매년 약 300명의 후보자가 노벨 위원회에 전달되는데 그중 70여 명은 항상 새로운 인물이라고 한다. 이후 노벨 위원회는 전문가 심사를 통해 후보자들의 업적을 상세하게 조사한다. 노벨 위원회는 발표 5분 전 수상자에게 연락한다고 한다. 그래서 간혹 웃지 못할 일도 벌어지는데, 2008년 노벨 화학상을 수상한 마틴 챌피 교수는 기사를 보고 자신의 수상을 알았다고 한다. 노벨 위원회가 전화를 걸었을 때 그는 자고 있었던 것이다.

환경이 노벨상을 만든다?

　'IQ는 유전된다'는 말처럼 노벨상에는 유독 혈연관계 수상자들이 많다. 1915년 X선을 활용한 결정 구조를 발견한 브래그 부자(윌리엄 헨리 브래그와 윌리엄 로런스 브래그)가 대표적이다. 양자역학의 아버지 닐스 보어는 보어의 원자모형으로 1922년 노벨 물리학상을 수상했고, 이 해 태어난 아들 오게 보어는 원자핵을 연구해 1975년 노벨 물리학상을 받았다. 퀴리 가문도 빼놓을 수 없다. 1903년 마리 퀴리와 남편 피에르 퀴리는 물리학상을 공동 수상했으며, 1911년에는 마리 퀴리 단독으로 화학상을 받았다. 이들의 큰 딸인 이렌과 남편 프레데리크 졸리오 역시 1935년 노벨 화학상을 공동 수상했다. 둘째 사위인 리처드슨 라부이스 주니어가 유엔아동기금UNICEF을 대표하여 1965년 노벨 평화상을 받은 것을 포함하면 퀴리 가문은 1세기도 안 되어 수상자를 5명이나 배출한 셈이다.

과학자의 경력에서 가장 중요한 요소 중 하나가 바로 스승이다. 좋은 스승을 만나면 제자의 업적 역시 관심의 대상이 된다. 2002년 노벨 물리학상은 고시바 마사토시 도쿄대 특별영예교수가 받았는데, 그의 제자인 가지타 다카아키 도쿄대 교수 역시 2015년 스승이 남긴 가미오칸데 실험을 통해 노벨 물리학상을 받았다.

1972년까지 미국 노벨상 수상자 92명 중 48명은 기존 수상자와 대학원생, 박사후 연구원, 연구원 등의 관계가 있음이 밝혀지기도 했다. 1938년 노벨 물리학상을 수상한 엔리코 페르미의 제자 중 노벨상 수상자는 6명이나 되며 1939년 노벨 물리학상 수상자인 어니스트 로렌스는 3명의 수상자를 배출했다. 다섯 세대에 걸쳐 수상자가 이어진 경우도 발견됐다. 빌헬름 오스트발트(1909년 노벨 화학상 수상)는 발터 네른스트(1920년 노벨 화학상 수상)를 가르쳤으며, 발터 네른스트는 미국 최초의 노벨상 수상자인 로버트 밀리컨(1923년 노벨 물리학상 수상)을 가르쳤다. 로버트 밀리컨은 칼텍에 재임하던 중 칼 앤더슨(1936년 노벨 물리학상 수상)을 가르쳤으며, 칼 앤더슨은 도널드 글레이저(1960년 노벨 물리학상 수상)를 지도했다.

한국인 노벨 과학상 수상자는 언제쯤?

매년 10월 노벨상 발표 시즌만 되면 '한국인 노벨 과학상 수상자는 언제 나올 수 있을까'라는 주제로 수많은 기사가 나온다. 심지어 어떤 국회의원은 국정감사에서 과학기술 관련 부처 장관을 불러다놓고는 "우리는 왜 노벨상을 못 탑니까"라며 꾸짖은 적도 있다. 그야말로 코미디가 아닐 수 없다.

    과학기술계에서는 15~20년 이후로 한국인 노벨 과학상 수상자의 탄생을 점치고 있다. 이 말인즉, 아직 받을 만한 사람이 없다는 뜻이다. 노벨 과학상 수상자들을 분석한 수많은 자료에 따르면 일반적으로 수상자들은 30세 이전에 박사 학위를 마치고 독자적인 연구를 시작하여, 40대에 노벨상을 받을 만한 연구를 완성한다. 50대 중반에 래스커상, 울프상, 찰스 스타크 드레이퍼상 등의 프리 노벨상*을 수상하고 50~60대에 노벨상을 받는 것으로 나타났다. 아직 한국인 중에는 프리 노벨상을 받은 사람조차 없다.

    한국은 한강의 기적을 일궈내며 빠른 추격자 역할을 톡톡히 해냈다. 선진국이 만들어놓은 것을 재빨리 모방해 '지지 않은 게임'을 해온 셈이다. 하지만 안타깝게도 새로운 분야를 이끈 적은 거의 없다. 특히 기초과학 분야에서 이 같은 경향은 더욱 짙게 나타난다. 남들이 하지 않은 분야를 연구하겠다고 이야기하면 과제 제안서에 '해외 동향'란을 채워야 한다(남들이 하지 않았는데 말이다). 호기심 때문에 하는 연구인데 훗날 연구가 성공할 경우 경제성이 얼마가 좋아지는지에 대해서도 적어야 한다(이공계 대학원생들은 이를 '구글 지수'라고 비꼬기도 한다. 구글에서 검색해서 쓴다는 의미다). 노벨 과학

---

* 노벨상에 버금가는 해외 주요 학술상으로, 본문에서 언급한 래스커상, 울프상, 찰스 스타크 드레이퍼상 등이 여기에 해당한다.

상은 새로운 분야를 개척한 사람들에게 주어지는데 우리나라의 연구 풍토는 여전히 남이 한 연구를 좇는 방식이다.

노벨 위원회에서 활동했던 리처드 로버츠 뉴잉글랜드바이오랩스 박사(1993년 노벨 생리의학상 수상)가 2017년 11월, 한국을 방문해 남긴 말이 인상 깊다. 재치 있는 말로 인터뷰를 이끌어가던 그는 노벨상의 조건에 대해 짧게 이야기했다.

"동양에서는 나이 많은 사람들을 존중합니다. 연구에서 그럴 필요는 없습니다. 창의적인 젊은 연구자들이 연구할 수 있도록 해주세요. 연구를 하면서 상업화, 제품화에 대한 부담을 없애주세요. 실패하는 연구에 도전할 수 있도록 해주세요."

놀라운 점은, 그가 말한 조언과 관련된 내용의 기사를 2000년대 이후로 무수히 많이 접해왔다는 것이다. 우리가 노벨상을 못 받는 이유는 다른 데 있지 않다. 과학자들은 신경쓰지 않고 열심히 연구하고 있지만, 이를 뒷받침할 수 있는 연구 풍토가 아직 척박하다. 과학 기자로서 살아생전 한국인 노벨 과학상 수상자의 인터뷰를 해보고 싶다.

신문에 실리지 않은 취재노트

기발한 연구에 이 상을, 이그노벨상

 2017년 9월 14일, 한국인 과학자가 이그노벨상 시상식이 열리는 하버드대 샌더스극장에 모습을 드러냈다. 민족사관고등학교를 졸업하고 미국 버지니아대학교에서 공부하고 있는 한지원 씨가 그 주인공이다. 민족사관고 재학 시절 커피의 움직임을 관찰해 쓴 15쪽짜리 논문이 이그노벨상의 영예를 안았다. 그는 커피가 담긴 와인 잔에 4Hz 상당의 진동이 발생했을 때는 표면에 잔잔한 물결이 생기지만, 원통형 머그컵의 경우는 같은 상황에서 액체가 밖으로 튀고 결국 쏟아지는 현상을 발견했다. 그리고 머그컵의 윗부분을 손으로 쥐고 걸으면 공명 진동수가 낮아져 컵 속의 커피가 덜 튄다고 결론 내렸다. 황당해 보이는 연구이지만 그는 실제 실험을 통해 이를 확인했고 논문으로 발표했다.

 이그노벨상Ig Nobel prize 은 '있을 것 같지 않은 진짜Improbable Genuine'라는 말의 이니셜과 노벨상이 합쳐진 말로, 하버드대 과학 잡지 〈애널스 오브 임프로버블 리서치〉가 과학에 대한 대중의 관심을 불러일으키기 위해 1991년 만들었다. 로댕의 〈생각하는 사람〉이 바닥에 등을 대고 누워 있는 그림이 시상식의 공식 포스터다. '발상의 전환'이라는 의미를 담고 있다.

그동안 다양한 연구가 이그노벨상 수상의 영예(?)를 안았다. 바나나 껍질을 밟았을 때 미끄러지는 이유를 설명한 연구(껍질을 밟으면 껍질의 안쪽 부분이 콜로이드 상태가 되어 마찰 계수가 눈길처럼 작아진다고 한다), 70마리의 개가 대소변을 보는 모습을 관찰한 뒤 개들이 볼일을 볼 때는 몸을 남북 방향으로 위치시킨다는 연구, 소의 배설물로 인조 바닐라를 만든 연구 등 다양하다. 황당하긴 하지만 이 연구들은 모두 피어리뷰를 거쳐 정식으로 학술지에 실렸다.

이처럼 다시 할 수 없고, 해서도 안 되는 기발한 연구나 업적을 대상으로 매년 10월 노벨상 발표에 앞서 수여된다. 평화, 사회학, 물리학, 문학, 생물학, 의학, 수학, 환경보호, 위생 등 10개 분야로 나뉘는데, 분야는 수상자에 따라 조금씩 바뀐다. 셀프 추천도 가능하다고 한다. 수상자에게는 상금은 물론 교통비조차 주지 않는다.

수상자의 면면을 보면 화려하다. 풍자, 조롱의 대상에게 상을 주는 경우가 많아 수상자 대부분은 시상식에 참석하지 않는다(그래서 교통비를 주지 않는지도). 1995년에는 대만의 국회의원이 평화상을 공동 수상했으며(격렬하게 싸운다는 이유로), 태평양에서 핵실험을 한 뒤 주변국이 왜 불평을 하는지 모르겠다고 이야기한 자크 시라크 전 프랑스 대통령 역시 1996년 평화상 수상의 영예를 안았다.

우리나라 수상자는 한지원 씨 외에도 3명이 더 있다. 1999년 향기 나는 양복을 개발한 코오롱의 권혁호 씨(1999년 환경보호상), 대규모 합동결혼을 성사시킨 문선명 통일교 교주(2000년 경제학상), 세계종말을 예언한 이장림 다미선교회 목사(2011년 수학상, 공동 수상) 등이다.

이그노벨상은 재미있다. 수상자에 대한 한계가 없다. 이 같은 여

유와 유별남이 생각지도 못한 발견으로 이어지는 것은 아닐까. 그래 핀 발견을 공로로 2010년 노벨 물리학상을 수상한 안드레 가임 맨체스터대 교수는 개구리 공중 부양 실험으로 2000년 이그노벨상을 받은 바 있다. 노벨상을 받은 많은 과학자들의 비결은 즐기면서 연구를 했다는 점이다. 모두 노벨상이 목표가 아니었다고 이야기한다. '즐겁게 연구한다'는 말이 수상자의 여유처럼 들릴지도 모르지만 '빨리빨리'와 '눈에 보이는 성과'를 강조하는 한국의 연구개발 시스템에서 보면 그저 부러울 뿐이다.

노벨상보다 이그노벨상이 먼저다. 이그노벨상을 받는 사람이 늘어난다는 것은 연구 환경의 변화를 의미하는 것은 아닐까. 이그노벨상을 받은 연구는 모두 직접 실험과 관찰을 거친 것이었다. 이를 위해서는 경제성이나 이익을 생각하지 않고, 과학자들이 연구하고 싶은 것을 연구할 수 있는 환경이 필요하다.

○ **실험동물**

그들도
이름으로
불릴 권리가 있다

혈기왕성한 나이에 결혼도 하지 않은 그는 정관을 묶여야 했다. 그리고 그 장면을 직접 지켜봐야 했다. 마취가 돌자 그는 잠이 들었다. 조심스럽게 칼이 고환 인근을 가른 뒤 뜨거운 인두가 정자가 모여 있는 정관을 지졌다. 수술 시간은 길지 않았다. 생체용 접착제로 가른 부위를 붙였다. 잠시 후, 그는 깨어났다. 아무것도 모른 채 작은 케이지 안을 돌아다녔다. 가끔 통증이 느껴졌는지 멈칫 거리기도 했다. 그렇다. 그는 실험쥐였다.

한 연구실에서 실험을 위해 정관 수술을 한 쥐를 보았다. ICR이라는 이름을 갖고 있던 그는 몸이 회복되면 바로 또 다른 암컷과 합방한다. 쥐의 나이는 6주, 인간으로 치면 10대다. 한창 욕망이 끓어오를 나이다. 굳이 정관 수술을 한 뒤 합방을 시키는 이유는 암컷으로 하여금 착각을 일으키기 위해서다. 짝짓기를 한 암컷은 자신이

〈공기 펌프 속 새 실험〉, 조셉 라이트, 1768, 런던국립미술관 소장.

새끼를 가졌다고 생각하고 호르몬을 분비한다. 암컷은 곧바로 수정란 이식 수술을 받는다. 이식될 수정란은 무균쥐가 만든 것이다. 무균쥐가 만든 수정란을, 무균쥐 암컷의 자궁에 착상시켜 무균쥐를 만들어낸다. 이렇게 태어난 쥐가 인간을 위한 실험에 사용되기 용이하기 때문이다.

쥐의 유전자는 인간과 80~90%가 동일하다. 수명도 2년 정도로 짧고 새끼도 많이 낳는다. 쥐는 사람이 갖고 있는 장기와 조직을 갖고 있기도 하다. 신약 개발이나 질병을 이해하기 위해 실험쥐가 이용되는 이유다. 오랑우탄처럼 인간과 비슷한 동물로 실험하면 더 정확한 결과를 얻을 수 있겠지만 희귀동물일 뿐 아니라 비싸서 사용하기 쉽지 않다.

실험쥐의 탄생 과정을 직접 본 뒤 공교롭게도 미국 과학기술계에서 실험쥐와 관련된 다양한 뉴스가 쏟아져 나왔다. 동물실험 결과가 왜 인간에게 적용되지 않는가에 대한 이슈였다. 과학자들은 이를 다방면으로 논의했다.

실험쥐의 연구 결과가 재현되지 않는 이유

쥐는 인간과 같은 포유류이며 구하기 쉽고, 세대가 짧아 실험에 가장 많이 활용되고 있다. 하지만 실험쥐의 연구 결과는 단순히 실험쥐에서 그치는 경우가 많다. 실험쥐가 갖고 있는 한계 때문이다. 2016년 2월, 영국 힝스턴 웰컴게놈캠퍼스에서는 실험쥐 연구 재현성을 저하시키는 요인에 대한 토론이 열렸다.

캘리포니아대 신경과학자인 크리스토퍼 콜웰 박사는 자폐증을 유발한 실험쥐로 연구를 하던 중 서로 다른 결과가 나타나는 것에 주목했다. 그들은 쥐의 생활리듬을 원인으로 지목했다. 쥐는 야행성 동물이다. 콜웰 박사는 실험쥐들을 대낮에는 어두운 곳에 놓았다. 반면 다른 실험자들은 실험쥐의 생활리듬을 무시한 채 실험을 벌였던 것이다. 사람으로 치면 밤늦은 시간 환한 빛에 노출시켜 잠을 설치게 한 뒤 IQ 테스트를 한 것과 같다. 제대로 된 실험 결과가 나올 리 없었다.

실험쥐의 먹이도 실험 결과에 영향을 미치는 요인으로 꼽힌다. 어떤 먹이에는 에스트로겐과 내분비교란물질과 같이 생리 현상에 영향을 미치는 물질이 들어 있을 수 있다. 또한 비만 연구를 위해 실험쥐에게 먹이는 고지방식이 상하는 경우도 있다. 상한 음식에 손을 대지 않는 실험쥐를 보면서 연구자는 고개만 갸우뚱할 뿐이다. 먹이는 실험쥐의 장내미생물 분포를 바꾸기도 한다. 실제로 미국 잭슨연구소의 병리학자인 캐서린 길레스피 박사는 먹이에 따라 실험쥐의 장내미생물 분포가 크게 변하는 것을 확인했다고 밝혔다. 장내미생물의 분포는 스트레스, 면역 기능 등에 상당한 영향을 미친다. 하지만 작은 실험쥐에게 이렇게나 신경을 쓰는 과학자가 몇이나 될까.

쥐 실험의 연구 결과가 재현이 안 되는 이유는 또 있다. 2016년 학술지 〈이라이프〉에 게재된 논문에 따르면 1994~2014년, 실험쥐를 이용해 발표한 논문 약 1만 5000편 중 50%가 실험쥐의 성별과 나이 등을 밝히지 않은 것으로 나타났다. 논문은 한 번 쓰고 끝나는 것이 아니라, 이를 활용한 후속 연구가 이어지는 만큼 쥐의 나이와 성별은 실험에 큰 영향을 미칠 수 있다. 2010년에 미국 국립보건원이 이와 관련된 가이드라인을 만들었지만 연구자들이 잘 지키지 않은 셈이다. 기존 연구에 따르면 실험에 사용된 숫쥐와 암쥐는 약물에 서로 다른 반응을 보이는 경우가 많다. 2015년 맥길대 연구진이 〈네이처 뉴로사이언스〉에 발표한 논문에 따르면 미세아교세포의 기능을 억제시킨 경우 같은 진통제라도 수컷과 암컷에게서 서로 다른 효과가 나타났다고 한다. 쥐 실험에서 성공한 신약 실험이 임상에서 실패하는 이유로 성별이 영향을 미쳤을 수 있다는 의미다.

실험동물에게도 이름이 필요하다

관계없는 이야기처럼 들릴지 모르지만 2015년 학술지 〈사이언스〉는 홈페이지를 통해 "실험동물에게 이름을 부여해야 하나"라는 설문조사를 벌인 적이 있다. 붙여도 그만, 안 붙여도 그만이지 않을까. 하지만 사람 뇌의 특성상 이름이 있으면 관계에 영향을 미친다고 한다. 2012년 심리학 저널인 〈심리과학 관점〉에 게재된 하버드대의 논문에 따르면 병원에 있는 환자의 이름을 진료카드 번호, 질병명 등으로 부를 경우 의사가 환자에게 느끼는 동질감이 떨어지는 것으로 나타났다. 교도소나 군대에서 구성원들이 서로에게 인간미를 느끼지 않기 위해 숫자로 부르는 것도 마찬가지다. 반면 2014년 〈실험심리학저널〉에 게재된 논문에 따르면 로봇이나 자동차에 이름을 붙이면 조금 더 안전하게 느껴지는 등 인간미를 느끼는 것으로 나타났다.

그렇다면 실험동물에게 이름을 부여하면 어떤 일이 생길까. 이름 붙이기에 반대하는 과학자들은 자칫 잔인한 실험을 해야 할 경우 이름을 부르다 정이 들면, 제대로 된 실험 결과를 도출하지 못할 수 있다고 주장한다. 찬성하는 의견은 실험동물에게 이름을 붙여 정을 주면, 동물의 복지가 향상되어 스트레스를 덜 받기 때문에 오히려 연구 결과의 신뢰성이 높아진다고 주장한다.

1960년대 초, 침팬지의 어머니로 불리는 제인 구달이 침팬지에게 이름을 붙였을 때만 해도 비판적인 시각이 많았다. 이후 실험동물을 안전하게 관리하는 다양한 규정이 생기면서 이름을 부여하는 일이 이제는 일반화되었다. 이름을 붙이는 것이 긍정적인 효과를 준다는 연구도 발표됐다. 지난 2009년, 국제 학술지 〈앤스로주스〉에 게재된 논문에 따르면 영국 516개 농장을 대상으로 조사한 결과, 소에게 이름을 붙여 부르는 농장의 경우 그렇지 않은 농장과 비교했을 때 우유 생산량이 3% 많은 것으로 나타났다.

단순히 이름을 부여하는 것이 이처럼 논쟁으로 이어질 수 있는 이유는 바로 인간의 뇌 때문이다. 대상을 이름으로 부르면, 사람의 뇌에서는 사회적 인식에 관여하는 영역이 활성화되어 실험동물은 물론 자동차와 같은 무생물마저도 인격화한다는 것이다.

한편 〈사이언스〉 홈페이지에서 진행된 설문조사의 결과는 전체 투표자의 39%가 "이름을 부여해야 한다. 더 잘 보살필 수 있기 때문"이라고 답했고, 21%의 사람들이 "이름을 부여하면 안 된다. 예상외의 과학적 결과가 나올 수 있다"고 투표했다. 이름을 붙여야 한다는 의견이 다소 높게 나타난 것이다.

2016년 한해, 국내에서는 총 287만 907마리의 실험동물이 실험에 사용됐다. 어마어마한 숫자다. 하지만 이들이 없다면 우리가 흔히 먹는 소화제나 진통제도 나올 수 없었다. 앞으로 나올 모든 약들 역시 이들 때문에 가능하다.

    2017년 8월, 학술지 〈네이처〉에는 교토대 연구진의 역분화줄기세포[iPS] 논문이 게재됐다. 파킨슨병에 걸린 원숭이의 뇌에 인간 세포로 만든 도파민 분비 신경세포를 넣었더니 2년 동안 원숭이의 증세가 완화됐다는 내용이었다. 암이나 면역거부반응과 같은 부작용도 발견되지 않았다. 연구진은 이 같은 근거를 토대로 임상 시험에 돌입한다는 계획이다. 인간에 앞서, 목숨을 바친 동물들에게 다시금 경의를 표한다.

신문에 실리지 않은 취재노트

동물실험을 하지 않으면?

"정말 바빠졌습니다."

2016년 1월, 취재차 독일에 위치한 한국과학기술연구원KIST 유럽연구소를 찾았을 때 만난 한 박사의 말이었다. KIST 유럽연구소는 독일 현지에서 우리나라 기관으로는 처음 동물 임상 시험 허가를 받았다. 물벼룩, 제브라피시를 이용해 동물을 대체할 수 있는 실험법을 찾기 위해서다. KIST 유럽연구소는 EU 내의 대체 실험 변화나 규제 등에 대해 상당히 많은 지식과 노하우를 갖고 있다. 그들이 바쁜 이유는 그들의 연구 성과를 원하는 기업이 많아졌기 때문이었다. 방문 당시에도 한국 화장품 회사들과의 미팅 약속이 빽빽이 잡혀 있다고 했다.

EU를 중심으로 불고 있는 동물보호법 강화가 전 세계로 확대되는 양상을 띠고 있다. EU로 수출하는 화장품의 안전성은 동물실험이 아니라 누구나 인정할 수 있는 새로운 대체 실험을 거쳐야만 하기 때문이다. 심지어 수입할 때 동물실험 결과를 반드시 제출하도록 했던 중국도 2014년 6월부터 동물대체시험법을 인정하기로 하면서 각 나라는 동물실험을 대체할 수 있는 기술 개발에 나서고 있다.

정확한 통계자료는 없으나 인간을 위한 실험에 동물이 사용되면서 전 세계에서 연간 1억 마리 이상의 동물이 생명을 잃는 것으로 알려져 있다. 이에 대해 동물 애호가들은 동물실험이 비인간적이며, 실험 결과 또한 반드시 신뢰할 수 있는 것이 아니라고 주장한다. 동물에게 안전하다고 해서 사람에게도 반드시 안전하리라는 보장이 없다는 것이다.

이를 증명한 것이 '탈리도마이드 사건'이었다. 1953년 서독에서 만들어진 탈리도마이드는 임신부에게 입덧을 방지하는 약으로 알려졌다. 동물실험 결과 부작용이 거의 없어 '기적의 약'이라는 수식어가 붙었다. 하지만 1960~1961년 이 약을 섭취했던 임신부들이 기형아를 출산했다. 임신 후 42일 이전에 이 약을 복용하면 사지가 없거나 있어도 매우 짧은 기형아가 태어난 것이다. 탈리도마이드에 의한 기형아 출산은 46개국에서 1만 명을 넘어섰다. 결국 탈리도마이드는 판매가 중지됐다.

동물실험을 대체하는 방법은 샬레에서 배양시킨 세포를 이용해 독성을 평가하는 것이다. 사람의 피부세포나 면역세포를 샬레에 배양시키면 마치 살아 있는 세포처럼 행동한다. 여기에 독성이 있는 물질을 떨어트려 어떤 변화가 나타나는지를 살필 수 있다. 또한 완성된 의약품은 동물이 아닌 사람을 대상으로 안전성을 평가한다. 문제가 됐던 토끼의 눈 대신 도축된 소의 각막을 활용하기도 한다.

앞으로 세상은 이런 방향으로 흘러갈 것이다. 세상은 변하고 있고 이를 따라가지 못하면 도태될 수밖에 없다. 준비해야 할 일들이 참으로 많다.

참고문헌

PART 1

기초과학
"Age of the neutrino: Plans to decipher mysterious particle take shape", Elizabeth Gibney, 〈Nature〉 Vol. 524, pp. 148~149, 2015. 8. 13.

인공지능
"Mastering the game of Go with deep neural networks and tree search", David Silver, Aja Huang, 〈Nature〉 Vol. 529, pp. 484~489, 2016. 1. 28.
"South Korea trumpets $860-million AI fund after AlphaGo 'shock'", Mark Zastrow, 〈Nature〉, 2016. 03. 18.
"Why this week's man-versus-machine Go match doesn't matter (and what does)", Dana Mackenzie, 〈Science〉, 2016. 3. 15.

뇌과학
"An Evaluation of the Left-Brain vs. Right-Brain Hypothesis with Resting State Functional Connectivity Magnetic Resonance Imaging", Jared A. Nielsen, Brandon A. Zielinski, Michael A. Ferguson, et al., 〈PLos one〉, 2013. 8. 24.
"Do People Only Use 10 Percent of Their Brains?: What's the matter with only exploiting a portion of our gray matter?", Robynne Boyd, 〈Scientific American〉, 2008. 2. 7.
"Reach and grasp by people with tetraplegia using a neurally controlled robotic arm", Daniel Bacher, John D. Simeral & Joern Vogel, et al., 〈Nature〉 Vol. 485, pp. 372~375, 2012. 5. 16.

양자역학
"Quantum teleportation is even weirder than you think", Richard Haughton, 〈Nature〉, 2017. 7. 20.

힉스입자
"Physicists find new particle, but is it the Higgs?", Matthew Chalmers, 〈Nature〉, 2012. 7. 2.
"Years after shutting down, U.S. atom smasher reveals properties of 'God particle'", Adrian Cho, 〈Science〉, 2015. 4. 7.

핵융합
"ITER fusion project to take at least 6 years longer than planned", Daniel Clery, 〈Science〉, 2015. 11. 19.
"US advised to stick with troubled fusion reactor ITER", Davide Castelvecchi, Jeff Tollefson, 〈Nature〉 Vol. 534, pp. 16~17, 2016. 6. 2.

그래핀
"2-D materials go beyond graphene", Mitch Jacoby, 〈c&en〉 Vol. 95, pp. 36~40, 2017. 5. 29.
"Electric Field Effect in Atomically Thin Carbon Films", A. K. Geim, K. S. Novoselov, D. Jiang, et al., 〈Science〉 Vol. 306, pp. 666~669, 2004. 10. 22.
"Nobel prize committee under fire", Eugenie Samuel Reich, 〈Nature〉, 2010. 11. 18.

PART 2

진화

"Assessing the calorific significance of episodes of human cannibalism in the Palaeolithic", James Cole, 〈Nature〉, 2017. 4. 6.
"Homo naledi, a new species of the genus Homo from the Dinaledi Chamber, South Africa", Lee R Berger, John Hawks, Darryl J de Ruiter, et al., 〈eLife〉, 2015. 9. 10.
"Massive genetic study shows how humans are evolving", Bruno Martin, 〈Nature〉, 2017. 9. 6.
"New cosmogenic burial ages for Sterkfontein Member 2 Australopithecus and Member 5 Oldowan", Darryl E. Granger, Ryan J. Gibbon, Kathleen Kuman, et al., 〈Nature〉 Vol. 522, pp. 85~88, 2015. 6. 4.
"Nuclear DNA sequences from the Middle Pleistocene Sima de los Huesos hominins", Matthias Meyer, Juan-Luis Arsuaga, Cesare de Filippo, et al., 〈Nature〉 Vol. 531, pp. 504~507, 2016. 3. 24.

후성유전학

"Epigenetics: The sins of the father", Virginia Hughes, 〈Nature〉 Vol. 507, pp. 22~24, 2014. 3. 6.
"High-fat diets raise risk of obesity in offspring", Linda Geddes, 〈Nature〉, 2016. 3. 14.
"Searching chromosomes for the legacy of trauma", Josie Glausiusz, 〈Nature〉, 2014. 6. 11.

합성생물학

"Powerful painkillers can now be made by genetically modified yeast-are illegal drugs next?", Robert F. Service, 〈Science〉, 2015. 8. 13.
"Synthetic biology lures Silicon Valley investors", Erika Check Hayden, 〈Nature〉 Vol. 527, p. 19, 2015. 11. 5.
"Synthetic yeast chromosomes help probe mysteries of evolution", Amy Maxmen, 〈Nature〉 Vol. 543, pp. 298~299, 2017. 3. 9.

줄기세포

"How iPS cells changed the world", Megan Scudellari, 〈Nature〉 Vol. 534, pp. 310~312, 2016. 6. 16.
《줄기세포치료의 모든 것》, 한국줄기세포학회, 2015.

세 부모 아기

"'Three-parent baby' claim raises hopes ? and ethical concerns", Sara Reardon, 〈Nature〉, 2016. 9. 28.
"Unanswered questions surround baby born to three parents", Jennifer Couzin-Frankel, 〈Science〉, 2016. 9. 27.

치매

"Another Alzheimer's drug flops in pivotal clinical trial", John Carroll, Endpoints News, 〈Science〉, 2017. 2. 15.
"Failed Alzheimer's trial does not kill leading theory of disease", Alison Abbott, Elie Dolgin, 〈Nature〉 Vol. 540, pp. 15~16, 2016. 12. 1.

장내미생물

"Gut bacteria can stop cancer drugs from working", Sara Reardon, 〈Nature〉, 2017. 6. 6.
"MICROBIOME", Elizabeth Pennisi, 〈Science〉, 2015. 4. 29.
"The tantalizing links between gut microbes and the brain", Peter Andrey Smith, 〈Nature〉 Vol. 526, pp. 312~314, 2015. 10. 15.

PART 3

발사체와 미사일

《나로호 개발백서》, 한국항공우주연구원 엮음, 미래창조과학부 · 한국항공우주연구원, 2016.

달

"LCROSS", NASA, www.nasa.gov/mission_pages/LCROSS.
"Planetary science: Lunar conspiracies", Robin Canup, 〈Nature〉, 2013. 12. 4.
"Puzzle of Moon's origin resolved", Adam Levy, 〈Nature〉, 2015. 4. 8.

우주여행

"Q&A: Space-time visionary", Zeeya Merali, 〈Nature〉 Vol. 515, pp. 196~197, 2014. 11. 13.

개기일식

"Citizen scientists chase total solar eclipse", Rachael Lallensack, 〈Nature〉, 2017. 8. 9.
"SPECIAL REPORT: The Great Solar Eclipse of 2017", 〈Scientific American〉, 2017. 8. 8.
NASA Eclipse, GSFC, eclipse.gsfc.nasa.gov.

중력파

"Einstein's gravitational waves found at last", Davide Castelvecchi, Alexandra Witze, 〈Nature〉, 2016. 2. 11.
"LIGO detects another black hole crash", Adrian Cho, 〈Science〉, 2016. 6. 15.

태양계

"On the birthday of Pluto's discovery, Science takes a look back on the dwarf planet's long, strange history", Dorie Chevlen, 〈Science〉, 2017. 2. 17.
"Planetary science: The Pluto siblings", Alexandra Witze, 〈Nature〉, 2015. 2. 25.

암흑물질

"Dark energy: Staring into darkness", Stephen Battersby, 〈Nature〉 Vol. 537, pp. 201~204, 2016. 9. 29.
"Dark Energy, Dark Matter", NASA Science, science.nasa.gov/astrophysics/focus-areas/what-is-dark-energy.

PART 4

지구 종말
"Here's how the world could end?and what we can do about it", Julia Rosen, 〈Science〉, 2016. 7. 14.
"Asteroid and Comet Watch", NASA 웹사이트(www.nasa.gov/asteroid-and-comet-watch)

화산 폭발
"Vigil at North Korea's Mount Doom", Richard Stone, 〈Science〉 Vol. 334, pp.584~588, 2011. 11. 4.
〈백두산 화산 관련 연구 동향〉, 박경, 〈한국지형학회지〉 제20권 제4호, 117~131쪽, 2013.

지구온난화
"Climate Change and the Integrity of Science", P. H. Gleick, R. M. Adams, R. M. Amasino, et al., 〈Science〉 Vol. 328, pp.689~690, 2010. 5. 7.
"Closing the Climategate", 〈Nature〉 Vol. 468, p.345, 2010. 11. 17.
"Fears rise for US climate report as Trump officials take reins", Jeff Tollefson, 〈Nature〉, 2017. 8. 1.
〈인위적 지구온난화론 vs 기후변화 회의론〉, 임영섭, 〈가스안전〉 통권 제253호, pp.14~20, 2012. 7. 6.

바이러스
"Bird flu strain taking a toll on humans", Dennis Normile, 〈Science〉, 2017. 2. 17.

전자파
"Questions abound after study links tumors to cellphone radiation", Warren Cornwall, 〈Science〉, 2016. 5. 27.

PART 5

창조과학
"Science wins over creationism in South Korea", Soo Bin Park, 〈Nature〉, 2012. 9. 6.
"South Korea surrenders to creationist demands", Soo Bin Park, 〈Nature〉 Vol. 486, p.14, 2012. 6. 7.

인류세
"Anthropocene: The human age", Richard Monastersky, 〈Nature〉 Vol. 519, pp.144~147, 2015.03.12.
"Defining the Anthropocene", Simon L. Lewis & Mark A. Maslin, 〈Nature〉 Vol. 519, pp.171~180, 2015.03.12.
"The Anthropocene is functionally and stratigraphically distinct from the Holocene", Colin N. Waters, et al.,〈Science〉 Vol. 351, 2016.01.08.
"Welcome to the Anthropocene", 〈Nature〉 Vol. 424, p.709, 2013.08.14.

특허전쟁

"CRISPR heavyweights battle in US patent court", Sara Reardon, 〈Nature〉, 2016. 12. 6.
"Don't edit the human germ line", Edward Lanphier, Fyodor Urnov, Sarah Ehlen Haecker, et al., 〈Nature〉 Vol. 519, pp. 410~411, 2015. 3. 26.
"The quiet revolutionary: How the co-discovery of CRISPR explosively changed Emmanuelle Charpentier's life", Alison Abbott, 〈Nature〉 Vol. 532, pp. 432~434, 2016. 4. 28.
"Why the CRISPR patent verdict isn't the end of the story", Heidi Ledford, 〈Nature〉, 2017. 2. 17.

NASA

"A Bacterium That Can Grow by Using Arsenic Instead of Phosphorus", Felisa Wolfe-Simon, Jodi Switzer Blum, Thomas R. Kulp, et al., 〈Science〉 Vol. 332, pp. 1163~1166, 2011. 6. 3.
"Absence of Detectable Arsenate in DNA from Arsenate-Grown GFAJ-1 Cells", Marshall Louis Reaves, Sunita Sinha, Joshua D. Rabinowitz, et al., 〈Science〉 Vol. 337, pp. 470~473, 2012. 7. 27.
"Arsenic-eating microbe may redefine chemistry of life", Alla Katsnelson, 〈Nature〉, 2010. 12. 2.
"Science Publishes Multiple Critiques of Arsenic Bacterium Paper", Elizabeth Pennisi, 〈Science〉, 2011. 5. 27.
"NASA Sets News Conference on Astrobiology Discovery", NASA, www.nasa.gov/home/hqnews/2010/nov/HQ_M10-167_Astrobiology.html.
NASA Spinoff, spinoff.nasa.gov.

학술지

"How journals like Nature, Cell and Science are damaging science", Randy Schekman, the guardian, 2013. 12. 9.

노벨상

〈노벨과학상 수상 현황 및 트렌드〉, 한국연구재단, 2017. 9
Nobel Prize, www.nobelprize.org.

실험동물

"A mouse's house may ruin experiments", Sara Reardon, 〈Nature〉 Vol. 530, p. 264, 2016. 2. 18.
"Missing mice: gaps in data plague animal research", Monya Baker, 〈Nature〉, 2016. 1. 5.
"Scientists still fail to record age and sex of lab mice", Richard Van Noorden, 〈Nature〉, 2016. 3. 3.

찾아보기

ㄱ
가미오칸데 17, 20, 358
공룡 218, 234, 313, 321
그래핀 74, 75, 77, 78, 80
기후 게이트 265, 347
김진수 135, 137, 332

ㄴ
나로호 157, 159
네안데르탈인 91, 97, 111
네이처 23, 25, 35, 77, 83, 88, 91, 93, 98, 114, 133, 135, 142, 150, 174, 274, 264, 286, 303, 304, 306, 318, 328, 330, 141, 143
노벨상 17, 47, 56, 68, 74, 83, 126, 223, 347, 350, 354, 363
뇌 지도 39
뉴턴 45, 195
닐스 보어 46, 48, 357

ㄷ
달 160, 169, 171, 172, 174, 177, 187, 193
대통일 이론 182, 207
돌연변이 91, 95, 127, 131, 271, 273, 289, 291, 324, 297
동물실험 366, 371

ㄹ
레이저간섭중력파관측소(LIGO) 201, 204, 356

ㅁ
막스 플랑크 45, 206
명왕성(134430플루토) 209, 210, 211, 212
목성 214, 219
몬테카를로 트리서치(MCTS) 26, 28
미국항공우주국(NASA) 21, 165, 168, 169, 173, 184, 193, 214, 233, 235, 335, 337, 340, 341
미사일 161, 163

ㅂ
바이러스 126, 270, 271, 272, 273
발사체 157, 158, 160, 163, 171
방사선 173, 280, 284, 288, 290, 295, 297
베타아밀로이드 139, 143, 144, 146
보어의 원자모형 46, 357
브레인머신인터페이스(BMI) 34, 37
블랙홀 181, 182, 201, 204, 205
빅뱅 58, 218
빅뱅 이론 198, 206, 207

ㅅ
사이언스 23, 50, 83, 112, 113, 116, 121, 150, 171, 174, 241, 255, 267, 269, 274, 278, 303, 333, 336, 339, 347, 368, 369
상대성 이론 51, 67, 180, 181, 182, 195, 197
생물 대멸종 319, 321
셀 23, 124, 126, 348
소행성 충돌 219, 321
슈뢰딩거의 고양이 44, 47, 50
슈크라트 미탈리포프 124, 133, 135
스마트폰 27, 82, 196, 293
스핀오프 341
스필오버 274
시냅스 32, 38, 42, 146
시조새 304, 307
실험쥐 364, 366

ㅇ
아인슈타인 48, 50, 67, 68, 180, 182, 195, 196, 197, 223
알츠하이머성 치매 95, 139, 143, 145
알파고 25, 28, 31, 32, 345
암흑물질 215, 216, 218, 219, 223
암흑에너지 223
양산단층 252, 253
양자역학 45, 46, 47, 48, 50, 182, 206
양자컴퓨터 49, 54

에리스 210, 214
우주배경복사 200, 207
월면토 168, 172, 175, 342
웜홀 181, 182
유전 41, 102, 136, 144, 153
유전자 가위 63, 137, 324, 325, 333
응력 245, 249
이그노벨상 75, 361
이온화 67, 69, 173, 297
(인공)위성 158, 165, 166, 169, 194, 200, 235, 341
인공지능 15, 25, 26, 32, 39
인류세 312, 316, 318, 320
일식 187, 190, 194, 195

ㅈ

자기장 191, 194, 199, 228, 295
자연선택설 95, 101, 307, 308
장내미생물 147, 148, 150, 153, 367
전자파(전자기파) 207, 292, 293, 295, 297, 298
줄기세포 120, 121, 126, 129
중력 171, 178, 184, 197, 210, 214, 216, 219, 223
중력파 196, 198, 200, 202, 204, 205
중성미자 17, 20
지구근접천체(NEO) 233
지구온난화 260, 262, 266, 269
지진 240, 246, 248, 251, 255, 258
지진파 241, 243, 245, 257
지질 시대 312, 313
진화 87, 91, 95
진화론 89, 101, 304, 307

ㅊ

찰스 다윈 101, 310
창조과학 304, 306

ㅋ

카론 212

칼데라 235, 237
코로나 190, 193
코로나 물질 방출(CME) 193, 228, 230
크리스퍼 135, 324, 325, 327
킬링 곡선 262

ㅌ

타우 단백질 142, 143
태양 67, 158, 173, 181, 187, 190, 193, 201, 210, 228
태양계 209, 212, 216, 219
태양폭풍 173, 194

ㅍ

플라즈마 68, 70, 173
플레어 191
플로스원 23, 43, 95

ㅎ

하키스틱 그래프 264, 265
합성생물학 112, 113, 118
핵융합 67, 68, 70, 73, 190
헬륨-3 72, 171
호모 사피엔스 91, 138, 147, 227
홀로세 313, 315
화산 폭발 235, 239, 245, 247, 321
후성유전학 102, 105, 109
흑점 193, 228
흡연 95, 105, 107
힉스입자 21, 56, 58

기타

DNA 63, 92, 95, 102, 105, 114, 117, 271, 288, 310, 324, 333, 297
X선 286, 357
3D프린터 173, 176
4차 산업혁명 15

과학, 그거
어디에 써먹나요?

펴낸날 초판 1쇄 2018년 1월 5일

지은이 원호섭

펴낸이 임호준
편집장 김소중
책임 편집 김현아 | **편집 4팀** 최재진 이한결
디자인 왕윤경 김효숙 정윤경 | **마케팅** 정영주 길보민 김혜민
경영지원 나은혜 박석호 | **IT 운영팀** 표형원 이용직 김준홍 권지선

인쇄 (주)웰컴피앤피

펴낸곳 북클라우드 | **발행처** (주)헬스조선 | **출판등록** 제2-4324호 2006년 1월 12일
주소 서울특별시 중구 세종대로 21길 30 | **전화** (02) 724-7635 | **팩스** (02) 722-9339
포스트 post.naver.com/bookcloud_official | **블로그** blog.naver.com/bookcloud_official

ⓒ 원호섭, 2018

이 책은 저작권법에 따라 보호를 받는 저작물이므로 무단 전재와 무단 복제를 금지하며,
이 책 내용의 전부 또는 일부를 이용하려면 반드시 저작권자와 (주)헬스조선의 서면 동의를 받아야 합니다.
책값은 뒤표지에 있습니다. 잘못된 책은 바꾸어 드립니다.

ISBN 979-11-5846-198-0 13400

- 이 도서의 국립중앙도서관 출판예정도서목록(CIP)은 서지정보유통지원시스템 홈페이지(http://seoji.nl.go.kr)와
  국가자료공동목록시스템(http://www.nl.go.kr/kolisnet)에서 이용하실 수 있습니다. (CIP제어번호: CIP2017033917)
- 북클라우드는 독자 여러분의 책에 대한 아이디어와 원고 투고를 기다리고 있습니다.
  책 출간을 원하시는 분은 이메일 vbook@chosun.com으로 간단한 개요와 취지, 연락처 등을 보내주세요.

북클라우드 는 건강한 몸과 아름다운 삶을 생각하는 (주)헬스조선의 출판 브랜드입니다.